DIE ERDE

WUNDERWELT UNSERES PLANETEN

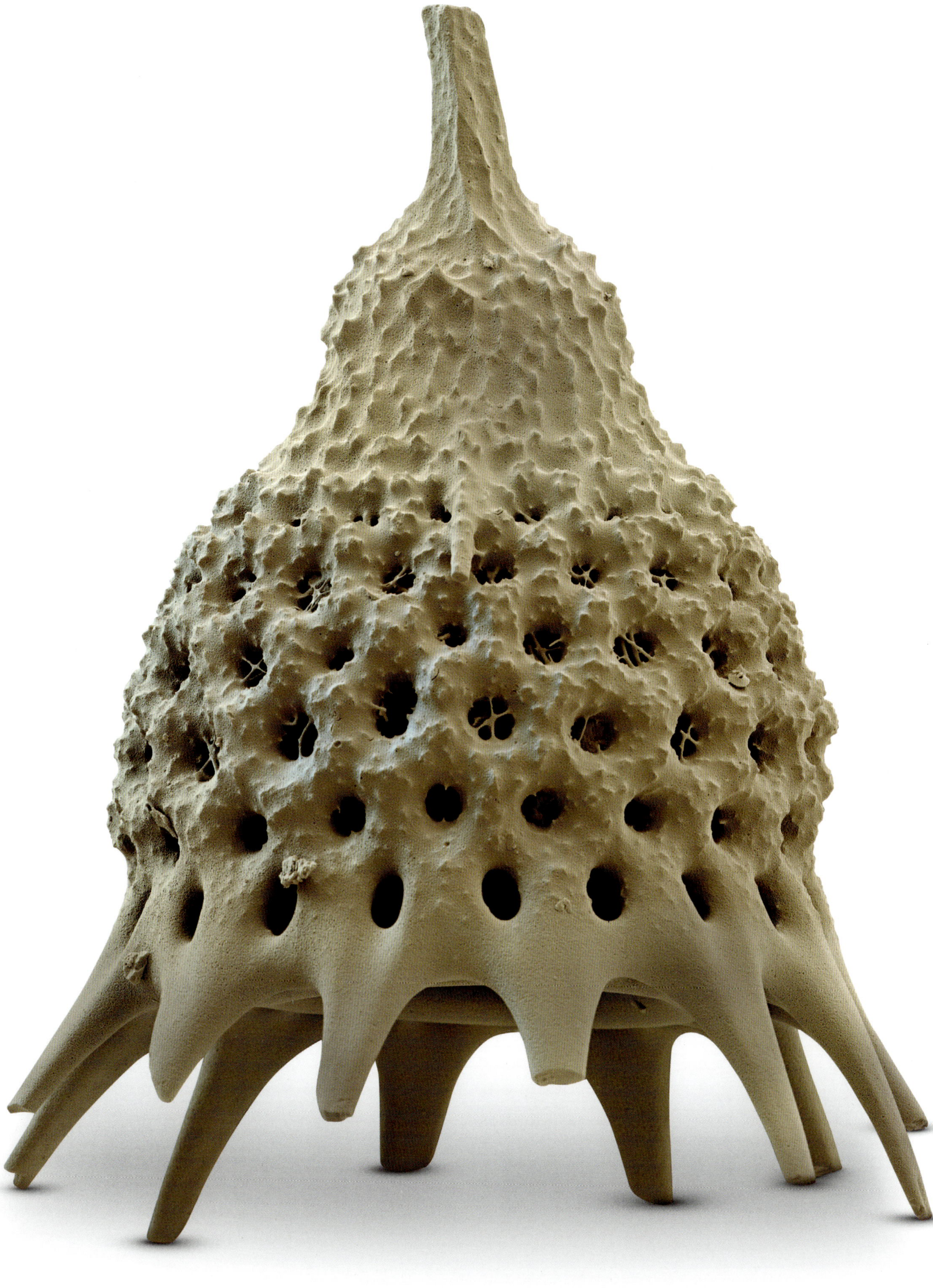

DIE ERDE

WUNDERWELT UNSERES PLANETEN

DK | Penguin Random House

DK London/Delhi

Lektorat Jonathan Metcalf, Liz Wheeler, Peter Frances, Rob Houston, Polly Boyd, Jemima Dunne, Sarah MacLeod, Cathy Meeus, Steve Setford, Angeles Gavira Guerrero, Glenda R. Fernandes, Rohan Sinha, Dharini Ganesh, Priyanjali Narain
Gestaltung und Bildredaktion Karen Self, Phil Ormerod, Sharon Spencer, Duncan Turner, Michael Duffy, Deepak Negi, Surya Sankash Sarangi, Taiyaba Khatoon, Mahua Mandal, Anjali Sachar, Nobina Chakravorty, Debjyoti Mukherjee, Vikram Singh, Vishal Bhatia, Sudakshina Basu, Malavika Talukder
Umschlaggestaltung Akiko Kato, Sophia MTT, Suhita Dharamjit, Priyanka Sharma
Herstellung Meskerem Berhane, Vishal Bhatia, Balwant Singh, Pankaj Sharma
Illustrationen Phil Gamble

Für die deutsche Ausgabe:
Verlagsleitung Monika Schlitzer
Programmleitung Heike Faßbender
Redaktionsleitung Dr. Kerstin Schlieker
Projektbetreuung Manuela Stern
Herstellungsleitung Dorothee Whittaker
Herstellungskoordination Claudia Rode
Herstellung Verena Marquart

Titel der englischen Originalausgabe:
The Science of the Earth

Übersetzung Dr. Stephan Matthiesen
Lektorat Julika Exner

ISBN 978-3-8310-4735-2

Druck und Bindung Replika, Indien

FSC www.fsc.org MIX Papier | Fördert gute Waldnutzung FSC® C018179

www.dk-verlag.de

Autoren

Philip Eales studierte Physik und Fernerkundung am University College London (Großbritannien). Neben seiner Autorentätigkeit über die Erde und den Weltraum führt er eine Computergrafikfirma, die auf die Visualisierung von astronomischen und geografischen Daten und Phänomenen spezialisiert ist.

Gregory Funston ist ein kanadischer Paläontologe, der an der Universität von Alberta (Kanada) studiert hat und nun als Postdoc an der Universität Edinburgh (Großbritannien) arbeitet. Seine Forschungen über Dinosaurier und Säugetiere haben ihn zu Fossilfundstellen auf der ganzen Welt geführt.

Derek Harvey ist ein Naturforscher, der sich besonders für Evolutionsbiologie interessiert und an der Universität Liverpool (Großbritannien) studiert hat. Er hat eine ganze Generation von Biologen gelehrt und Studentenexkursionen nach Costa Rica, Madagaskar und Australasien geführt.

Anthea Lacchia ist eine Autorin und Journalistin, die in Irland lebt. Sie schreibt vor allem über Wissenschaft und Natur und hat ihre Doktorarbeit über fossile Ammoniten verfasst, ausgestorbene Kopffüßer aus der gleichen Gruppe wie die heutigen Tintenfische.

Dorrik Stow ist Geologe, Ozeanograf und Autor von über 300 Artikeln und Büchern. Er ist emeritierter Professor der Hariot-Watt-Universität in Edinburgh (Großbritannien), Distinguished Professor an der Chinesischen Universität für Geowissenschaften in Wuhan und Leverhulme Emeritus Fellow.

S. 1 Geode mit Amethyst- und Kalzitkristallen; **S. 2** Gefärbte Rasterelektronenmikroskopaufnahme des fossilen Radiolariums *Anthocyrtidium ligularia*; **Oben** Rhyolith und geothermale Ablagerungen am Lavafeld Laugahraun (Island); **S. 6/7** Fliegen, Bohrkäfer und Arbeiterbienen in Bernstein aus der Dominikanischen Republik
Cover vorne: Blau brennende Schwefelströme an einem Vulkan in Äthiopien
Cover hinten: Achat-Geode aus der Tschechischen Republik

Berater

David Holmes ist Geograf und hat an der Universität Leeds (Großbritannien) studiert. Er hat einen Abschluss in Physischer Geografie und einen Mastertitel in Umweltwissenschaften. Er ist Fellow der Royal Geographical Society in London und Autor mehrerer bekannter Geografie-Schulbücher.

Cally Oldershaw war Kuratorin für Edelsteine im Natural History Museum und Vorsitzende der Gemmological Association of Great Britain. Sie ist Schul- und Fachberaterin und Dozentin für Geowissenschaften sowie Autorin vieler Bücher und Artikel.

Douglas Palmer ist Autor zu Geowissenschaften. Er hat viele Bücher geschrieben bzw. zu ihnen beigetragen, vor allem über Paläontologie, die er früher am Trinity College Dublin (Irland) lehrte. Er arbeitet auch am Sedgwick Museum der Universität Cambridge (Großbritannien).

Kim Dennis-Bryan ist Zoologin, die ihre Karriere mit der Erforschung fossiler Fische am Natural History Museum in London begann, bevor sie Dozentin an der Open University für Naturgeschichte wurde. Sie hat viele Wissenschaftsbücher geschrieben bzw. beraten, darunter bei *DK Wissen: Tiere, Ozeane* und *Dinosaurier und andere Lebewesen der Urzeit*.

Inhalt

Planet Erde

Stoffe der Erde

Dynamische Erde

Ozean und Atmosphäre

Lebender Planet

Vorwort

Erst geschmolzen, dann gefroren, einst von Wasser bedeckt und landlos, ohne Himmel und Wolken – man kann sich unsere Erde ohne Sonnenschein oder Regen kaum vorstellen, unsere wunderbare rotierende Kugel ganz ohne Leben. Das liegt nicht an fehlenden wissenschaftlichen Erkenntnissen über ihre Geschichte, sondern an der Komplexität der beteiligten Faktoren und vor allem unserer Zeitwahrnehmung. Diese Zeiträume sind schwer zu fassen.

Der Feuerball, der heute unsere Heimat ist, bildete sich vor 4,6 Mrd. Jahren. Das Leben erschien vor mindestens 3,77, vielleicht sogar 4,41 Mrd. Jahren. Alles Leben stammt von dem Urvorfahren LUCA (Last Universal Common Ancestor, etwa: letzter universeller gemeinsamer Vorfahr) ab, einem Organismus, aus dem sich jede heute lebende Art evolutionär entwickelt hat. Ja, jede Pflanze, jedes Tier, jeder Pilz ist mit dieser einen einzelligen Lebensform verwandt, die einem kleinen heutigen Bakterium nicht unähnlich gewesen sein muss. Wir kennen keine Fossilien von LUCA, aber wir denken, dass er vor 4,28 Mrd. Jahren im heißen Wasser um Tiefseeschlote erschienen ist. Das ist eine große Idee, zusammen mit sehr großen Zahlen! Also, wie fangen wir an, das zu sammeln, was wir über die komplexe Vergangenheit der Erde wissen, und wie lernen wir daraus, die heute existierende Welt zu schätzen?

Dieses bemerkenswerte und attraktive Buch gibt uns diese Gelegenheit. Wenn wir geduldig die großen Ideen in kleinere Brocken über die Grundlagen der Physik, Chemie und Biologie aufteilen, verstehen wir die Prozesse, die einst unsere Welt formten und sie weiterhin formen. Von Kristallen zu Tornados, von Fossilien zu Vulkanen enthält jede Seite interessante Einsichten, wie die Erde funktioniert. Es ist die spannendste Erzählung aller Zeiten, denn ohne ihre Myriaden von Kapiteln mit Drehungen und Wendungen wären wir einfach heute nicht hier… Was für eine Reise!

CHRIS PACKHAM
NATURFORSCHER, FERNSEHPRODUZENT, AUTOR, FOTOGRAF UND NATURSCHÜTZER

SANDSTEINRÜCKEN AUF DER VARANGER-HALBINSEL (NORWEGEN)

Planet Erde

Die Erde begann vor etwa 4,6 Mrd. Jahren als heißer Gesteinskörper im Umlauf um die junge Sonne. Als einziger Planet im Sonnensystem hat sie die richtige Entfernung von der Sonne für flüssiges Wasser auf ihrer Oberfläche. Der stetige Wärmestrom aus dem Erdinnern macht sie zudem geologisch aktiv: Die oberste Schicht ist dauernd in Bewegung und wird ständig recycelt.

Interstellarer Beginn

Mit drei Ausnahmen wurde jedes Element auf der Erde vor langer Zeit im Inneren eines Sterns erzeugt. Die Ausnahmen – Wasserstoff, Helium und Lithium – entstanden bei der Geburt des Universums. Die Hitze und der Druck im Sterninneren sind so groß, dass leichtere Elemente zu schwereren verschmelzen, bis hin zum Eisen mit der Atommasse 56. Noch schwerere Elemente wie Blei entstehen bei der hohen Energie, die frei wird, wenn ein sterbender Stern als Supernova explodiert. Die Explosion bläst alle Elemente in den interstellaren Raum und regt die Bildung neuer Sterne an.

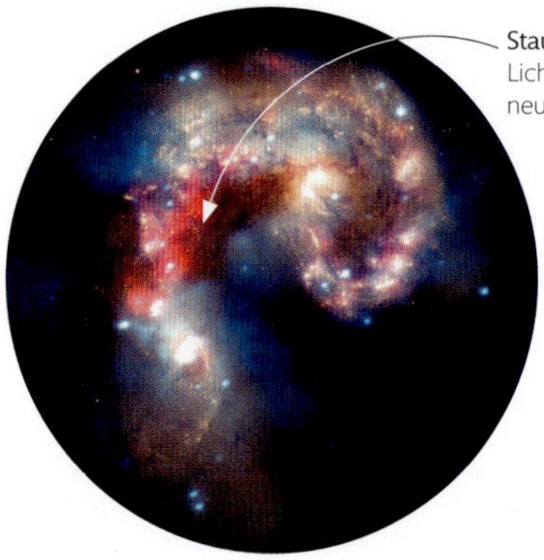

Staub leuchtet im Licht von Millionen neuer Sterne rötlich.

Sterngeburt
Die Kollision von Galaxien löst Wellen der Sternentstehung aus. Die Antennengalaxien kollidieren seit etwa 100 Mio. Jahren, wobei ihre Gas- und Staubwolken zusammengepresst werden.

DIE MILCHSTRASSE

Unsere Heimatgalaxie, die Milchstraße, ist eine Balkenspiralgalaxie mit 100–400 Mrd. Sternen. Ihre beiden Hauptspiralarme gehen vom zentralen Wulst aus, in dem alte Sterne sehr dicht liegen. Die Rotation der Galaxie komprimiert Staub und Gas und erzeugt so Sternentstehungsgebiete. Unser Sonnensystem liegt in einem kleinen Arm, dem Orion-Arm, etwa auf halbem Weg zwischen dem Kern und dem Äußeren Arm.

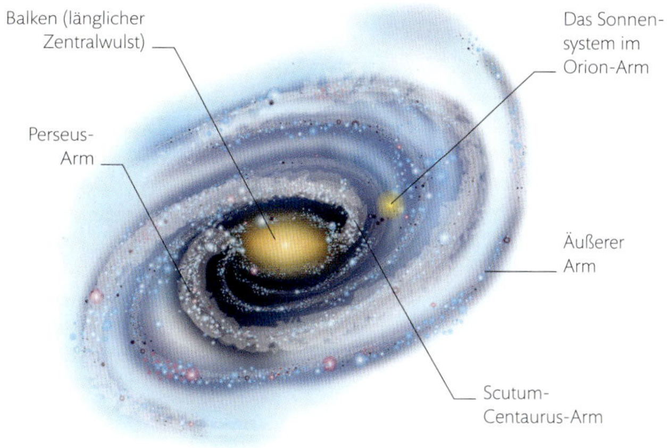

STRUKTUR DER MILCHSTRASSE

Molekülwolken
Das von den Sternen ausgestoßene Material sammelt sich in Wolken aus Gas und Staub. Da sie vor allem aus Wasserstoffmolekülen bestehen, nennt man sie Molekülwolken. Der Schlüsselloch-Nebel (oben links) im Carina-Nebel ist eine solche Molekülwolke. Sie können sich unter ihrer eigenen Schwerkraft oder durch äußere Auslöser zu dichten Kugeln wie der »Raupe« (oben rechts) zusammenziehen, in denen neue Sterne entstehen.

Protoplanetare Scheibe
In dieser Aufnahme eines Radioteleskops sieht man eine Staubscheibe im Umlauf um den jungen Stern HL Tauri, der etwa 450 Lichtjahre von der Erde entfernt im Sternbild Stier liegt. In den dunklen Bereichen zwischen den helleren Ringen hat sich der Staub wohl bereits zu Planetesimalen gesammelt.

Dunklere Bereiche zeigen, wo sich wohl in der Scheibe Planeten bilden.

Die Sonne
Die Sonne, die 99 % der Masse des Sonnensystems enthält, ist ein gelber Zwergstern, der etwa die Hälfte seiner Lebenszeit hinter sich hat. Ihr Durchmesser beträgt etwa 1,4 Mio. km. Die Sonne ist die wichtigste Quelle für Licht und Wärme für das Leben auf der Erde. Ihre Energie entsteht durch Kernfusion in ihrem Kern, wo die Temperatur 15 Mio. °C erreicht.

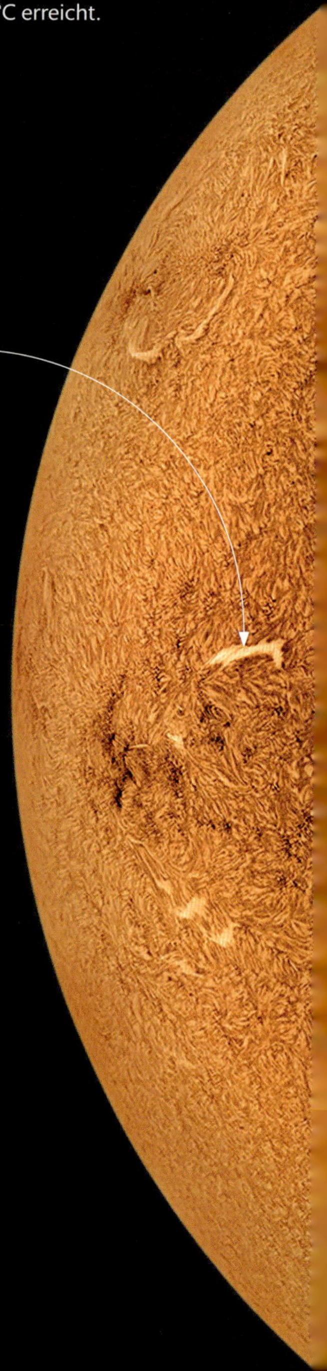

Protuberanzen und Filamente, fackelartige Ausbrüche von Plasma, erstrecken sich über die Sonnenoberfläche.

Die Entstehung des Sonnensystems

Vor etwa 4,6 Mrd. Jahren zog sich eine gewaltige interstellare Gas- und Staubwolke zusammen, wohl ausgelöst durch Schockwellen einer nahen Sternexplosion. Dabei rotierte sie immer schneller, heizte sich auf und formte eine flache, rotierende Scheibe aus Gas und Staub. Als Hitze und Druck im Zentrum hoch genug waren, begannen Wasserstoffatome zu Heliumatomen zu verschmelzen, was enorme Energien freisetzte. Ein neuer Stern, die Sonne, war im Herzen der Scheibe geboren. Die Schwerkraft zog das übrige Material der Scheibe zu Asteroiden, Kometen, Planeten und Monden zusammen.

WIE DIE PLANETEN ENTSTANDEN

Die Scheibe um die junge Sonne bestand aus Staub, Gas und im kalten Randbereich auch aus Eisbrocken. Teilchen dieses Materials kollidierten miteinander und blieben manchmal aneinander hängen. Diesen Vorgang nennt man Akkretion. Staubteilchen klumpten sich so zu Gesteinsbrocken zusammen, die dann weiter zu Planetesimalen wuchsen, den Bausteinen der Planeten. Einige wurden so groß, dass ihre eigene Schwerkraft sie zu Kugeln formte: Sie wurden zu Planeten oder Monden.

Die Sonne zündet.

Staub klumpt sich zu Planetesimalen zusammen.

Protoplaneten (junge Planeten) sammeln alles Material in ihrer Bahn auf.

Planeten auf stabilen Umlaufbahnen

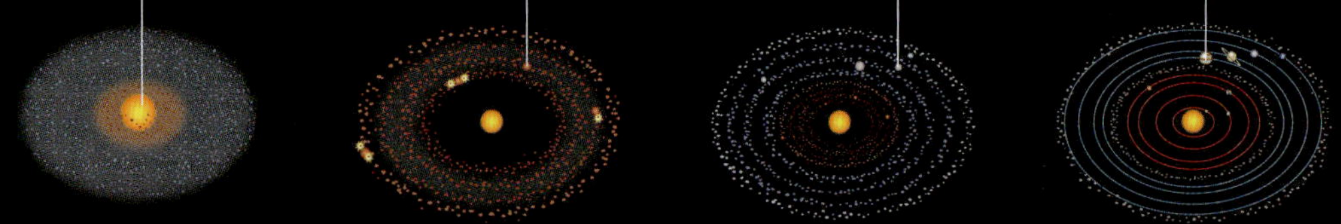

1. PROTOPLANETARE SCHEIBE **2. KALTE AKKRETION** **3. PROTOPLANETEN** **4. SONNENSYSTEM**

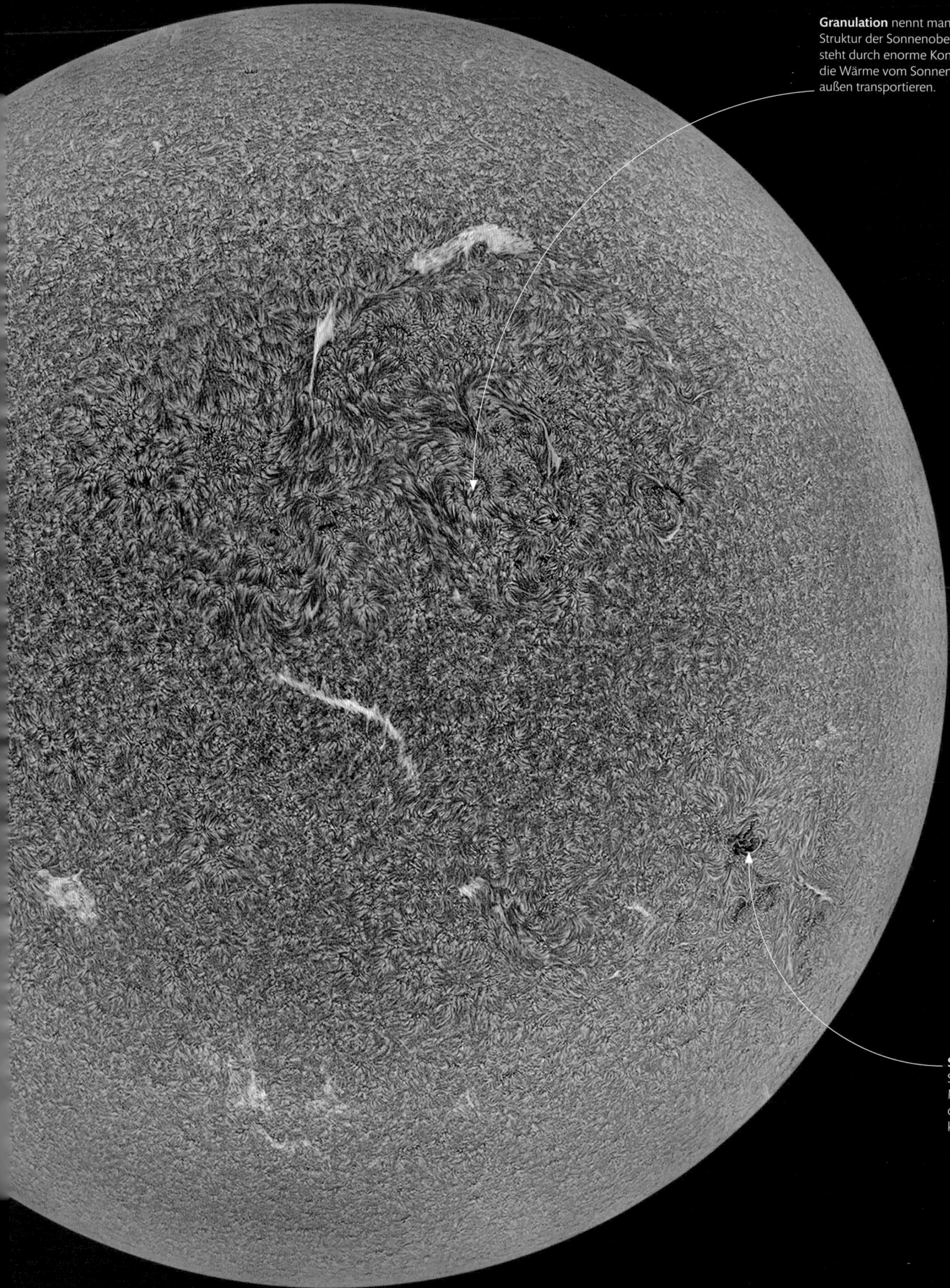

Granulation nennt man die körnige Struktur der Sonnenoberfläche. Sie entsteht durch enorme Konvektionszellen, die Wärme vom Sonneninneren nach außen transportieren.

Sonnenflecken sind Stellen, an denen das Magnetfeld der Sonne die Oberfläche relativ kühl macht.

Dieser Chondrit-Mikrometeorit ist weniger als 2 mm groß.

Mikrometeoriten
Das Bild zeigt die Rasterelektronenmikroskopaufnahme eines winzigen Meteoriten von einem Strand an der US-Ostküste. Dieses Exemplar gehört zur Gruppe der Chondriten, die aus dem gleichen ursprünglichen Material bestehen, aus dem die Gesteinsplaneten entstanden.

Meteoriten

Die Erde sammelt jährlich etwa 70 000 t außerirdisches Material ein. Überwiegend handelt es sich um winzige Staubteilchen. Doch auch ein erheblicher Anteil größerer Objekte erreicht den Erdboden, dann nennt man sie Meteoriten. Heute entstammen sie meistens dem Asteroidengürtel zwischen den Bahnen von Mars und Jupiter, wo Kollisionen von Asteroiden Gesteinsfragmente in Richtung Erde senden können. Darunter sind Meteoriten, die Kohlenstoff und sogar komplexe organische Moleküle enthalten. Sie könnten eine Rolle bei der Entstehung des Lebens gespielt haben. Wie alle Planeten wurde die Erde in der Frühzeit des Sonnensystems mit Objekten bombardiert. Der Mond trägt die Narben dieses Bombardements noch, auf der Erde hat das ständige Recycling der Erdkruste durch die Plattentektonik alle Einschlagkrater bis auf die jüngsten wieder ausgelöscht.

Gesteinsfragmente lassen vermuten, dass dieses Exemplar aus der Übergangszone zwischen dem metallischen Kern und dem Silikatmantel eines Asteroiden stammt.

EINSCHLAGKRATER

Ein genügend großer, schneller Asteroid oder Meteoroid erreicht die Erdoberfläche, wo er explodiert und einen runden Krater erzeugt. Seine Bewegungsenergie wird in Hitze umgewandelt, die groß genug sein kann, um den Meteoriten und die Oberflächengesteine sofort zu verdampfen. Ein Teil des Materials bleibt als Schmelze oder als Brekzie (zerbrochenes Gestein) übrig, ein Teil bildet eine ringförmige Schicht von Auswurfmaterial (Ejekta) um den Krater. Tiefere Gesteinsschichten können zertrümmert, gehoben oder gekippt werden.

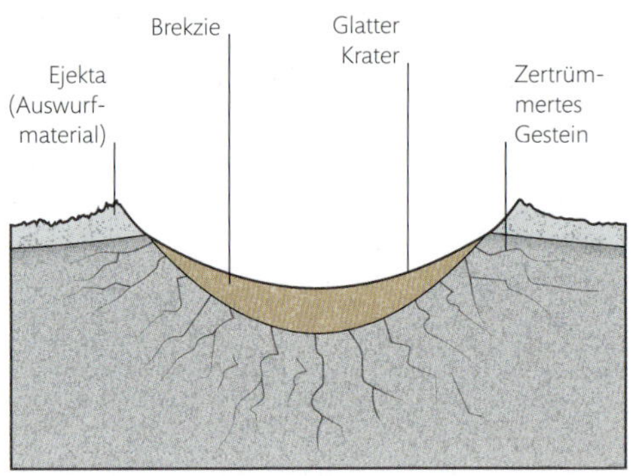

Olivinkristalle (Magnesium-Eisen-Silikat), eingebettet in Eisen-Nickel-Legierung

Überrest aus einem Asteroidenkern
Diese geschliffenen und polierten Anschnitte von Stein-Eisen-Meteoriten aus Seimtschan (Russland) zeigen Eisen-Nickel-Kristalle, die aus dem geschmolzenen Kern eines Planetesimals oder differenzierten Asteroiden (in dem sich Kern, Mantel und Kruste getrennt haben) stammen. Einige Meteoriten sind Steine mit wenig Anzeichen für Schmelzvorgänge im Herkunftskörper. Andere sind chemisch ähnlich zusammengesetzt wie die Sonne. Sie repräsentieren wohl den solaren Nebel, aus dem die Planeten entstanden sind.

Kristalle aus Nickel und Eisen bildeten sich im heißen Kern eines Asteroiden.

Das auffällige Gefüge von Kristallen aus einer Eisen-Nickel-Legierung, das man sieht, wenn man einen Eisenmeteoriten anschleift und mit schwacher Säure anätzt, nennt man Widmanstätten-Struktur.

Erosion und Tektonik haben die meisten Einschlagkrater zerstört, nur noch die jüngsten sind erkennbar. Alte, stabile Gesteine und fehlende Vegetation machen Australien zu einem guten Ort, nach ihnen zu suchen. Einer der wenigen Zeugen der Bombardierung der Erde durch Kometen und Asteroiden ist Tnorala, auch Gosses-Bluff-Krater genannt, etwa 200 km westlich von Alice Springs (Australien).

Im Blick Tnorala

Tnorala entstand in der Unterkreide vor etwa 142 Mio. Jahren, als ein etwa 600 m großer Asteroid oder Komet mit etwa 40 km/s in den Ebenen Zentralaustraliens einschlug und ein 22 km großes Loch in die Erdkruste schlug. Heute hat die Erosion fast alle Spuren des äußeren Kraterrands entfernt, doch der Zentralberg ist noch als Ring aus Sandsteinhügeln mit etwa 5 km Durchmesser erhalten. Zwar ist der Kraterwall bis auf das Bodenniveau erodiert, aber auf Satellitenbildern noch als Ring aus dunklerem Gestein sichtbar. Die Oberfläche von Tnorala liegt heute etwa 2 km tiefer als zum Zeitpunkt des Einschlags. Der Einschlag hinterließ viele Spuren, etwa deformiertes und zertrümmertes Gestein, Quarzkörner mit Druck- und Schmelzspuren sowie Strahlenkegel, also Brüche im Gestein, die vom Einschlagspunkt ausgehen und durch Schockwellen entstehen.

Tnorala ist ein heiliger Ort für die örtlichen Aborigines, die westlichen Aranda, deren Erzählungen seine Entstehung ebenfalls einem Objekt vom Himmel zuschreiben: Ein Baby in einem Korb fiel zur Erde, als eine Gruppe himmlischer Frauen auf der Milchstraße tanzte. Beim Aufprall des Korbs wurden die Felsen angehoben.

Ein **»Pferdeschwanzmuster«** von Bruchflächen entsteht in Gestein, das einer starken Druckwelle ausgesetzt wurde.

Sandsteinring
Der aus einem Ring von Sandsteinhügeln bestehende Tnorala erhebt sich 180 m über die Ebene. Er ist einer der am intensivsten erforschten Krater Australiens. Dass er eine Einschlagstruktur ist, wurde erstmals in den 1960ern aufgrund der vielen Strahlenkegel erkannt.

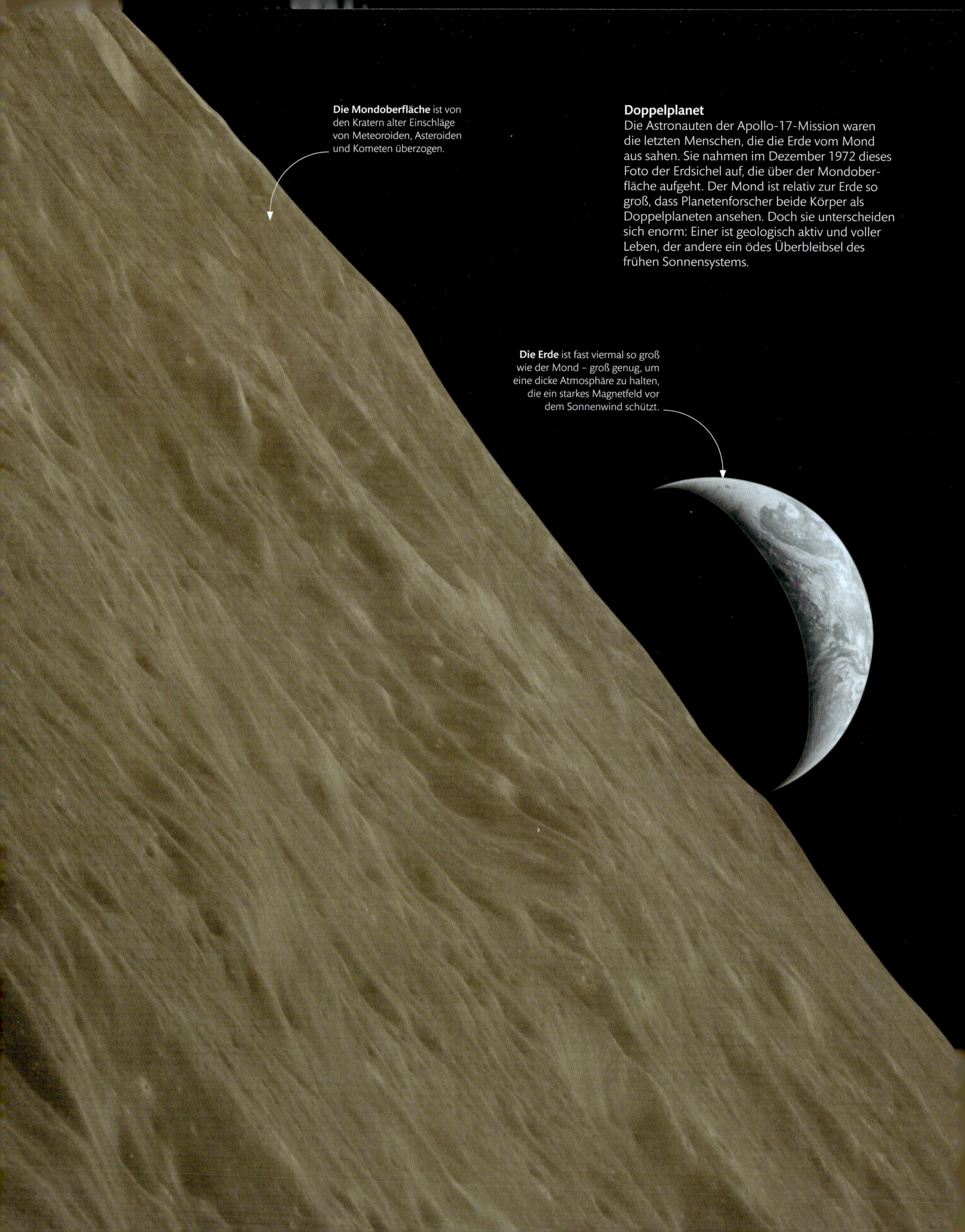

Doppelplanet
Die Astronauten der Apollo-17-Mission waren die letzten Menschen, die die Erde vom Mond aus sahen. Sie nahmen im Dezember 1972 dieses Foto der Erdsichel auf, die über der Mondoberfläche aufgeht. Der Mond ist relativ zur Erde so groß, dass Planetenforscher beide Körper als Doppelplaneten ansehen. Doch sie unterscheiden sich enorm: Einer ist geologisch aktiv und voller Leben, der andere ein ödes Überbleibsel des frühen Sonnensystems.

Mondgestein
Die Gesteinsproben, die 1969 bis 1972 von den NASA-Astronauten des Apollo-Programms gesammelt wurden, zeigen, dass die Mondoberfläche chemisch ähnlich aufgebaut ist wie der Erdmantel. Die bis zu 4,4 Mrd. Jahre alten Proben tragen dazu bei, die Frühgeschichte der Erde und die Entstehung des Mondes zu datieren.

Die Poren im Gestein entstanden durch Gasblasen in der geschmolzenen Lava.

Diese 3,5 Mrd. Jahre alte Gesteinsprobe, die die Astronauten von Apollo 15 zurückbrachten, ähnelt dem Basalt von Hawaii (USA).

Der Mond

Die Erde kollidierte wohl weniger als 100 Mio. Jahre nach ihrer Entstehung mit einem anderen, etwa marsgroßen Planeten. Dieser kataklystische Einschlag ließ den kleineren Planeten und einen erheblichen Teil des Erdmantels schmelzen und schleuderte die heißen Fragmente ins All. Dort sammelten sie sich und erstarrten zum einzigen natürlichen Satelliten der Erde. Kometen und Asteroiden bombardierten den jungen Mond und hinterließen auf der ganzen Oberfläche Krater. Lava überflutete einige größere Einschlagbecken, was die dunklen »Maria« erzeugte, die man von der Erde sieht. Die erdabgewandte Seite ist gebirgiger. Der Erdmond ist der größte Mond in unserem Sonnensystem relativ zum Planeten, und entsprechend groß war sein Einfluss auf die Entwicklung der Erde und des Lebens. Seine Schwerkraft stabilisiert die Rotation und Achsenneigung und damit das Klima der Erde. Vielleicht stärkt er auch das schützende Erdmagnetfeld. Der auffallende Körper am Himmel war ein frühes Ziel der Raumfahrt.

DIE MONDBAHN

Die Schwerkraft des Mondes ist der Hauptgrund für die Gezeiten auf der Erde, aber der Mond zieht auch an den Gesteinen der Erde und umgekehrt. Durch die Gezeitenkräfte wird Rotationsenergie übertragen, sodass die Rotationsperiode der Erde länger wurde: von fünf Stunden bei der Entstehung des Mondes auf die heutigen 24 Stunden. Im Gegenzug nahm der Radius der Mondbahn von 128 000 km auf 383 000 km zu. Die Gezeitenkräfte führen auch zur gebundenen Rotation: Der Mond rotiert heute gerade so schnell, dass immer die gleiche Seite zur Erde zeigt.

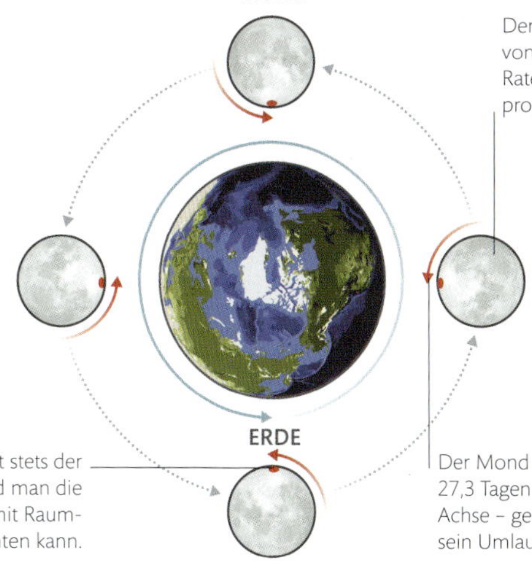

Der Mond entfernt sich von der Erde mit einer Rate von etwa 3,8 cm pro Jahr.

Eine Seite des Mondes ist stets der Erde zugewandt, während man die abgewandte Seite nur mit Raumfahrzeugen beobachten kann.

Der Mond rotiert einmal in 27,3 Tagen um die eigene Achse – genauso lange dauert sein Umlauf um die Erde.

Unser Platz **im** Sonnensystem

Als die Planeten genug Masse gesammelt hatten, presste ihre eigene Schwerkraft sie zusammen, wobei Gravitationsenergie in Wärme umgewandelt wurde. Zusammen mit der Wärme von radioaktiven Elementen schmolz sie das Planeteninnere, sodass schwere Elemente absinken und leichtere aufsteigen konnten. Diesen Vorgang nennt man planetare Differenzierung. Danach hatte die Erde einen festen Gesteinsmantel und einen großen, teils flüssigen Metallkern. Er erzeugt ein starkes Magnetfeld, das verhindert, dass der Sonnenwind, der Strom geladener Teilchen von der Sonne, die Atmosphäre wegbläst. Die Erde hat einmalige Merkmale, die das Leben ermöglichen.

Vulkanismus und häufige Meteoriteneinschläge hielten die Oberfläche geschmolzen, bis sie abkühlte und eine Kruste bildete.

Hölle auf Erden
Die Erdoberfläche muss eine Hölle gewesen sein, mit protoplanetaren Trümmern, die von oben herabregneten, und enormer Hitze, die von den Schichten darunter aufstieg.

UMLAUFBAHNEN IM SONNENSYSTEM

Das Sonnensystem ist eine Familie von Objekten, die durch die Gravitation der Sonne gebunden sind. Es gibt mehrere Gruppen: die inneren Gesteinsplaneten (Merkur, Venus, Erde, Mars), den Asteroidengürtel, die Gas- und Eisriesen (Jupiter, Saturn, Neptun und Uranus), den Kuipergürtel der fernen Eiskörper, darunter der Zwergplanet Pluto sowie die noch fernere Ooort'sche Wolke der Kometen. Distanzen misst man in Astronomischen Einheiten (AE): 1 AE ist der mittlere Abstand der Erde von der Sonne. Die Erde ist der einzige Planet in der habitablen (bewohnbaren) Zone des Sonnensystems (unten grün dargestellt), wo es weder zu heiß noch zu kalt für flüssiges Wasser ist.

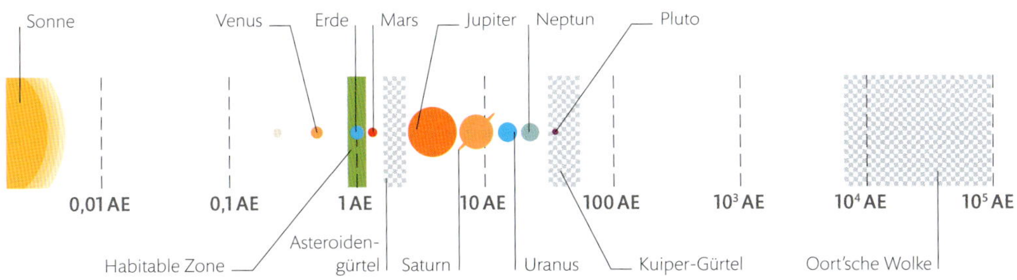

Eisgefüllte Krater
Auf dem Mars gibt es genug Wasser, um die ganze Oberfläche mindestens 30 m hoch zu bedecken. Doch wegen des niedrigen Atmosphärendrucks und der extrem tiefen Temperatur kann Wasser nicht in flüssiger Form existieren. Der Mars liegt also außerhalb der habitablen Zone des Sonnensystems. Das Wasser ist als Eis gebunden, vor allem unter der Oberfläche, aber teils auch auf dem Boden von polnahen Kratern wie dem Krater Korolev.

Anpassung an die Jahreszeiten

Das Leben hat sich an den Jahreslauf der Sonneneinstrahlung angepasst. Einige Bäume haben zähe, immergrüne Nadeln, die die Eiseskälte des Winters überstehen. Andere Pflanzen wie diese Buche haben breite, dünne Blätter, die die dem Sonnenlicht ausgesetzte Fläche im Sommer maximieren. Der Baum wächst im Sommer schnell und geht im Winter in einen Ruhezustand über.

Nach dem Abwerfen der Blätter im Winter schützt der Baum die Knospen mit überlappenden, schuppenartigen Hüllblättern, damit sie sich im Frühjahr gleich entwickeln können.

Bei günstigen Wetterverhältnissen – kühl und trocken – wird der männliche Pollen von Buchen durch den Wind verbreitet.

Lange hölzerne Zweige breiten die Blätter über eine große Fläche aus.

NEIGUNG DER ERDACHSE

Die Planetenkollision, die den Mond schuf (siehe S. 20–21), führte auch dazu, dass die Achse der Erde gegenüber ihrer Umlaufebene um die Sonne geneigt ist. Dies würde ihre Rotation instabil machen, aber die Gravitation des Mondes stabilisiert die Bewegung der Erde. Die Achsenneigung hat sich im Laufe von Jahrmillionen nur um ein paar Grad verändert, sodass ein relativ stabiles Klima entstehen konnte mit vorhersagbaren Variationen der auf der Nord- und Südhalbkugel einfallenden Sonnenstrahlung: den Jahreszeiten.

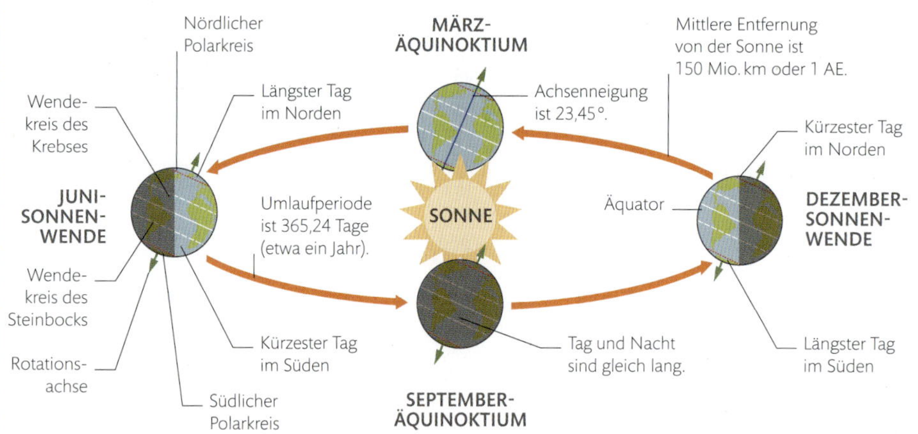

Jahreszeiten

Die Erde rotiert in 23 Stunden und 56 Minuten einmal um ihre eigene Achse. Dabei wandert sie auch auf ihrer Umlaufbahn um die Sonne weiter, sodass es ein bisschen länger dauert, bis die Sonne wieder am gleichen Punkt am Erdhimmel steht. Dieser Zeitraum ist ein Tag, und wir teilen ihn in 24 Stunden. Am Äquator gibt es zwölf Stunden Tageslicht und zwölf Stunden Nacht, aber je weiter man nach Norden oder Süden geht, desto länger werden wegen der Neigung der Erdachse die Tage im Sommer und die Nächte im Winter. Diese Variationen der Energieeinstrahlung führt zu den verschiedenen Jahreszeiten.

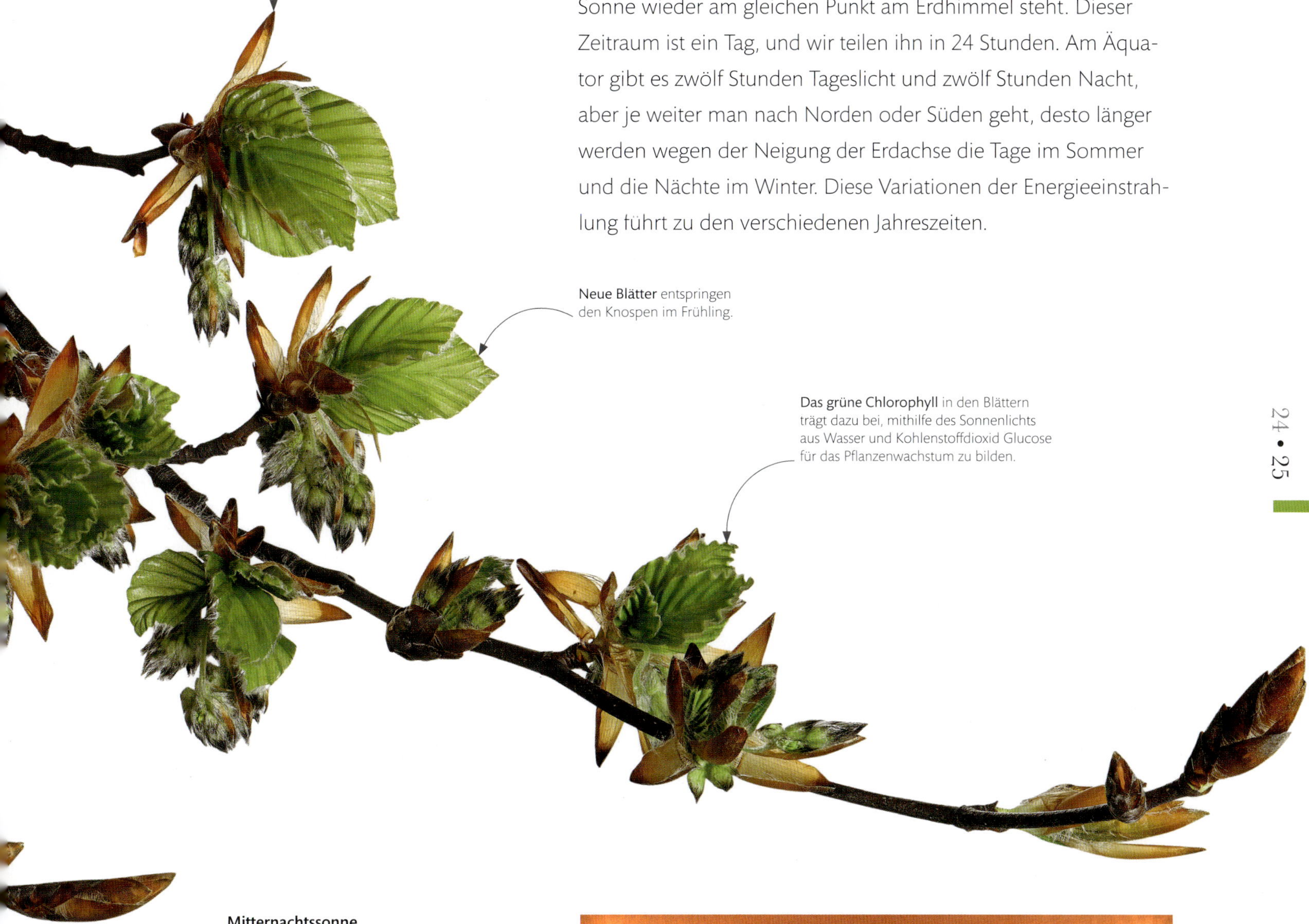

Die braun gewordenen Hüllblätter, die die Knospen im kalten Winter geschützt haben, fallen im Frühling ab und die Knospen öffnen sich.

Neue Blätter entspringen den Knospen im Frühling.

Das grüne Chlorophyll in den Blättern trägt dazu bei, mithilfe des Sonnenlichts aus Wasser und Kohlenstoffdioxid Glucose für das Pflanzenwachstum zu bilden.

Mitternachtssonne
Nördlich bzw. südlich der Polarkreise (66,5° nördliche bzw. südliche Breite) gibt es mindestens einen Tag im Sommer, an dem die Sonne gar nicht untergeht, und einen Tag im Winter, an dem sie nicht aufgeht. Diese Serienaufnahme zeigt, wie die Sonne am Polarkreis um Mitternacht bis fast zum Horizont sinkt. Sie geht aber nicht unter, sondern steigt sofort nach Mitternacht wieder höher. Am Nord- bzw. Südpol selbst herrscht sechs Monate Tageslicht, gefolgt von sechs Monaten ohne Sonnenlicht.

Das Foucault'sche Pendel in Paris
Diese Replika von Foucaults ursprünglichem Apparat befindet sich im Pantheon in Paris (Frankreich). Nach einem System, das auf Vincenzo Viviani zurückgeht, hängte Foucault ein 28 kg schweres Bleigewicht an einem 67 m langen Draht an der Kuppel des Gebäudes auf.

Wetterspiralen
Dieses Satellitenbild eines Tiefdruckgebiets über Australien zeigt den Einfluss des Coriolis-Effekts. Er entsteht durch die Rotation der Erde und führt dazu, dass Wirbelstürme und Tiefdruckgebiete rotieren: gegen den Uhrzeigersinn auf der Nordhalbkugel und (wie hier) im Uhrzeigersinn auf der Südhalbkugel der Erde.

Geschichte der Geowissenschaften

Rotation der Erde

Zwar dachten Astronomen in Indien im 5. Jh. v. Chr. und in der islamischen Welt im 10. Jh., dass sich die Erde einmal am Tag um sich selbst dreht, aber die akzeptierte Ansicht in Europa war noch im 16. Jh., dass der Himmel um eine feststehende Erde rotierte. 1543 schlug Nikolaus Kopernikus eine rotierende Erde als Teil des heliozentrischen Modells vor, aber noch hundert Jahre später lehnten Kritiker dies mangels physischer Beweise ab.

Die Suche nach einem Beweis für die Erdrotation konzentrierte sich auf Experimente, die zeigen, ob ein sich bewegendes Objekt leicht zur Seite abgelenkt wird – dieses Phänomen nennen wir heute Coriolis-Effekt. Erst im späten 18. Jh. wurde ein messbarer Effekt bestätigt, als man beobachtete, dass Gewichte, die von einem über 150 m hohen Turm fielen, um einige Zentimeter abgelenkt wurden.

Viel klarere Beweise für die Erdrotation lieferte 1851 der französische Physiker Jean Bernard Léon Foucault. Er konstruierte ein langes Pendel mit einer speziellen Aufhängung, an der es sich frei drehen konnte. Falls die Erde nicht rotiert, müsste das Pendel stabil in einer Ebene schwingen, da sein Drehimpuls erhalten bleibt. Doch wenn die Erde rotiert, dann dreht sie sich unter der Schwingungsebene hinweg, die selbst wegen der Drehimpulserhaltung fest bleibt: Dem Beobachter auf der Erde scheint es, als würde sich die Schwingungsebene drehen.

Bei einem Pendel am Nord- oder Südpol dreht sich die Schwingungsebene (relativ zur Erde) in 24 Stunden einmal um 360°. In niedrigeren Breiten ist der Effekt kleiner und wird null am Äquator. Auf der Breite von Paris brauchte Foucaults Pendel fast 32 Stunden für eine volle Drehung, pro Stunde drehte es sich im Uhrzeigersinn um 11°. Demonstrationen dieses Experiments an verschiedenen Orten überall in Europa stießen auf reges Interesse in der Öffentlichkeit.

Zwar ist der Effekt auf menschlichen Größenordnungen winzig, aber auf planetaren Skalen enorm bedeutend, da er zu den Zirkulationsmustern in der Atmosphäre und den Ozeanen führt.

> »Sie sind eingeladen, die Erde sich drehen zu sehen, morgen von drei bis fünf in der Meridianhalle des Pariser Observatoriums.«
>
> JEAN BERNARD LÉON FOUCAULT, EINLADUNGSKARTE, 3. FEBRUAR 1851

RADIOMETRISCHE DATIERUNG

Einige Stoffe wie diesen Zirkonkristall kann man radiometrisch datieren. Das beruht auf dem langsamen Zerfall radioaktiver Isotope wie Uran-235, das zu Blei zerfällt. Das Verhältnis von Uran-235 zu Blei in einer Gesteinsprobe zeigt daher ihr Alter. Dies liefert eine absolute Zeitskala zur Messung der geologischen Zeit. Isotope anderer Elemente geben Aufschluss über die Bedingungen bei der Bildung des Gesteins. So informiert das Verhältnis von Sauerstoff-18 und Sauerstoff-16 über das Vorhandensein von flüssigem Wasser und das von Kohlenstoff-12 zu Kohlenstoff-13 über die Existenz von Leben.

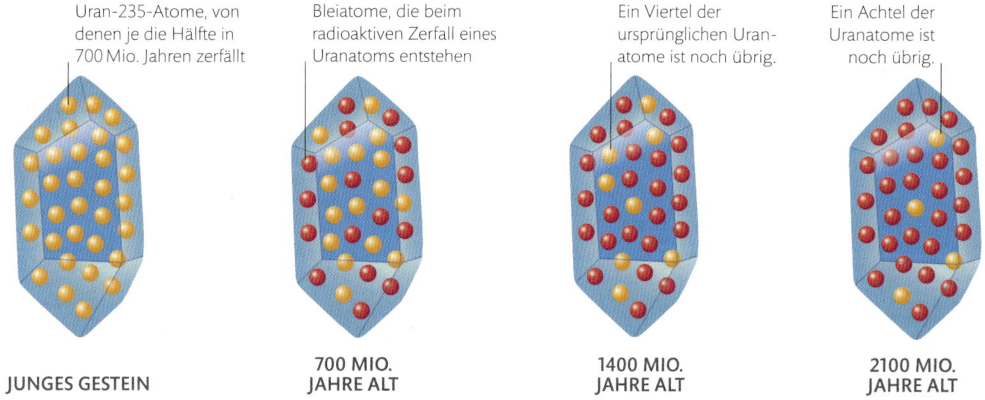

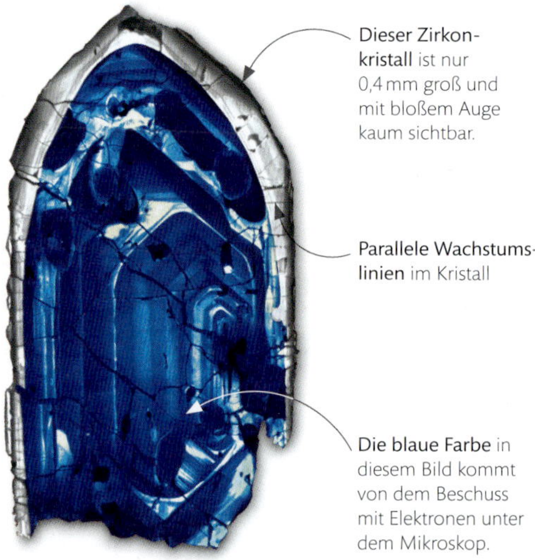

Außerirdisches Wasser

Ein Teil des Wassers auf der Erde muss von Kometen stammen, die oft auf dem jungen Planeten einschlugen. Kometen bestehen je etwa zur Hälfte aus Eis (davon 80 % Wassereis) und Staub. Sie verlieren einen Teil ihres Eises durch spektakuläre geysirartige Ausbrüche, wenn sie sich beim Eintritt ins innere Sonnensystem erwärmen. Dieses Bild nahm die Raumsonde Rosetta auf, als sie 2014 zum Kometen 67P/Tschurjumow-Gerassimenko flog.

Spuren der frühesten Ozeane

Das bisher älteste gefundene Material der Erde sind Kristalle des Minerals Zirkon, die vor 4,4 Mrd. Jahren entstanden. Aus Sauerstoffisotopen in ihnen schließt man, dass es damals flüssiges Wasser gab. Zirkon ist hart wie Diamant und damit ein guter geologischer Langzeitzeuge.

Ursprung der Ozeane

Als die Erde bei der Differenzierung (siehe S. 22) ihre Schichten ausbildete, wurden flüchtige Substanzen durch intensiven Vulkanismus aus dem Inneren ausgestoßen und bildeten eine Atmosphäre aus Stickstoff, Kohlendioxid und Wasserdampf. Die Oberfläche kühlte bald zu einer festen Kruste ab, sodass Wasserdampf kondensieren und sich zu Ozeanen sammeln konnte. Hinweise aus uralten Zirkonkristallen von den Jack Hills in Westaustralien zeigen, dass es vor 4,4 Mrd. Jahren Oberflächenwasser gab, nur 160 Mio. Jahre nach Entstehung der Erde. Einige Meteoriten enthalten 15–20 % Wasser. Die frühe Erde war wohl ähnlich zusammengesetzt, wodurch genug Wasser für die ersten Ozeane vorhanden war.

Im Herzen alt
Die ältesten Gesteine finden sich in den stabilen Zentren einiger Kontinente – den Überresten der frühen Kratone. Dieses metamorphe Gestein von einer Insel im Fluss Acasta (Kanada) ist etwa 4 Mrd. Jahre alt.

In der langen Geschichte dieses Steins hat die Metamorphose unter hohem Druck und Hitze eine Bänderung erzeugt – eine schichtartige Textur.

Kontinente entstehen

Durch Differenzierung (siehe S. 22) entstanden im Erdinneren Schichten: ein metallischer Kern unter dem silikatreichen Mantel und eine leichte Kruste. Die Urkruste war einheitlich, aber sie differenzierte selbst auch langsam in zwei Typen: ozeanische und kontinentale Kruste. Die Kruste, verbunden mit der obersten Mantelschicht, trieb auf dem heißen, beweglichen Material darunter. Dessen Konvektion durch die Hitze aus dem Inneren bewegte die äußeren festen Schichten und zerbrach sie in tektonische Platten. Platten sanken teils in den Mantel ab und neue Kruste entstand dort, wo sie auseinanderdrifteten. Die ständige Umschmelzung der Kruste konzentrierte leichtere Elemente an einigen Orten und schuf die dicke kontinentale Kruste, die heute etwa 40 % der Oberfläche bedeckt.

Wasserfall aus Lava
Lava strömt in den Pazifik und lässt das Wasser im Kamokuna-Lavadelta auf der Hauptinsel von Hawaii verdampfen. Die Insel wächst langsam durch den Strom heißer, dünnflüssiger Lava vom Vulkan Kilauea ins Meer, wo sie die Basis der Insel verbreitert. Dieser Vorgang, der heute noch auf Hawaii abläuft, war auch ein wichtiger Prozess der frühen Kontinentbildung.

WIE DIE ERSTEN KONTINENTE ENTSTANDEN

Vor etwa 4 Mrd. Jahren begannen die tektonischen Platten zu driften. Urkruste wurde teils in den Mantel hinabgezogen, wo sie schmolz und Wasser abgab. Dadurch schmolz Mantelgestein und bildete Magma, das reich an leichten Elementen war, aufstieg und Vulkaninseln bildete. Die Plattentektonik schob die Inseln zu Kratonen – Massen leichterer Gesteine – zusammen. Verwitterung und Erosion konzentrierte leichteres Material weiter in den Kratonen. Die Tektonik schob Kratone zu größeren Massen kontinentaler Kruste zusammen.

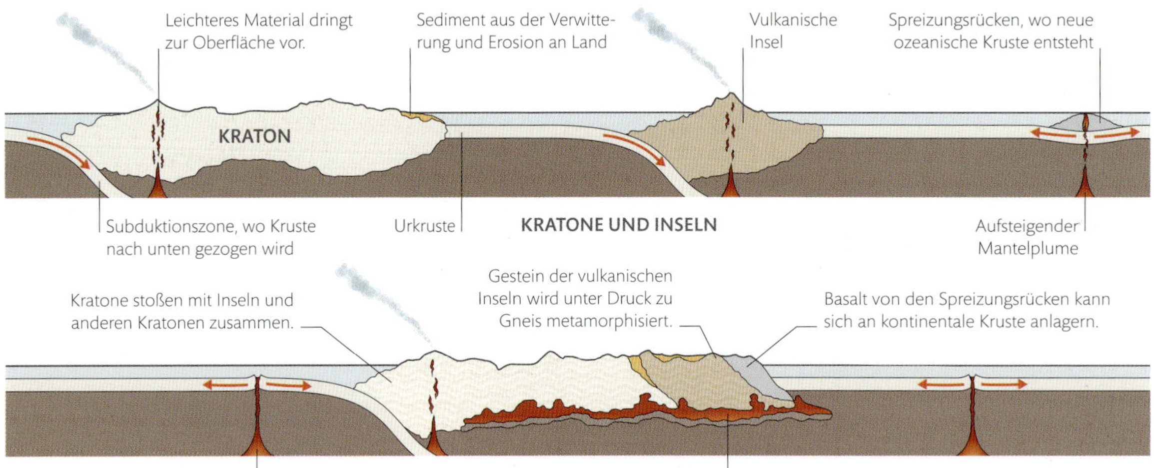

Zeitalter der Erde

Würde man die Erdgeschichte auf einen Tag reduzieren, so erschienen die Dinosaurier etwa eine Stunde lang um 22.40 Uhr und die Vorfahren des Menschen erst zwei Minuten vor Mitternacht. Statt in Stunden, Minuten und Sekunden teilt man die geologische Zeit in Äone, Ären und Perioden. Sie beschreiben aber keine gleich langen Zeitintervalle, sondern Abschnitte in der Gesteinsabfolge. Das Hadaikum (nach dem griechischen Wort für Unterwelt) ist das erste Äon. Leider gibt es keine erhaltenen Gesteine aus dieser Zeit. Gesteine aus dem Archaikum enthalten einzelne Hinweise auf Bakterien, aber in jüngeren Gesteinen, vom Proterozoikum (»Zeit des früheren Lebens«) zum Phanerozoikum (»Zeit des sichtbaren Lebens«), gibt es mehr und mehr Hinweise auf die Entwicklung von Kontinenten, Ozeanen, Ökosystemen und Lebewesen.

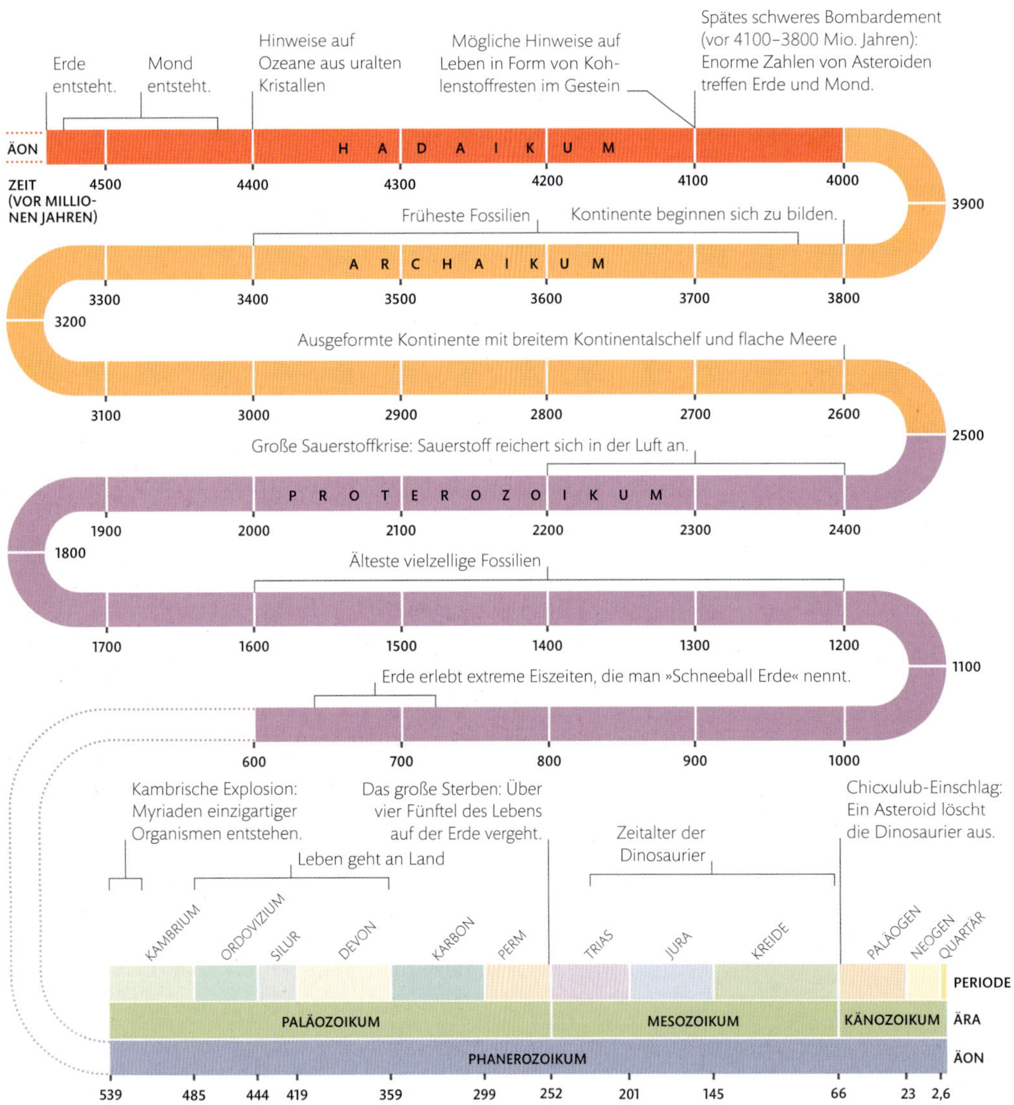

Die Geschichte unseres Planeten
Die geologische Zeitskala liefert eine Chronologie der wichtigsten Ereignisse der Erdgeschichte seit ihrer Entstehung vor 4,6 Mrd. Jahren. In dieser Grafik wurde das jüngste Äon, das Phanerozoikum, in Ären unterteilt, die weiter in Perioden gegliedert sind. Das Auftreten bzw. Aussterben wichtiger Lebensformen ist auf der Skala markiert.

Gesteinsüberlieferung
An einigen Orten kann man in Gesteinsschichten wie in einem Buch lesen. Diese Schiefer- und Tonschichten in den Bentonite Hills in Utah (USA) entstanden aus Ablagerungen von Schlamm, Silt (Schluff), Feinsand und Vulkanasche in Sümpfen und Seen in der Juraperiode. Durch das Studium solcher Gesteinsschichten lernen wir, wie das Leben vor 145 Mio. Jahren aussah.

Stoffe der Erde

Die äußere dünne Kruste der Erde besteht aus einer großen Vielfalt von Gesteinen, die durch geologische Vorgänge über Jahrmilliarden entstanden. Die Bausteine der Gesteine – und aller festen Körper im Universum – sind Minerale. Über der Erdkruste und sie teilweise verbergend liegt eine noch dünnere Schicht aus Boden und Vegetation sowie Gewässern und Eismassen.

Markasit
Das Mineral Markasit ist polymorph zu Pyrit, d. h. es hat die gleiche chemische Summenformel, aber eine andere Kristallstruktur. Anders als Pyrit läuft es an der Luft an, wird stumpf und verwittert schnell.

Nadelförmige Markasitkristalle haben eine andere Form als Pyritkristalle und gehören einem anderen Kristallsystem an.

Pyrit
Pyrit kommt in fast jeder Umwelt der Erde vor. Die Kristalle haben die Form von Würfeln, Oktaedern oder »Pyritoedern« (Pentagondodekaeder mit zwölf Flächen). Dieses würfelförmige Exemplar kommt aus Guangxi (China). Der Name »Pyrit« kommt von dem griechischen Wort für »Feuer«, denn wenn man mit einem Hammer auf ihn schlägt, fliegen Funken.

Das kubische Kristallsystem ist das symmetrischste System. Es hat die Symmetrien eines Würfels (Kubus) mit drei gleich langen, rechtwinkligen, vierzähligen Symmetrieachsen (d. h. nach jeder Vierteldrehung um eine der Achsen erhält man wieder die gleiche Form).

Wegen der gelben Farbe und des metallischen Glanzes wird Pyrit oft mit Gold verwechselt und heißt daher auch »Narrengold«.

Kristallstruktur

Minerale sind chemisch einheitliche, meist anorganische feste Stoffe, die natürlich vorkommen. Bei den meisten Mineralen sind die Atome in einem regelmäßigen Muster angeordnet, dann nennt man sie kristallin. Wenn solche Minerale in einem offenen Raum ungehindert wachsen können, entstehen Kristalle mit einer geometrischen Form, die man oft auch mit bloßem Auge sieht. Diese äußere Form (»Kristallhabitus«) gibt die Kristallstruktur wieder, also die dreidimensionale gitterartige Anordnung der Atome oder Ionen (geladene Atome oder Moleküle). Man kann die Struktur durch Symmetrieachsen beschreiben: imaginäre Linien durch die Mittelpunkte der Kristallflächen. Alle Kristalle lassen sich in eines von sieben Kristallsystemen mit jeweils charakteristischen Symmetrieeigenschaften einordnen. Die meisten Kristalle haben jedoch keine perfekt symmetrische Form, da sie in der Natur nicht ungehindert frei wachsen können.

KRISTALLZWILLINGE

Zwei oder mehr Kristalle des gleichen Minerals wachsen manchmal symmetrisch zusammen. Man nennt sie Zwillinge. Es gibt zwei Haupttypen: Kontakt- und Durchdringungszwillinge. Kontaktzwillinge haben eine klare Grenzfläche zwischen zwei spiegelbildlichen Individuen. Bei Durchdringungszwillingen scheinen die Individuen durch einander hindurch gewachsen zu sein. Feldspate, die häufigsten Minerale, bilden oft Zwillinge. Quarz und Spinell bilden Kontaktzwillinge, während Orthoklas, Pyrit und Fluorit Durchdringungszwillinge bilden. Die Form von Zwillingen hilft bei der Mineralbestimmung.

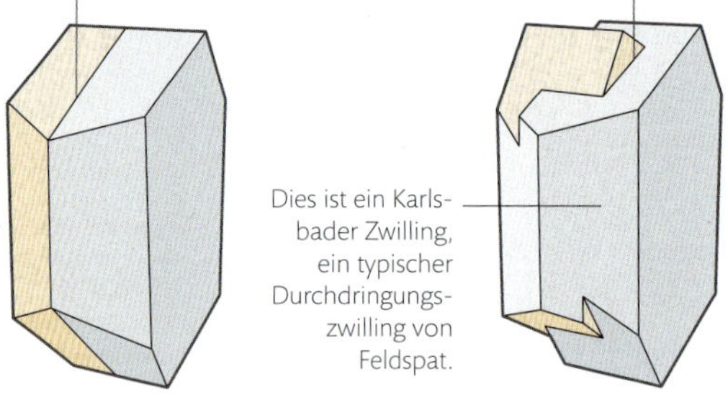

Die Kristallindividuen sind spiegelbildlich aneinandergefügt.

Eine unregelmäßige Grenzfläche trennt die Individuen.

Dies ist ein Karlsbader Zwilling, ein typischer Durchdringungszwilling von Feldspat.

KONTAKTZWILLING

DURCHDRINGUNGSZWILLING

Die Streifung auf den Flächen eines Pyritkristalls sind parallele Furchen, die gewöhnlich dadurch entstehen, dass mehrere Kristallformen gleichzeitig verschieden schnell wachsen.

Formen und Flächen

Der Begriff »Form« beschreibt die Menge der Flächen eines Kristalls und ihre Symmetrien. Es gibt offene und geschlossene Formen. Geschlossene Formen (wie Würfel oder Oktaeder) schließen ihr Volumen mit gleichartigen symmetrischen Flächen ganz ein. Bei offenen Formen schließen die symmetrischen Flächen das Volumen nicht ein: Es gibt verschiedene Flächen. So hat eine prismatische Form parallele Prismenflächen, die von einer anderen Flächenart (hier Pyramiden) abgeschlossen wird. Hat ein Kristall verschiedene Flächenarten, wird er nach der dominanten (hier: prismatisch) benannt.

PRISMATISCH
Quarz

WÜRFELIG
Halit (Steinsalz)

OKTAEDRISCH
Cuprit

Erscheinung von Aggregaten

Mineralaggregate sind Gruppen von vielen verwachsenen Einzelkristallen, die oft klein, unvollständig ausgebildet und regellos angeordnet sind. Hier ist es sinnvoller, die allgemeine Gestalt des Aggregats statt den Habitus der Einzelkristalle zu beschreiben, die manchmal mikroskopisch klein sind. Bei vielen Mineralen sind einzelne Aggregate sehr unterschiedlich in Größe und Gestalt und man beschreibt sie mit vielen verschiedenen Begriffen.

MASSIG
Dumortierit

PARALLELFASERIG
Tremolit

RADIALSTRAHLIG
Pyrophyllit

BLÄTTRIG
Kyanit

NADELIG
Mesolith

DENDRITISCH
Kupfer

KONZENTRISCH
Rhodochrosit

Kristallhabitus

Unter Habitus versteht man die äußere Form eines Kristalls und das Größenverhältnis der Kristallflächen. Das kann sich auf einen einzelnen, gut geformten Kristall beziehen, aber auch auf Gruppen verwachsener Kristalle, die man Aggregate nennt. In der Natur sind perfekt geformte Kristalle selten, da ihr Wachstum durch die Schwerkraft sowie die Größe und Form des Hohlraums beschränkt ist, in dem sie gewachsen sind. Das gleiche Mineral kann in Kristallen mit verschiedenem Habitus auftreten, je nach den Verhältnissen bei seiner Bildung.

TRAUBIG (BOTRYOIDAL)
Malachit

TAFELIG
Torbernit

Aquamarin
Die blaue Varietät von Beryll, der Aquamarin, entsteht tief in der Erde und ist oft mit Granitintrusionen assoziiert (siehe S. 134–135). Die Kristalle formen sechsseitige Prismen, deren Flächen parallel zur Hauptachse laufen. Dieses Exemplar ist vom Jos-Plateau in Nigeria.

DIAMANTGLANZ
Diamant

MATT
Hämatit

ERDIG
Bentonit

WACHSGLANZ ODER FETTGLANZ
Chrysokoll

SEIDENGLANZ
Ulexit

GLASGLANZ
Quarz

Lichtreflexion

Zur Bestimmung eines Minerals ist der Glanz ein wichtiges Merkmal, also die Art, wie es das Licht reflektiert. Man teilt ihn grob in drei Gruppen: metallisch, nichtmetallisch und sub- oder halbmetallisch. Minerale mit metallischem Glanz sind glänzend und undurchsichtig wie poliertes Metall. Solche mit submetallischem Glanz sind matter und weniger reflexiv. Minerale mit nichtmetallischem Glanz sind meist heller, und viele sind etwas durchsichtig oder durchscheinend. Es gibt viele Arten von nichtmetallischem Glanz, die links beschrieben werden.

Metallischer Glanz
Bismut mit seinen brillanten, stark reflektierenden Oberflächen hat einen metallischen Glanz. Wie bei allen derartigen Mineralen entsteht dieser Eindruck von poliertem Metall dadurch, dass das einfallende Licht die Elektronen der Oberfläche zu Schwingungen anregt, wodurch sie selbst ein diffuses Licht abgeben.

BRECHUNG UND INNERE REFLEXION

Die Durchsichtigkeit eines Kristalls hängt davon ab, was mit Lichtstrahlen geschieht, die in den Kristall eindringen. Wenn der einfallende Strahl einen rechten Winkel mit der Kristall-Luft-Grenzfläche bildet, geht das Licht gerade hindurch (1). Meist fällt der Strahl in einem anderen Winkel ein. Das Licht wird dann teilweise gebrochen und teilweise reflektiert, da es im Kristall langsamer läuft und dadurch abgelenkt wird (2). Mit zunehmendem Einfallswinkel nimmt der reflektierte Anteil zu. Der kritische Winkel (3) ist der Winkel, ab dem Totalreflexion eintritt. Bei größerem Eintrittswinkel wird das Licht vollständig reflektiert.

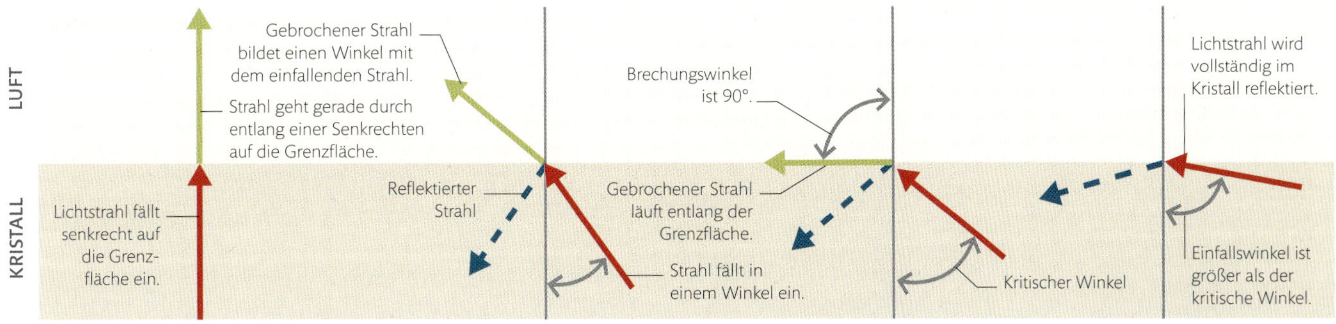

1. KEINE BRECHUNG ODER REFLEXION | 2. BRECHUNG UND REFLEXION | 3. KRITISCHER WINKEL | 4. TOTALREFLEXION

Talk
Als weichstes aller Minerale hat Talk den Härtegrad 1 auf der Mohs-Skala. Man kann ihn leicht mit dem Fingernagel ritzen. Talkumpuder wird aus gemahlenem Talk hergestellt und in vielen Kosmetikprodukten verwendet.

Rohdiamant
Dieser 424-Karat-Diamant wurde 2019 in Südafrika gefunden. Diamant ist die härteste natürliche Substanz, daher kann er jedes andere Mineral ritzen, selbst aber nur von einem anderen Diamanten geritzt werden. Diese Edelsteine bestehen aus reinem Kohlenstoff und bilden sich etwa 160 km unter der Erdoberfläche unter großem Druck bei großer Hitze. Die Diamanten, die wir nahe der Oberfläche finden, wurden von sehr tief reichenden Vulkanausbrüchen nach oben gefördert.

Härtegrade

Die Härte zu testen ist sehr nützlich bei der Bestimmung eines unbekannten Minerals. Die Härte bezieht sich auf den Widerstand gegenüber Ritzen und Schleifen, nicht auf die Stärke: Harte Minerale können tatsächlich sehr spröde sein und leicht brechen. Eine Ritzmarke entsteht auf einem Mineral, wenn Atome von der Oberfläche entfernt werden. Daher beeinflusst die Stärke der Bindungen, die die Atome zusammenhalten, die Härte des Minerals. So ist Grafit ein relativ weiches Mineral mit schwachen Bindungen, während Diamant starke Atombindungen hat. Es gibt mehrere Skalen, um allen Mineralen einen numerischen Härtegrad zuzuweisen, insbesondere die Mohs-Skala und die Knoop-Skala.

HÄRTEBESTIMMUNG

Die in der Geologie am meisten verwendete Härteskala ist die Mohs-Skala. Sie ergibt die relative Härte eines Minerals im Vergleich zu zehn Standardmineralen, von 1 (so weich wie Talk) bis hin zu 10 (so hart wie Diamant). Um die Härte eines unbekannten Minerals zu prüfen, versucht man, es mit einem Mineral oder Objekt bekannter Härte zu ritzen: Härtere Minerale ritzen weichere, aber nicht umgekehrt. So kann man mit dem Fingernagel, einer Kupfermünze und einer Stahlfeile Minerale mit einer Härte unter 2,5, 3,5 bzw. 6,5 ritzen. Für die Knoop-Skala drückt man ein spezielles Werkzeug in die Oberfläche des Minerals. Die Härte berechnet sich dann als das Verhältnis der ausgeübten Kraft zur Fläche des Eindrucks, den das Werkzeug hinterlässt.

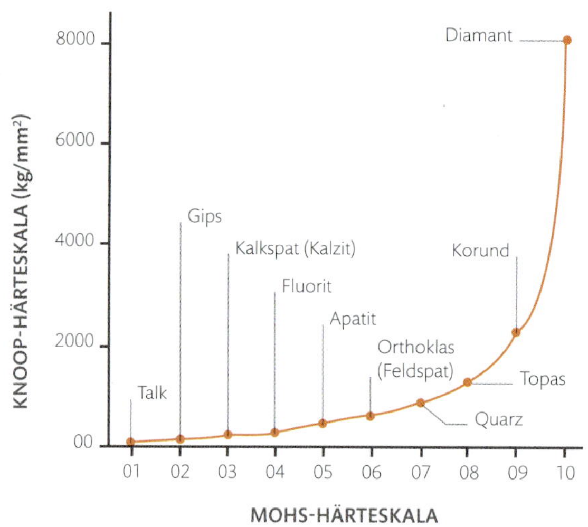

Unregelmäßige Form
mit abgerundeten Kanten

Gediegene **Elemente**

Die meisten Minerale bestehen aus einer Verbindung mehrerer chemischer Elemente. Doch einige Elemente kommen in der Natur auch relativ rein (gediegen) vor. Häufige gediegene Elemente fallen in drei Gruppen: Metalle (Gold, Silber, Platin, Kupfer und Eisen), Halbmetalle (Arsen und Bismut) und Nichtmetalle (Schwefel und Kohlenstoff). Andere Elemente treten selten gediegen auf. Gediegene Elemente findet man in verschiedenen Gesteinen, oft sind sie wirtschaftlich wertvoll. Gediegene Vorkommen von Gold, Silber, Platin, Osmium und Iridium sind hier die wichtigsten Quellen.

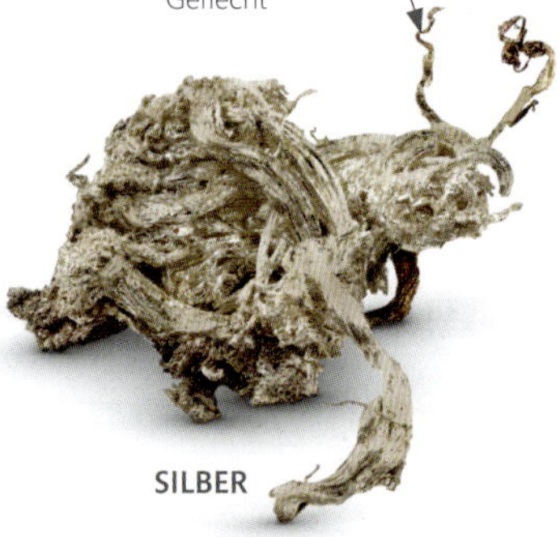

SILBER

PLATIN

GRAFIT

SCHWEFEL

NATÜRLICHE MODIFIKATIONEN VON KOHLENSTOFF

Kohlenstoff ist eines der häufigsten Elemente auf der Erde und kommt in vielen Formen vor. Diamant und Grafit sind kristallin: Diamant bildet sich bei hoher Temperatur unter hohem Druck und Grafit bei hoher Temperatur. Amorpher Kohlenstoff (wie Ruß oder Kohle) ist nicht-kristallin und entsteht bei der unvollständigen Verbrennung. Kohlenstoff ist einzigartig unter den Elementen, weil es Polymere – lange, stark gebundene Kettenmoleküle – bilden kann.

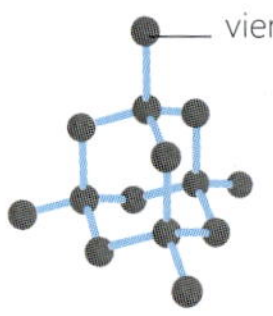

DIAMANT

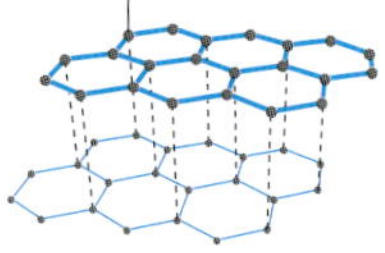

GRAFIT

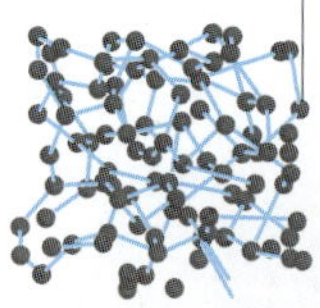

AMORPHER KOHLENSTOFF

Gediegenes Kupfer
Das wohl erste Metall, das Menschen bearbeitet haben, ist Kupfer, ein helles, rötlich goldenes Metall, das mattbraun anläuft und mit Sauerstoff oft eine grüne oder schwarze Patina bildet. Traditionell wurde es wie Silber und Gold für Münzen verwendet. Kupfer leitet Wärme und Strom sehr gut und ist daher für elektrische Geräte essenziell.

Grüne Patinaflecken entstehen durch die Oxidation des Kupfers an der Luft.
Verkrümmte, verästelte Formen sind typisch für gediegenes Kupfer.

Metallverbindung

Die meisten Metalle gehen mit nichtmetallischen oder halbmetallischen Elementen chemische Verbindungen ein. Dies ergibt eine große Vielfalt an Mineralen. So ist Tetraedrit (hier gezeigt) eine Verbindung des Metalls Kupfer mit dem Nichtmetallelement Schwefel und dem Halbmetall Antimon. Halbmetalle haben Eigenschaften zwischen denen von Metallen und Nichtmetallen.

METALLHÄUFIGKEIT IN DER ERDKRUSTE

Diese Grafik zeigt, dass die häufigsten Metalle in der Erdkruste die gesteinsbildenden Elemente sind, die sich mit Sauerstoff zu Oxiden wie Eisenerz oder Bauxit oder zu Silikaten wie Feldspat verbinden. Zu dieser Gruppe gehören Eisen, Aluminium, Magnesium, Titan und Mangan. Am seltensten sind Metalle, die in der Kruste abgereichert sind, weil sie sich tiefer im Erdinneren angesammelt haben. Dazu gehören Platin und Gold.

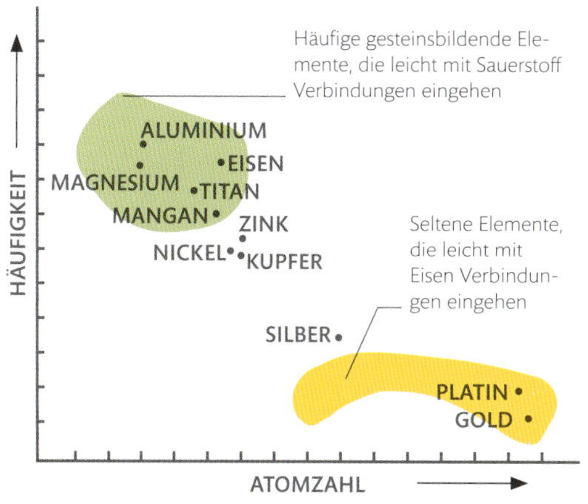

Gediegenes Metall

Einige Metalle kommen in der Natur in elementarer Form, also nicht als chemische Verbindung mit anderen Elementen, vor. Zu diesen sogenannten gediegenen Metallen gehören Gold, Platin, Silber, Quecksilber und Kupfer (siehe S. 44–45). Gold findet man in magmatischen Gesteinen oder in Flussablagerungen in Form von Blättchen oder Nuggets. Dieses Exemplar wurde in Queensland (Australien) gefunden.

Glatte, aber unebene Oberfläche und eine glänzende, helle, goldgelbe Farbe

Unebene Bruchflächen des Kristalls

Metalle der Erde

Metalle kommen in verschiedener Form in der Erdkruste vor. Sie sind typischerweise fest, glänzend, undurchsichtig, meist kristallin und bilden im Periodensystem der Elemente die größte Gruppierung. Nicht alle Metalle sind aber Elemente, viele sind Legierungen (Gemische oder Verbindungen) von Metallen mit anderen Metallen oder Nichtmetallen. So ist Stahl ein Gemisch aus Eisen, Nickel und Chrom. Erze sind Gesteine, die wertvolle Metalle oder Metallverbindungen in Mengen enthalten, die wirtschaftlich extrahierbar sind. Metalle sind gute Wärme- und Stromleiter und verformbar, aber stabil, sodass sie für viele Zwecke verwendet werden.

Konzentrische Schichten mit jeweils anderer chemischer Zusammensetzung

FESTUNGSACHAT

Kleine, rundliche Formen in haufigen Anordnungen, die Weintrauben ähneln

TRAUBENACHAT

Tieforange Farbe durch die Anwesenheit von Eisenoxid

KARNEOL

Runde Krusten winziger weißlicher Kristalle haben einen rosa Farbton.

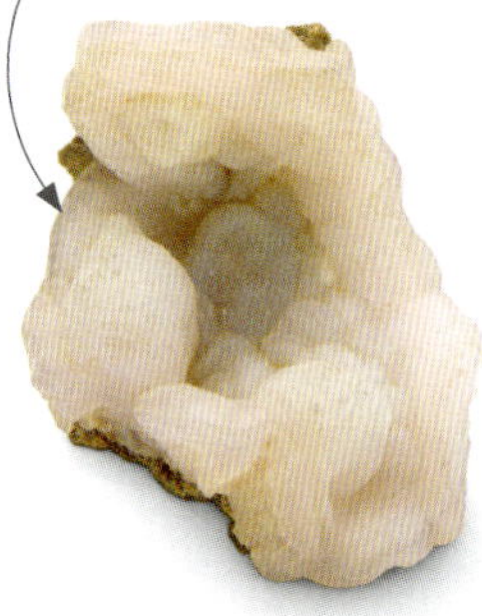

ROSA CHALZEDON

Mikrokristalliner Quarz
In den mikrokristallinen oder kryptokristallinen Quarzvarietäten sind die Kristalle so klein, dass man sie nicht mit bloßem Auge, sondern nur unter einem stark vergrößernden Mikroskop sieht. Diese Quarze entstehen typischerweise bei niedriger Temperatur in vulkanischen Situationen.

Kräftig violette, pyramidale Kristalle

AMETHYST

Pyramidale, orange oder gelbbraune Kristalle

ZITRIN

Farblose, durchsichtige, lange prismatische Kristalle

BERGKRISTALL

Durchscheinende, rosa Kristalle unterschiedlicher Länge

ROSENQUARZ

Makrokristalliner Quarz
Quarzvarietäten mit sichtbaren Kristallen nennt man makrokristallin. Die Kristalle sind sechsseitige Prismen und Pyramiden. Viele sind perfekt geformt, aber weniger gut entwickelte Exemplare zeigen unvollkommene Formen. Aggregate oder Krusten aus makrokristallinem Quarz wachsen oft in Gesteinshohlräumen (siehe S. 56–57).

Quarzvarietäten

Der in den meisten Gesteinsarten vorkommende Quarz ist nach der Gruppe der Feldspate (siehe S. 50–51) das häufigste Mineral in der kontinentalen Kruste der Erde. Reiner Quarz ist farblos, aber es gibt viele Varietäten, sodass das Mineral in vielen Farben vorkommt, die durch Spurenelemente in dem Mineral entstehen. Quarz ist wegen der Stärke der Atombindungen ziemlich hart. Er gehört zur Silikatgruppe (Minerale, die auf Silizium und Sauerstoff basieren) und ist das einzige Mineral, das nur aus diesen beiden Elementen besteht. Neben Feldspat und Glimmer ist Quarz der Hauptbestandteil von Granit. Es gibt mikro- und makrokristallinen Quarz.

Rauchquarz
Wenn Quarzkristalle wie dieser Rauchquarz Platz zum Wachsen haben, bilden sie hübsche, hexagonale Prismen, die in sechsseitigen Pyramiden enden. Der braune Ton von Rauchquarz kann von hellbraun bis fast schwarz variieren. Er entsteht, wenn der Quarz tief in der Erde radioaktiver Strahlung ausgesetzt ist.

CHRYSOPRAS

ROTER JASPIS

GRÜNER JASPIS

ONYX

KLASSIFIKATION DER SILIKATMINERALE

Alle Silikate (einschließlich der Feldspate) haben eine Grundeinheit: das SiO_4-Tetraeder, das aus einem Siliziumatom (Si) umgeben von vier Sauerstoffatomen (O) besteht. Man kann sich diese Tetraeder als Kugel-Stab-Modelle oder grafisch als kleine Dreieckspyramiden vorstellen. Sie treten einzeln auf oder sind miteinander zu Gitterstrukturen verbunden. Die vielen Silikate werden danach klassifiziert, wie die einzelnen Tetraeder und andere Bestandteile miteinander verbunden sind.

DAS SiO_4-TETRAEDER

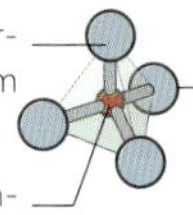

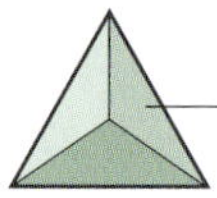

RINGE, KETTEN, SCHICHTEN UND GERÜSTE

Einzelnes Tetraeder (z. B. Granat)

INSELSILIKATE

Tetraederpaar über ein Sauerstoffatom verbunden (z. B. Epidot)

GRUPPENSILIKATE

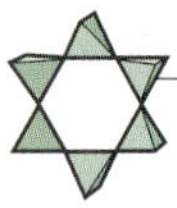
Drei, vier oder sechs Tetraeder ringförmig verbunden (z. B. Turmalin)

RINGSILIKATE

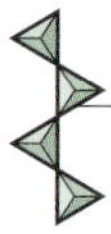
Einzelne Kette von Tetraedern (z. B. Pyroxen)

KETTENSILIKATE

Doppelkette von Tetraedern (z. B. Amphibol)

BANDSILIKATE

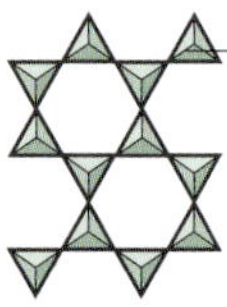
Ringe von Tetraedern in dünnen Schichten verbunden (z. B. Tonminerale)

SCHICHTSILIKATE

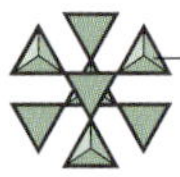
Dreidimensionales Gerüst von miteinander verbundenen Tetraedern (z. B. Feldspate)

GERÜSTSILIKATE

Sich durchdringende, tafelförmige, weiße Kristalle

ALBIT

Blaugrüner Amazonit, verwachsen mit anderen Mineralen

AMAZONIT

Feldspate

Als häufigste Gruppe aller Minerale machen die Feldspate etwa zwei Drittel der Erdkruste aus. Sie gehören zu den Silikaten, der größten und wichtigsten Mineralklasse. Es gibt eine große Vielfalt, aber man teilt sie grob in zwei Gruppen ein: kaliumreiche Feldspate (Alkalifeldspate) sowie natrium- und kalziumreiche Feldspate, die man zusammen Plagioklase oder Kalknatronfeldspate nennt. Alkalifeldspate kommen oft in Magmatiten wie Granit sowie Gneis und Sandstein vor. Plagioklase sind in anderen Magmatiten wie Gabbro sowie in Meteoriten und Mondgestein häufig.

Äußere Kruste zeigt keine Labradoreszenz, weil die Lamellen nicht frei liegen.

Labradorit
Der zu den Plagioklasen gehörende Labradorit ist leicht an seinem irisierenden metallischen Glanz erkennbar. Dieses Irisieren, auch Labradoreszenz genannt, entsteht durch die innere Struktur aus »Entmischungslamellen«: abwechselnden mikroskopisch kleinen Schichten unterschiedlicher Feldspate. Licht wird zwischen den Lamellen gespiegelt und interferiert, was farbige Lichteffekte erzeugt.

ORTHOKLAS

ANORTHIT

BYTOWNIT

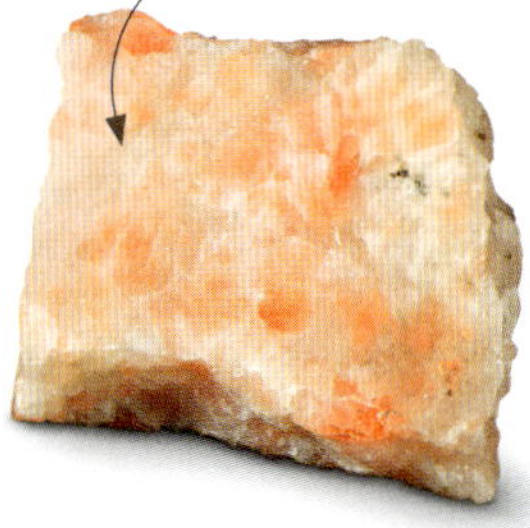

OLIGOKLAS

Malachit
Als Sekundärmineral bildet sich Malachit aus kupferreichen Mineralen. Das leuchtend grüne Mineral entsteht, wenn kohlensaures Wasser (Wasser mit gelöstem Kohlenstoffdioxid) mit Kupfer oder wenn Kalkstein mit einer kupferreichen Flüssigkeit reagiert. Malachit bildet oft massige oder traubige Kristallaggregate, die konzentrisch gebändert sind.

Sekundärminerale

Minerale können mit anderen Substanzen chemisch reagieren, sodass andere Minerale entstehen. Minerale, die durch solche Reaktionen erst nach der Bildung des sie umgebenden Gesteins entstehen, heißen Sekundärminerale, im Gegensatz zu Primärmineralen, die schon bei der Gesteinsbildung vorlagen. Minerale können beispielsweise verändert werden, wenn sie in Kontakt mit sauerstoffreichem Grundwasser kommen, das von der Oberfläche herabsickert, oder mit gelösten Stoffen in Wasser, das von unten in der Nähe eines Magmakörpers erhitzt wurde.

Chalkopyrit
Chalkopyrit oder Kupferkies, ein Kupfer-Eisen-Sulfid, ist weltweit das wichtigste Erz für Kupfer. An der Luft läuft die Oberfläche mit einem irisierenden violetten, gelben, blauen und grünen Schimmer an. Es reagiert mit einigen wässrigen Lösungen und bildet andere Minerale wie Malachit.

DIAGENESE

Sekundärminerale sind auch ein wichtiger Faktor, wenn abgelagerte Sedimente zu Sedimentgesteinen verfestigt werden. Dieser Vorgang, den man Diagenese nennt, läuft relativ nahe der Erdoberfläche ab. Dabei können Sekundärminerale die einzelnen Sedimentkörner miteinander verbinden. Dies nennt man Zementation. So können zwischen Sandkörnern Quarzkristalle wachsen und sie zu Sandstein zementieren.

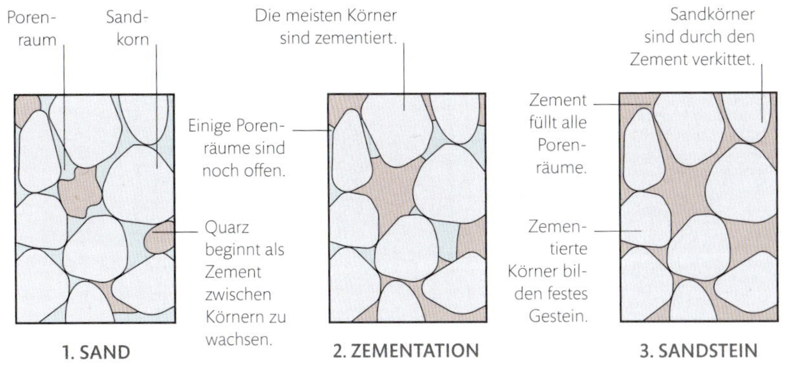

Mineralassoziationen

Bestimmte Minerale kommen oft gemeinsam vor. Solche Gruppierungen nennt man Assoziationen. So kommt Malachit oft in Assoziation mit Pyrit und Chalkopyrit vor und Weißgold mit Quarz. Minerale entstehen oft zusammen in bestimmten Umgebungen. Erzminerale bilden sich z. B. in den Gesteinen um einen sich abkühlenden Magmakörper (siehe unten). Andere Mineralassoziationen beruhen auf der chemischen Zusammensetzung der Flüssigkeit, aus der sie ausfallen, etwa die Minerale, die in Hohlräumen wie Geoden (siehe S. 56–57) wachsen. Die Kenntnis der Entstehungsbedingungen und der typischen Assoziationen hilft bei der Bestimmung der einzelnen Minerale.

Minerale durchdringen sich gegenseitig, sie müssen also zur gleichen Zeit gewachsen sein.

Pyrit mit Sphalerit und Quarz
Dieses Exemplar besteht aus farblosem Quarz mit messingfarbenem Pyrit und dunklem, metallisch glänzendem Sphalerit.

HYDROTHERMALE GÄNGE

Mineralassoziationen findet man oft in Lagerstätten, die hydrothermale Gänge heißen. Sie entstehen durch das Ausfallen von Mineralen aus heißen, mineralreichen Flüssigkeiten, die durch Gesteinsspalten strömen. Die Flüssigkeiten stammen aus abkühlenden Magmakörpern (Intrusionen) oder erhitztem Grundwasser. Hydrothermale Lagerstätten enthalten oft ökonomisch wertvolle Erze. Zinn und Wolfram entstehen nahe der Intrusion, Kupfer, Zink und Blei weiter entfernt.

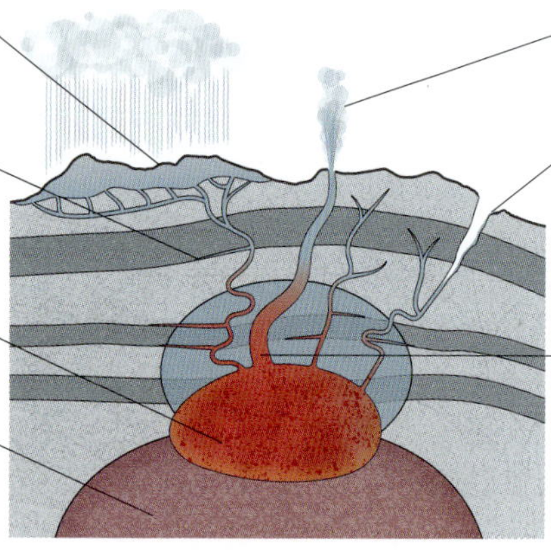

Prehnit mit Apophyllit
Die Minerale Prehnit und Apophyllit treten häufig gemeinsam auf. Sie kleiden Hohlräume in magmatischen Gesteinen wie Basalt aus oder wachsen manchmal auf Granit. Diese beiden Minerale finden sich auch zusammen in Gesteinsgängen (siehe Kasten unten). Einzelne Kristalle von Prehnit sind selten. Meist formt es traubige oder kugelige Kristallaggregate.

Klarer Apophyllitkristall

Das Gestein, auf dem die Kristalle wachsen, nennt man die Matrix.

Apophyllit bildet Gruppen von blockartiken, tafeligen Kristallen.
Die seltenen, rosa bis orangen Prehnitkristalle zeigen Glasglanz.

Härte

Die Härte eines Edelsteins ist ein Hauptfaktor für seine Eignung als Schmuckstein, denn der geschliffene Stein darf durch das Tragen nicht abgenutzt werden. Die Mohs-Skala (siehe S. 42) misst die Härte durch die »Ritzbarkeit« von 1 (sehr weich) bis 10 (sehr hart). Idealerweise sollten Schmucksteine mindestens so hart wie Quarz sein, also die Mohs-Härte 7 haben. Diamanten sind bei Weitem die härtesten Edelsteine.

Farblose, oktaedrische Kristalle

DIAMANT
Mohs-Härte: 10

Gruppen von orangeroten Kristallen mit Glasglanz

GRANAT
Mohs-Härte: 7–7,5

Dieser lange, hexagonale, prismatische Kristall ist die grünbläuliche Varietät von Beryll.

AQUAMARIN
Mohs-Härte: 7,5

Farbe

Bei Diamanten sind Reinheit und Farblosigkeit Kriterien für die wertvollsten Steine. Doch bei den meisten anderen Schmucksteinen erhöhen spezifische Farben den Wert. Ein farbloser Beryll ist nur von mäßigem Wert, aber Smaragd – die grüne Varietät von Beryll – gehört zu den begehrtesten Schmucksteinen der Welt.

Die violette Farbe entsteht durch Spuren von Eisen.

AMETHYST

Die Varietät von Olivin wird durch Eisen gefärbt.

PERIDOT

Dieser rötliche, tafelige Kristall ist eine Varietät von Korund.

RUBIN

Dieser blaue, sechsseitige bipyramidale Kristall ist eine Varietät von Korund.

SAPHIR

Orangebraunes Kristallfragment mit perfekten Spaltflächen und Glasglanz

TOPAS

Verschiedenfarbige Bänderungen entstehen durch Spuren verschiedener Elemente.

TURMALIN

Gefüge aus ineinandergreifenden Körnern und ein Fett- bis Glasglanz

JADEIT-JADE
Mohs-Härte: 7

Himmelblaues, knolliges Mineral mit dunklen Adern und keinen erkennbaren Kristallen

TÜRKIS
Mohs-Härte: 5,5–6

Vielfarbig blaues und violettes Kristallfragment. Zwar ist Fluorit relativ weich für einen Schmuckstein, wird aber wegen seiner außerordentlichen Farben geschätzt.

FLUORIT
Mohs-Härte: 4

Smaragd
Zusammen mit Diamant, Saphir und Rubin ist Smaragd einer der wertvollsten Schmucksteine. Smaragde findet man auf der ganzen Welt, aber die drei Hauptproduzenten sind Kolumbien, Brasilien und Sambia. Smaragd wird auch als »Grüner Beryll« bezeichnet, denn er ist eine Varietät des Silikatminerals Beryll.

Sechsseitiger Smaragdkristall mit der typischen sattgrünen Farbe

Edelsteine

Die drei Hauptmerkmale, anhand derer man ein Mineral als Schmuck- und Edelstein ansieht, sind Härte, Schönheit und Seltenheit. Die Schönheit von Schmucksteinen wird erhöht, indem man die Flächen in spezifischen Winkeln schleift, um die Brillanz und die Farbe zu maximieren. Edelsteinhändler beurteilen Schmucksteine nach ihrer Reinheit, ihrem Schliff, ihrer Farbe und ihrem Gewicht (gemessen in Karat). Nur 130 Minerale, also weniger als 4 % aller Minerale, gelten als Edelsteine. Außerdem zählt man einige nichtmineralische, biologisch entstandenen Substanzen zu den Edelsteinen, etwa Perlen, Korallen und Bernstein (siehe S. 60–61).

WIE EINE PERLE ENTSTEHT

Gerät bei Weichtieren wie Muscheln ein Fremdkörper (etwa ein Sandkorn) zwischen Schale und Mantel (dem Organ, das die Schale ausscheidet), dann bilden sie eine Schutzschicht um das Objekt. Das Mantelepithel – die Zellschicht, die den Körper des Tiers umgibt – überzieht das Objekt mit Schichten von Aragonit und Conchiolin. Dieses Material nennt man Perlmutt. Mit der Zeit umschließen die Schichten das Objekt vollständig: Eine Perle ist entstanden.

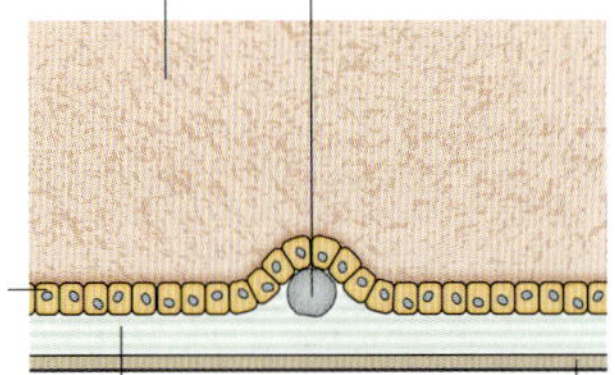

1. SCHUTZFILM

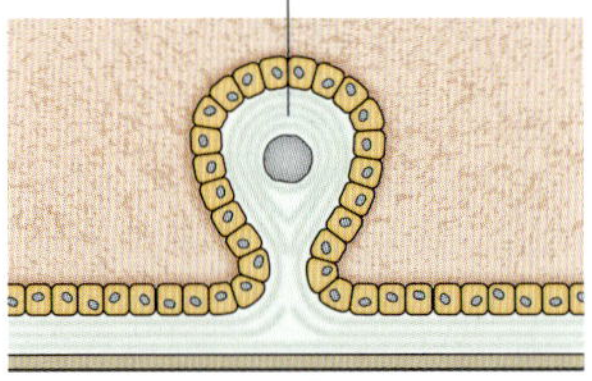

2. SCHUTZSCHICHT WÄCHST

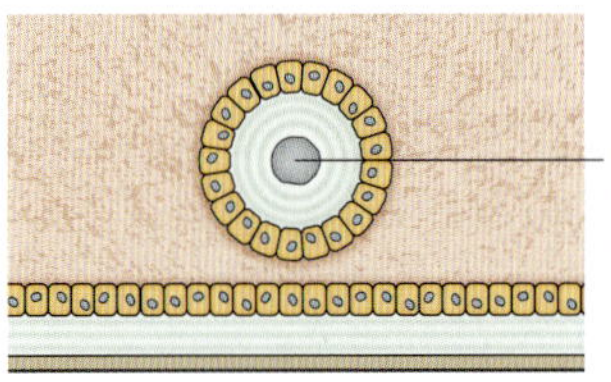

3. PERLE BILDET SICH

Minerale von Lebewesen
Biogene Minerale sind in der Natur häufig. Weichtiere wie Muscheln und Schnecken bilden eine Schale oder ein Gehäuse, indem sie Kalziumkarbonat (ein Kalkmineral) ausscheiden. Korallenskelette bestehen ebenfalls aus Kalziumkarbonat, das von den Korallentieren (»Polypen«) ausgeschieden wird. Die Überreste von Bäumen, die von Sediment überdeckt werden, können durch Wärme zu Kohlenmineralen wie Anthrazit oder Gagat (Jett) werden.

Schichten von Kalziumkarbonat werden von Schnecken ausgeschieden und bilden das Spiralgehäuse.

SCHNECKENGEHÄUSE

Biogene Minerale

Einige Minerale werden von Lebewesen durch biologische Vorgänge (»biogen«) gebildet. Zwar sind Minerale als geologische Stoffe definiert, doch biogene Minerale sind chemisch identisch zu geologischen oder sie wurden durch geologische Prozesse modifiziert. Die Bildung von Mineralen durch Lebewesen nennt man Biomineralisation. Beispiele sind Schalen, Perlen, Korallenskelette, Kohle und Bernstein. Einige gehen auf Mikroben zurück. So sind Stromatolithe (eine der ältesten Fossilformen) Sedimente, die von lebenden Cyanobakterien eingefangen und gebunden wurden.

Dunkle Körner im Bernstein könnten Pflanzenfragmente sein.

Perlmutt kleidet das Innere der Schale aus und zeigt den irisierenden »Perlmuttglanz«.

AUSTERNSCHALE MIT PERLE

Steifes, rosa Kalziumkarbonatskelett wird von Korallenpolypen ausgeschieden: Tiere, die verzweigte Kolonien bilden.

KORALLENSKELETT

Glänzende, schwarze Varietät von Kohlenstoff mit halbmetallischem Glanz

ANTHRAZIT (STEINKOHLE)

Dunkelbraune bis schwarze Farbe und holzige Textur durch Schichten von sich zersetzendem Holz

GAGAT (JETT, PECHKOHLE)

Bernstein

Harz ist eine zähflüssige, klebrige Substanz, die Bäume bei der Beschädigung der Rinde absondern, um die Wunde zu schließen und das Eindringen von Keimen und Insekten zu verhindern. Wenn das ausgehärtete Harz in Sedimenten begraben wird, wird es zu Bernstein. Bernsteinstücke können knollig, stabförmig oder tropfenförmig sein.

Unregelmäßige Form mit gerundeten, kugeligen Flächen und verfestigten Tropfen

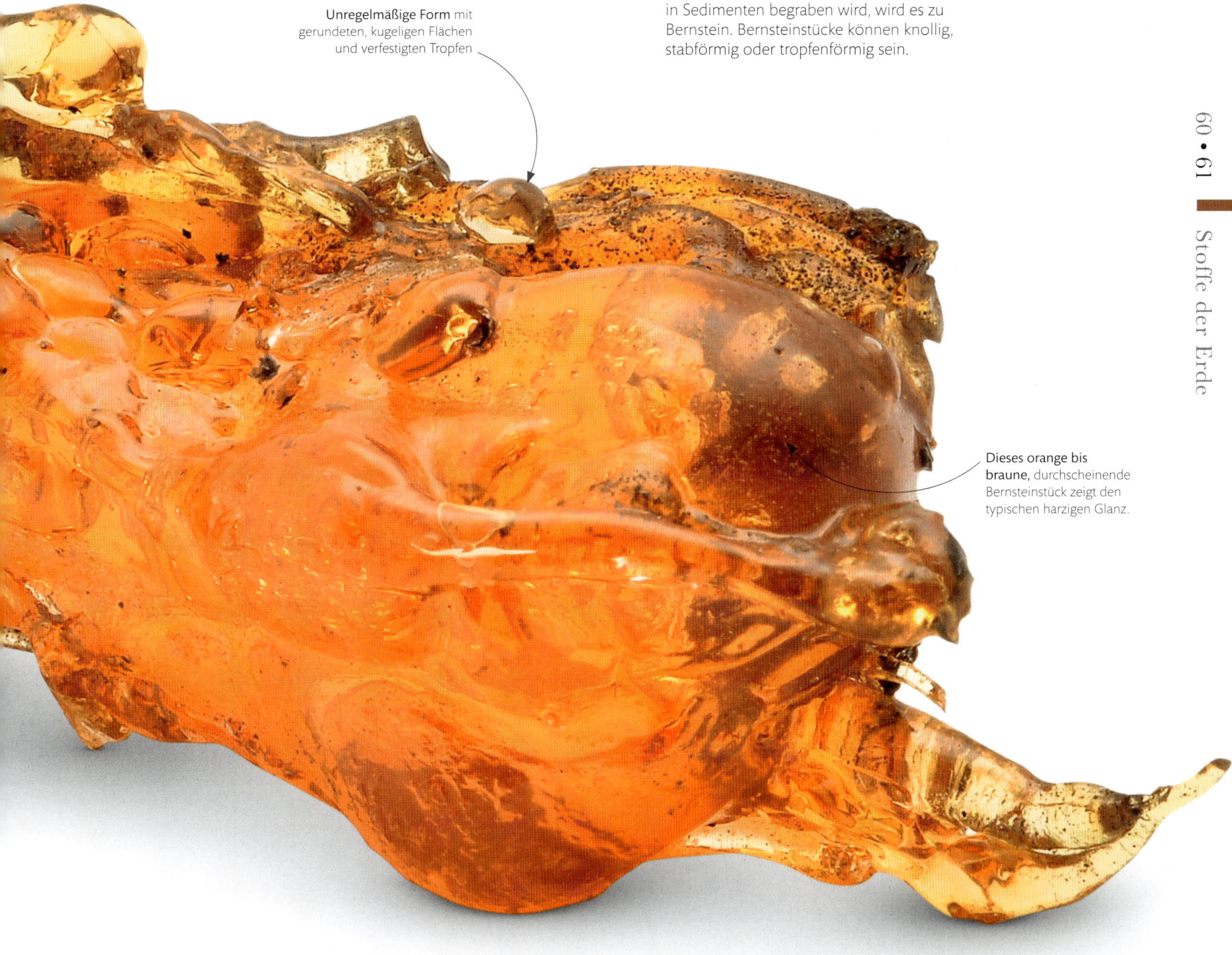

Dieses orange bis braune, durchscheinende Bernsteinstück zeigt den typischen harzigen Glanz.

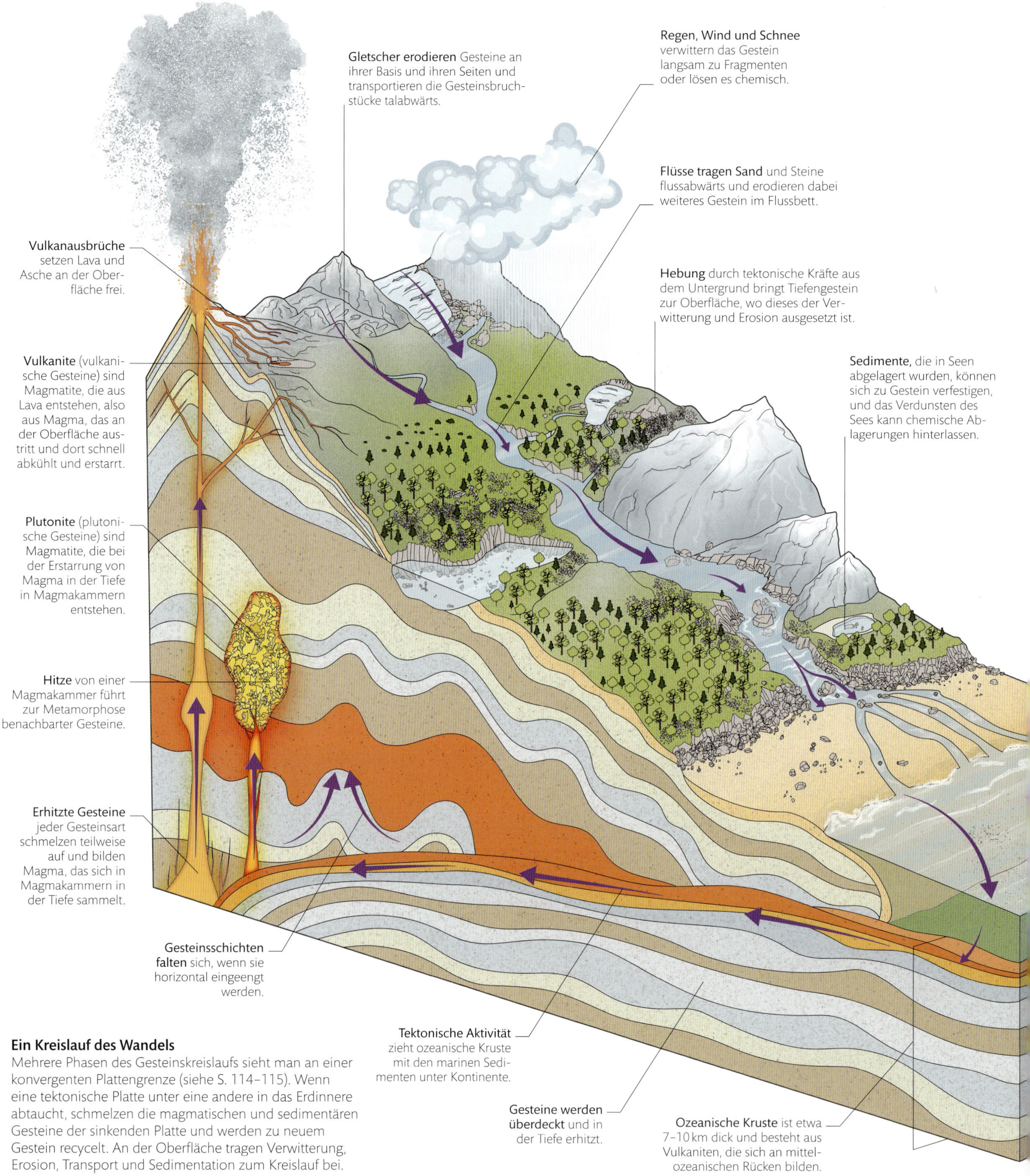

Ein Kreislauf des Wandels

Mehrere Phasen des Gesteinskreislaufs sieht man an einer konvergenten Plattengrenze (siehe S. 114–115). Wenn eine tektonische Platte unter eine andere in das Erdinnere abtaucht, schmelzen die magmatischen und sedimentären Gesteine der sinkenden Platte und werden zu neuem Gestein recycelt. An der Oberfläche tragen Verwitterung, Erosion, Transport und Sedimentation zum Kreislauf bei.

Magmatite und Sedimentgesteine
Der Fluss Jökulsá á Brú in der Schlucht Stuðlagil (Island) strömt zwischen Klippen mit Säulen aus magmatischem Gestein, das aus langsam abkühlendem Magma entstand. Fragmente der Klippen werden von dem Fluss erodiert, transportiert und weiter flussabwärts oder im Meer abgelagert (sedimentiert), wo sie schließlich zu Sedimentgesteinen verfestigt werden.

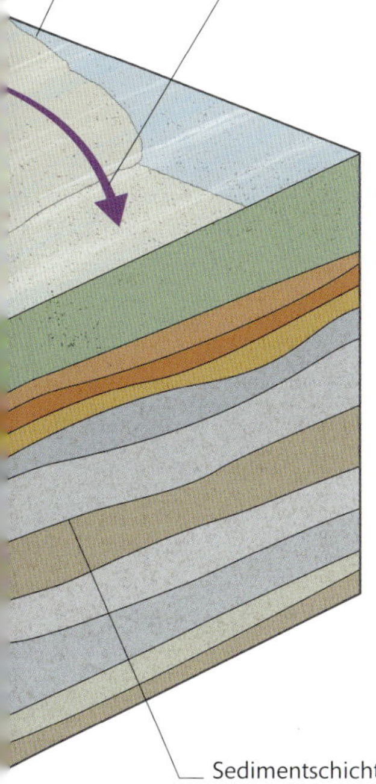

Wellen zerkleinern das Gestein an der Küste und transportieren die Stücke entlang der Küste oder ins Meer hinaus.

Gesteinsfragmente, die von Flüssen mittransportiert werden, werden im Meer abgelagert, wobei größere Stücke zuerst küstennah liegen bleiben.

Feinkörnige Sedimente werden am Meeresboden abgelagert.

Sedimentschichten lagern sich am Grund der Meeresbecken ab und werden langsam zu Gestein kompaktiert und zementiert.

Der Gesteinskreislauf

Über enorme Zeiträume werden die drei Gesteinsgrundtypen – magmatische, sedimentäre und metamorphe Gesteine – immer wieder verändert. Dieser Gesteinskreislauf beruht auf den kombinierten Wirkungen der Hitze im Erdinneren, den Bewegungen der Erdkruste sowie der Erosion und Sedimentation an der Oberfläche. Magmatische Gesteine (Magmatite) entstehen, wenn Gesteinsschmelze (Magma) abkühlt und erstarrt, entweder in der Tiefe oder als Lava an der Oberfläche. Sedimentgesteine (Sedimentite) entstehen, wenn Fragmente durch Verwitterung und Erosion aus dem Gestein gelöst, transportiert und woanders abgelagert werden und dann zu festem Gestein kompaktiert und zementiert werden. Metamorphe Gesteine (Metamorphite) entstehen aus Magmatiten oder Sedimentiten unter hohem Druck oder hoher Temperatur, wodurch die Struktur und der Mineralgehalt verändert werden.

Moose und Flechten wachsen auf der basaltischen Kissenlava.
Rundliche Formen der basaltischen Lava, die im Ozean zu Basalt abgekühlt ist
Basaltgestein mit Furchen und Graten

Magmatische Gesteine der Ozeane

Die dünne äußerste Schale der Erde ist die Kruste. Es gibt zwei verschiedene Typen: ozeanische und kontinentale Kruste (siehe S. 66–67). Ozeanische Kruste bedeckt etwa 70 % der Erdoberfläche und besteht aus mehreren Schichten vorwiegend magmatischer Gesteine, die eine 7–10 km dicke Masse bilden. Die ozeanische Kruste bildet sich an mittelozeanischen Rücken: erhobenen vulkanischen Strukturen, die am Meeresboden an divergierenden Plattengrenzen (siehe S. 110–111) entstehen. Während die Platten auseinanderdriften, steigt Magma aus dem Mantel auf und sammelt sich in Magmakammern. Ein Teil erstarrt in den Kammern und bildet Magmatite wie Gabbro. Der Rest bricht als Lava aus Spalten am Meeresboden aus und bildet Basalt.

Kissenbasalte
Vulkanische Gesteine, die man Kissenbasalt oder Kissenlava nennt, entstehen, wenn flüssige basaltische Lava in kaltes Wasser am Meeresboden fließt. Die Lava kühlt dann sehr schnell ab und bildet eine zähe Haut. Durch den Druck der nachfließenden Lava dehnt sich die Haut zu runden, kissenartigen Haufen aus, die typischerweise 1 m Durchmesser haben. Die Kissenbasalte im Bild befinden sich in Island.

Einzelne Kristalle sind mit bloßem Auge sichtbar.

Gabbro
Das magmatische Gestein Gabbro ist chemisch gleich zusammengesetzt wie Basalt, aber da das Magma in der Tiefe langsamer abkühlt und erstarrt, haben Kristalle mehr Zeit zum Wachsen.

OPHIOLITHE

Die ozeanische Kruste ist in Aufbau und Dicke ziemlich einheitlich: eine geschichtete Abfolge von Sedimenten über einer Gruppe verschiedener Gesteinstypen. Die beste Gelegenheit zur Untersuchung der ozeanischen Kruste sind Orte, an denen Bereiche alter Kruste und des oberen Mantels auf die kontinentale Kruste geschoben wurden und damit über dem Meeresspiegel zugänglich sind. Ein solches Krustenfragment an Land heißt Ophiolith.

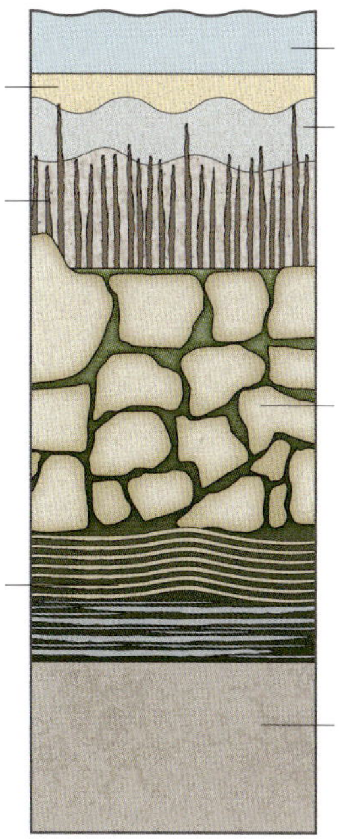

QUERSCHNITT DURCH OZEANISCHE KRUSTE

Magmatische Gesteine der Kontinente

Die kontinentale Kruste – der Teil der Erdkruste, der die Kontinente und den Kontinentalschelf bildet – besteht vor allem aus Granit und ist älter, dicker und weniger dicht als die ozeanische Kruste (siehe S. 64–65). Fern der Plattenränder sind die inneren Gebiete der Kontinente im Laufe der Erdgeschichte relativ stabil geblieben, denn die Gesteine haben wegen ihrer geringen Dichte viel Auftrieb und widerstehen der Subduktion: dem Vorgang, durch den tektonische Platten unter andere abtauchen und aufschmelzen, was zu Erdbeben und Vulkanismus führt. Die ältesten Gesteine der Welt – etwa 4 Mrd. Jahre alt – finden sich in der kontinentalen Kruste.

Rosa Kalifeldspat gibt diesem Granitstück die Farbe.

Rosa Granit
Granit ist ein Magmatit, der unter der Erdoberfläche in Magmakammern abgekühlt und erstarrt ist. Er ist je nach Mineralzusammensetzung grau, weiß oder rosa. Die Kristalle sind mit bloßem Auge sichtbar.

Monte Fitz Roy
Viele der Gebirgsgürtel der Erde bestehen aus Graniten aus der kontinentalen Kruste. Im Lauf der Zeit wurden sie zu Gebirgen aufgefaltet und teils wieder erodiert. So entstanden die zerklüfteten Gipfel von Monte Fitz Roy, auch Cerro Chaltén genannt, in Patagonien an der Grenze zwischen Chile und Argentinien.

KONTINENTALE KRUSTE

Die kontinentale Kruste kann unter Gebirgen bis 70 km tief reichen, doch wo die Kontinente gedehnt sind, kann sie auch nur 20 km dick sein. Sie variiert in ihrer Zusammensetzung stärker als die ozeanische Kruste, vor allem weil sie leichter ist und daher nicht im gleichen Maß im Erdinneren recycelt wurde wie die dichtere ozeanische Kruste. Daher bleiben die Gesteine eher nahe der Oberfläche, wo sie mehrfach den Kreislauf von Erosion, Sedimentation und Metamorphose durchlaufen können.

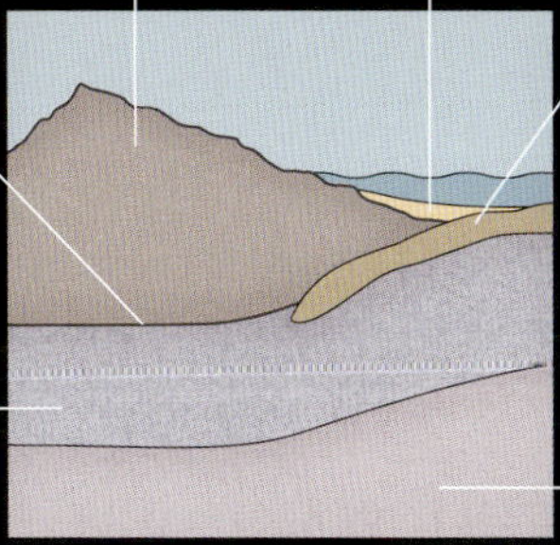

SCHICHTEN DER ERDE

Glatte Granithänge wurden von Gletschern ausgeschnitten.

Im Blick El Capitan und Half Dome

Die steilen Hänge von El Capitan erheben sich 1000 m über die Talsohle des Yosemite-Tals in Kalifornien. Am oberen Talende bietet die senkrechte Felswand von Half Dome ein noch spektakuläreres Bild. Die umwerfende Landschaft ist die Folge der Wirkung von Hitze, Wasser und Eis. Die Granite von El Capitan und Half Dome sind Intrusionen: Magmakörper, die vor über 100 Mio. Jahren als heißes Magma tief im Untergrund in Sedimentgesteine eingedrungen sind. Die weicheren Sedimentgesteine wurden dann erodiert, bis vor etwa 65 Mio. Jahren der widerstandsfähigere Granit freigelegt war.

Yosemite liegt nahe am Kamm der Sierra Nevada. Sie wird seit etwa 25 Mio. Jahren aufgefaltet, sodass Flüsse stärker erodieren und tiefe Canyons in das Gestein schneiden. Vor etwa 3 Mio. Jahren war das Gebirge hoch genug und das Klima

wurde kühler, sodass Eisfelder entstanden. Gletscher schliffen die Talhänge ab und schufen steile Felshänge.

Als das Eis zurückwich, hinterließ es einen großen See am Talboden, der sich hinter den Gletscherablagerungen aufstaute. Der See füllte sich schließlich mit Sedimenten, sodass der Talboden heute flach und mit Wiesen und Wäldern bedeckt ist. Yosemite Falls, der mit einer Fallhöhe von 740 m höchste Wasserfall Nordamerikas, ist einer der vielen Wasserfälle an den Talhängen. Yosemite war das erste Gebiet, das 1864 von der US-Regierung unter Schutz gestellt wurde, 1890 wurde es Nationalpark.

Half Dome

Half Dome erhebt sich 2693 m über dem Meeresspiegel.

Yosemite-Tal
El Capitan, hier von der Abendsonne beleuchtet, bewacht den Eingang zum Yosemite-Tal. Gegenüber fällt der Wasserfall Bridalveil Fall von einem hängenden Tal 190 m in die Tiefe. Der schneebedeckte Gipfel des Half Dome ist in der Ferne zu sehen.

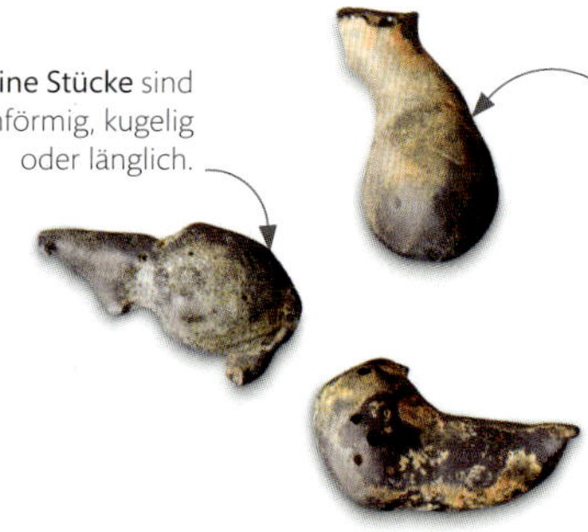

Pele-Tränen
Diese kleinen, bis 20 mm langen Stücke von vulkanischem Glas entstanden, als niedrigviskose Lava an der Erdoberfläche sehr schnell abkühlte. Sie wurden nach Pele, der hawaiianischen Göttin des Feuers, benannt.

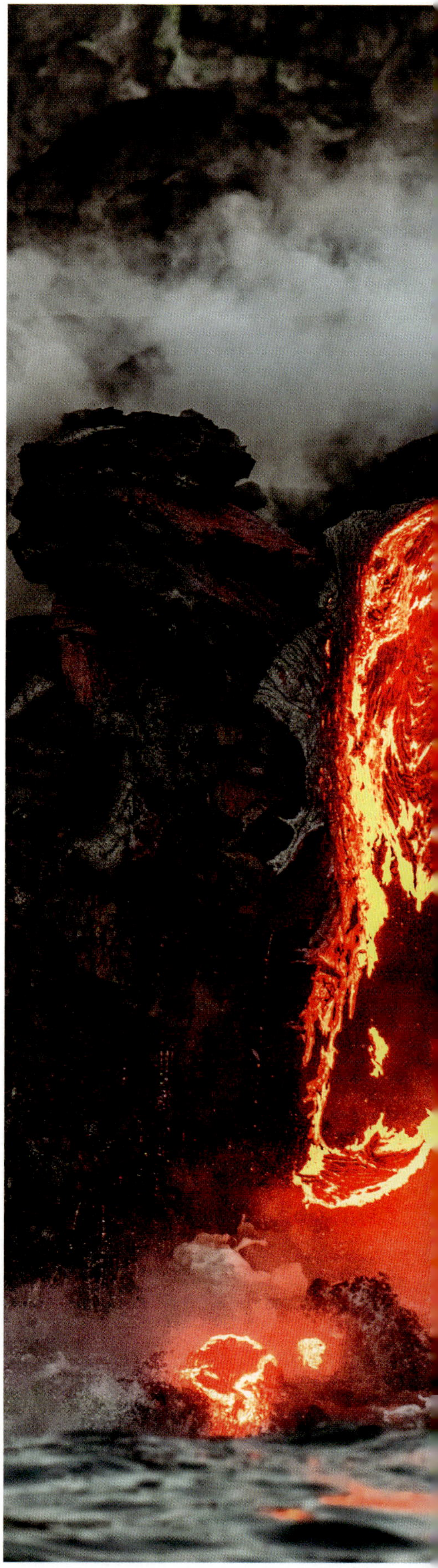

Lavafontäne
Ströme geschmolzener Lava spritzen aus Spalten am Vulkan Kilauea auf der Hauptinsel von Hawaii. Die Lava kühlt ab und erstarrt zu grauschwarzen Gesteinen mit zerklüfteten, blockartigen oder wulstigen Formen.

Gestein aus Lava

Gestein wird im oberen Mantel zu heißem Magma aufgeschmolzen. Da Magma weniger dicht als das umgebende Gestein ist, steigt es auf, kühlt ab und erstarrt in Magmakammern in der oberen Kruste. Magma, das die Erdoberfläche erreicht, bricht aus vulkanischen Spalten und Kratern aus. Nun nennt man es Lava. Sie erstarrt und formt vulkanische Gesteine (Vulkanite). Die Explosivität des Ausbruchs und die entstehenden Gesteine hängen von der Zusammensetzung und der Viskosität (Zähflüssigkeit) der Lava ab. Das Gefüge eines Vulkanits gibt Hinweise auf seine Entstehung (siehe unten).

GEFÜGE MAGMATISCHER GESTEINE

Kühlt Magma in der Tiefe langsam ab, haben Kristalle Zeit zu wachsen. An der Oberfläche kühlt Lava schnell ab, sodass die Kristalle nur mikroskopisch klein werden. Beim sehr schnellen Abkühlen bilden sich gar keine Kristalle: Vulkanisches Glas entsteht. Ein langsames Abkühlen, gefolgt von einem schnellen Abkühlen beim Aufsteigen zur Oberfläche, kann ein porphyrisches Gefüge erzeugen: ein Gemisch großer und kleiner Kristalle. Gasblasen in der Lava schaffen Hohlräume und ein poriges Gefüge. Bruchstücke eines explosiven Vulkanausbruchs bilden pyroklastische Gesteine.

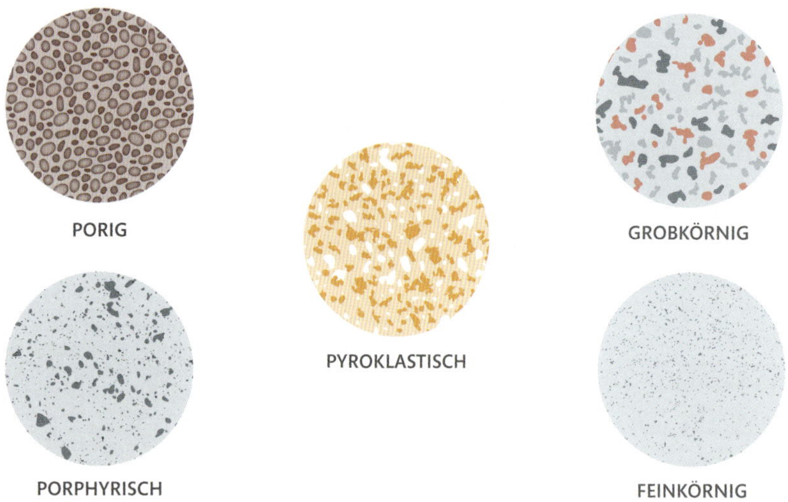

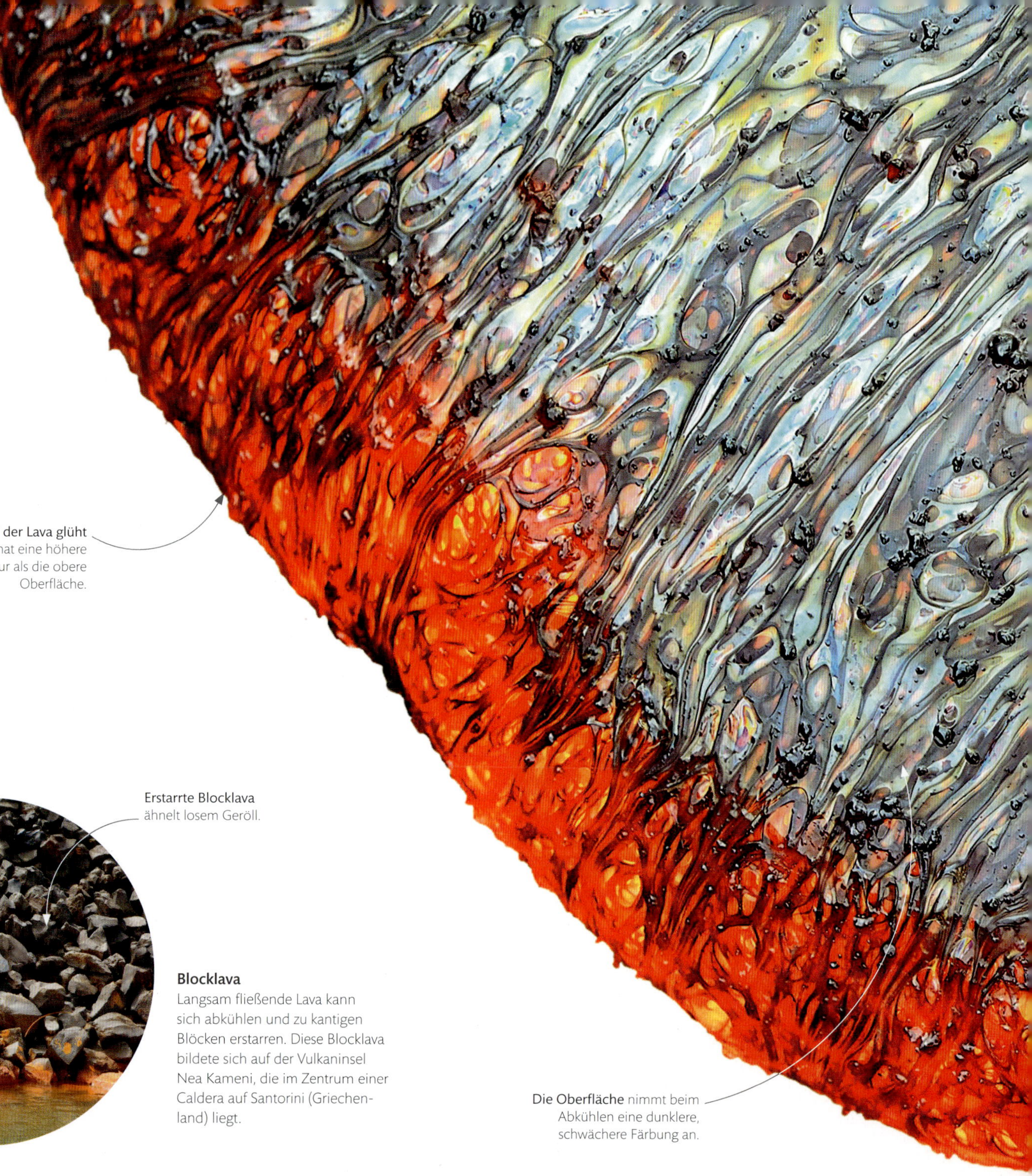

Der Rand der Lava glüht rot und hat eine höhere Temperatur als die obere Oberfläche.

Die Oberfläche nimmt beim Abkühlen eine dunklere, schwächere Färbung an.

Erstarrte Blocklava ähnelt losem Geröll.

Blocklava
Langsam fließende Lava kann sich abkühlen und zu kantigen Blöcken erstarren. Diese Blocklava bildete sich auf der Vulkaninsel Nea Kameni, die im Zentrum einer Caldera auf Santorini (Griechenland) liegt.

Lava

Es gibt viele Lavatypen. Ein Hauptfaktor ist der Anteil an Siliziumdioxid (SiO_2) im Magma. Heiße Magmen mit niedrigem SiO_2-Gehalt sind dünnflüssig und steigen leichter zur Oberfläche, wo sie als basaltische Lavaströme ausbrechen. Da Gas aus ihnen leicht entweicht, fließt die Lava ruhig aus (»effusiver Vulkanismus«). Kühlere Lava mit hohem SiO_2-Gehalt ist zähflüssig. Wenn sie mit hohem Gasgehalt an die Oberfläche tritt, bricht sie explosiv aus.

Pāhoehoe-Lava
Die Oberfläche eines basaltischen Lavastroms kann eine elastische Haut bilden, die sich zu seilartigen Wülsten faltet. Die erstarrte Lava nennt man Pāhoehoe-Lava, was auf Hawaiisch »seilartig« bedeutet. Diese Nahaufnahme einer langsam strömenden Lava am Kilauea (Hawaii) zeigt einen Strang Pāhoehoe-Lava, die teils über 1000 °C heiß ist.

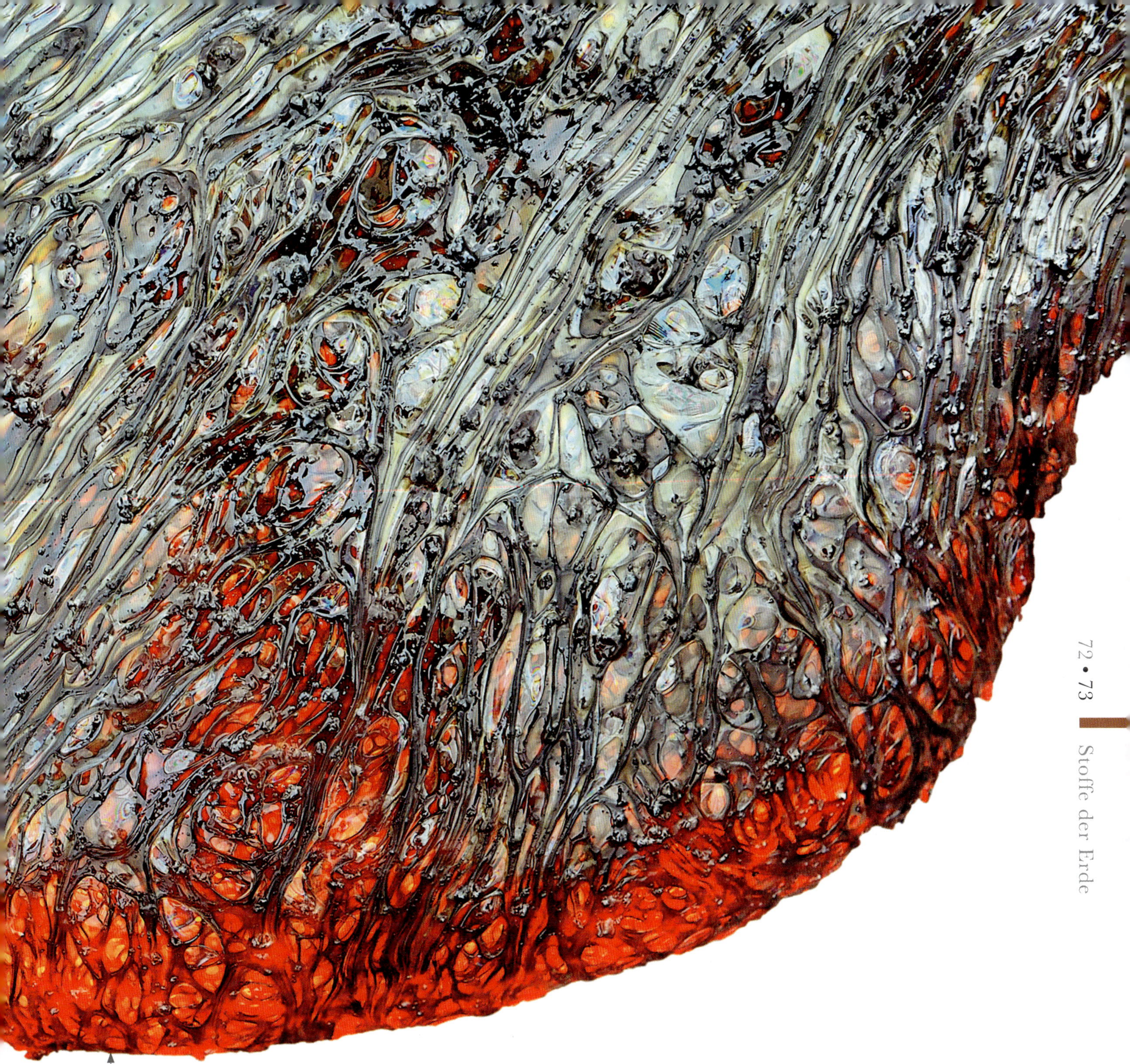

Lava hat sich an einem Rand eines großen Lavastroms zu einer dünnen, lappenartigen Platte ausgebreitet.

VISKOSITÄT

Lava kann man nach ihrer Viskosität (Zähflüssigkeit) klassifizieren. Sie nimmt mit dem Gehalt an Siliziumdioxid (SiO_2) zu. SiO_2-reiche Lava fließt nur kurze Strecken, bevor sie erstarrt, aber SiO_2-arme Lava kann kilometerlange Lavaströme bilden. Mit wachsendem SiO_2-Gehalt erstarrt die Lava zu verschiedenen Gesteinen, von Basalt über Andesit und Dazit zu Rhyolith.

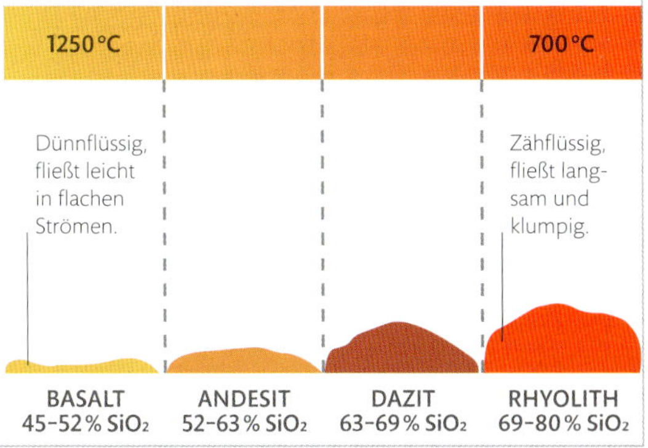

Dünne, parallele Schichten verschiedener Farbe; dunkle wurden in sauerstoffarmen Umwelten abgelagert.

Schieferton
Sedimentgesteine stellen etwa 5 % der Gesteine der Erdkruste. Fast 80 % davon ist feinkörniger Schieferton (nicht zu verwechseln mit Tonschiefer, einem Metamorphit).

Cathedral Gorge
Vor etwa 1 Mio. Jahren war Cathedral Gorge in Nevada (USA) von einem Süßwassersee bedeckt. Die Gesteinsformationen der Schlucht gingen aus den geschichteten Sedimenten hervor, die im See abgelagert wurden, nämlich Schluff, Ton und vulkanische Asche. Später schuf die Verwitterung und Erosion der Gesteine durch den Wind und den Regen Rinnen und Schluchten.

Sandiges Sediment bedeckt den Boden der Schlucht.

Feinkörnige Gesteine

Schluffstein (oder Siltstein), Tonstein und Schieferton sind feinkörnige Sedimentgesteine. Sie bestehen aus Körnern kleiner als Sandkorngröße, die sich in relativ ruhigen Gewässern abgelagert haben, etwa Lagunen, Sümpfen, Tiefseebecken oder Schwemmebenen von Flüssen, und die dann zu geschichteten Gesteinen kompaktiert werden. Sie unterscheiden sich im Gefüge und in der Härte. Schluff bildet Schluffstein mit Korngrößen von 0,002 mm bis 0,063 mm. Ton hat Korngrößen unter 0,002 mm und bildet Tonstein oder Schieferton. Schieferton lässt sich in dünne Schichten spalten, Tonstein bricht dagegen in Klumpen.

LÖSSEBENEN

Eine gelbbraune Schluffablagerung, Löss genannt, bedeckt über 10 % der Landoberfläche der Erde. Löss entsteht in vielen Umwelten (oft Wüsten) in der Nähe von schluffreichen Schwemmebenen. Schluff oder Silt ist sehr feinkörnig und wird vom Wind in die Wüste geweht. Feine Körner werden vom Wind weit getragen, während gröbere, schwerere Körner schon in der Nähe abgelagert werden. Gebiete mit dicken Schlufflagen nennt man Lössebenen. Die größten liegen in China.

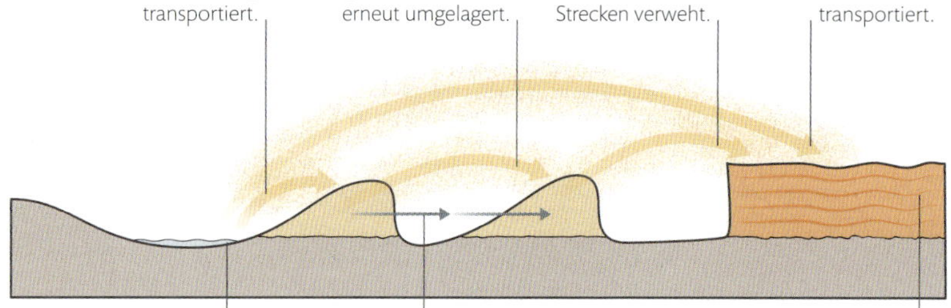

Sichtbare Bänke von Sedimentgesteinen und Ascheschichten
Felsspitzen und Rinnen wurden von der Erosion geformt.

SCHRÄGSCHICHTUNG

Sedimentgesteine lagern sich schichtweise ab, oft in abgegrenzten »Bänken«. In ruhigem Wasser bilden die abgelagerten Sandkörner Schichten parallel zur Bankung. Viele Sandsteine zeigen jedoch Schrägschichtung, bei denen die Körner in Schichten in einem Winkel zur Bankung angeordnet sind. Diese Schrägschichtung zeigt, dass die Sedimente von einer Strömung, etwa Wind oder einem Fluss, transportiert wurden. Die Schrägschichtung in Dünen entsteht, wenn Sand über den Kamm der Düne weht und auf der Leeseite in geneigten Schichten liegen bleibt.

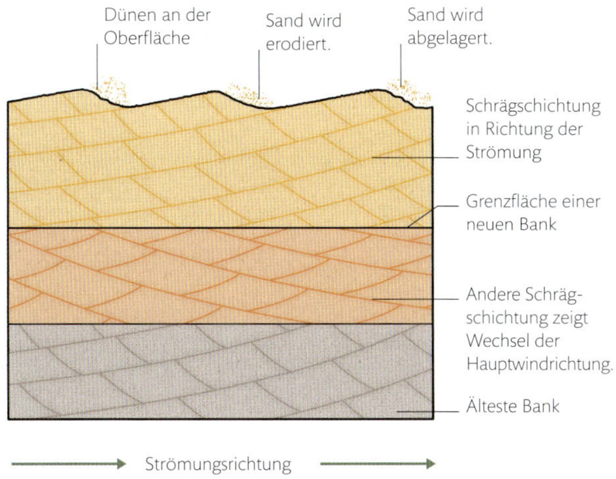

Sandstein

Sedimentgesteine mit Körnern in Sandkorngröße (0,063 mm bis 2 mm) nennt man Sandsteine. Die Körner, die Minerale, Gesteinsfragmente oder Fossilien wie Schalen- oder Skelettfragmente sein können, werden vom Wind, von Flüssen oder dem Meer transportiert und dort abgelagert, wo die Strömung bzw. der Wind nicht mehr stark genug ist. Im Laufe der Zeit werden die Sedimente zu Gesteinsschichten kompaktiert und zementiert. Man unterscheidet nach der Art der Körner verschiedene Klassen von Sandsteinen. So bestehen Grauwacke, Arkose, Quarzsandstein und (Kalk-)Arenit hauptsächlich aus Gesteinsfragmenten, Feldspat, Quarz bzw. Kalziumkarbonat. Die meisten Sandsteine haben einen hohen Quarzgehalt.

Navajo-Sandstein
Der Antelope Canyon in Arizona (USA) liegt in Navajo-Sandstein, der aus Sand entstand, der von Wüstenwinden vor etwa 190–170 Mio. Jahren abgelagert wurde. Eisenoxide färben den Sandstein rot. Über Jahrtausende haben schnell fließende Sturzfluten den Sandstein erodiert und eine enge, steilwandige Schlucht – einen »Slot Canyon« – geformt. Die wellenartigen Formen wurden von im Wind getragenem Sand ausgeschliffen.

Sand unter einem Mikroskop
Von Skelettresten von Organismen bis hin zu Bruchstücken verschiedener Gesteinstypen: Die winzigen Körner in Sandsteinen zeigen viele Formen, Größen und Farben, wenn man sie unter dem Mikroskop betrachtet.

Verkittete Fragmente

Konglomerate und Brekzien sind Sedimentgesteine aus Klasten: Bruchstücke aus der mechanischen Zerkleinerung anderer Gesteine. In Konglomeraten und Brekzien sind sie größer als Sand, mit Größen von feinem Kies bis hin zu grobem Kies und Steinen bis 25 cm Größe. Wenn solche Klasten abgelagert und von anderen Sedimenten bedeckt werden, verfestigen sie sich zu Gestein. Diese Gesteinsbildung (Diagenese) beginnt mit der Kompaktierung durch das Gewicht der darüberliegenden Schichten. Wenn Minerale wie Ton, Eisenoxide, Siliziumdioxid oder Kalziumkarbonat aus Flüssigkeiten in den Klastenzwischenräumen ausfallen, verkitten oder zementieren sie die Klasten. Der Hauptunterschied zwischen Konglomeraten und Brekzien ist, dass die Klasten in Brekzien scharfe Kanten haben, während sie in Konglomeraten abgerundet sind. Die Zusammensetzung gibt Hinweise auf den Ort und die Verhältnisse bei der Gesteinsbildung.

Konglomerat
Dieses Exemplar enthält Jaspis und Achat, beides Varietäten von mikrokristallinem Quarz (siehe S. 48–49). Die für Konglomerate typische runde Form und glatte Oberfläche der Klasten zeigt, dass sie weit von ihrem Ursprungsort entfernt abgelagert wurden. Sie wurden wohl von einem schnell fließenden Fluss oder einem anderen hinreichend energiereichen System transportiert, das schwere Fragmente weite Strecken tragen und die scharfen Kanten abschleifen konnte.

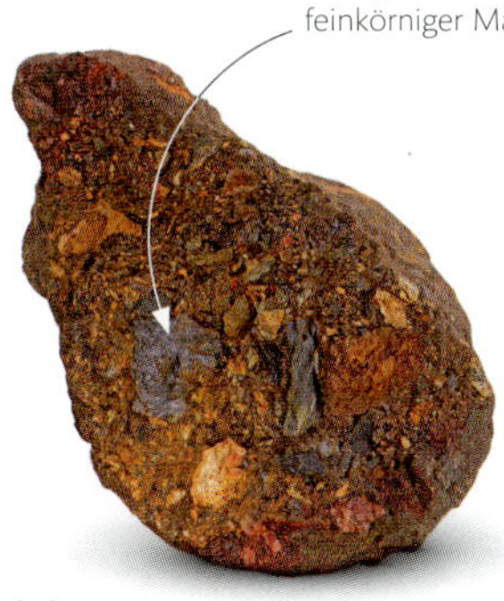

Brekzie
Die relativ kantige Form der Klasten in einer Brekzie zeigt, dass sie nicht weit transportiert wurden. Brekzien entstehen oft am Fuß von Kliffs oder Hängen, an denen sich der verwitterte Schutt sammelt.

TYPEN VON BREKZIEN

Man unterscheidet grob zwei Typen von Brekzien nach dem Mengenverhältnis von Klasten und Matrix (der Grundmasse aus feinkörnigem Material, in der die Klasten eingebettet sind). Wenn sich die Klasten berühren und die Matrix nur die Zwischenräume füllt, nennt man die Brekzie klastengestützt. Wenn die Klasten in der Matrix zu »schwimmen« scheinen, ohne sich im Allgemeinen zu berühren, ist die Brekzie matrixgestützt.

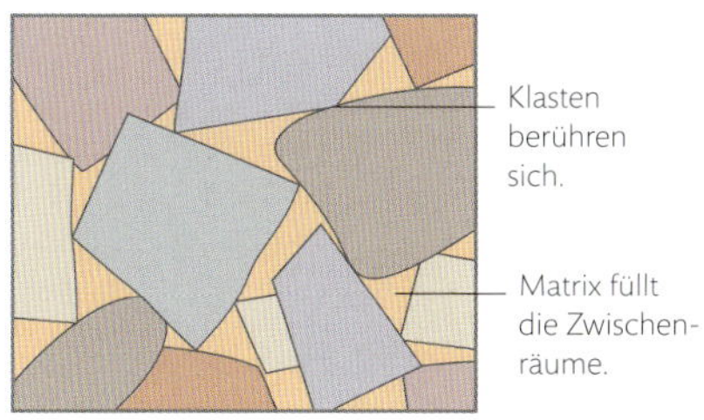

KLASTENGESTÜTZTE BREKZIE

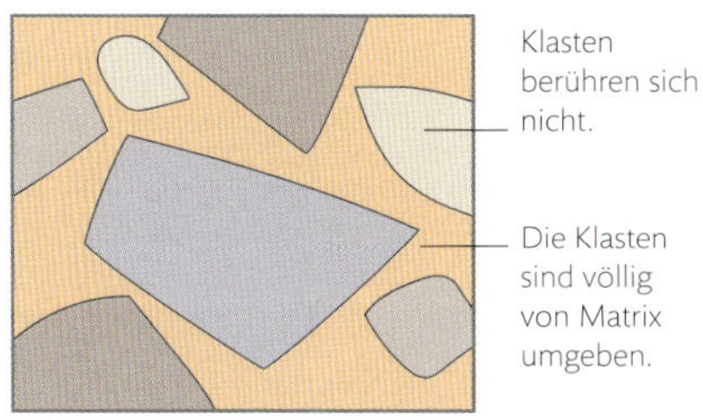

MATRIXGESTÜTZTE BREKZIE

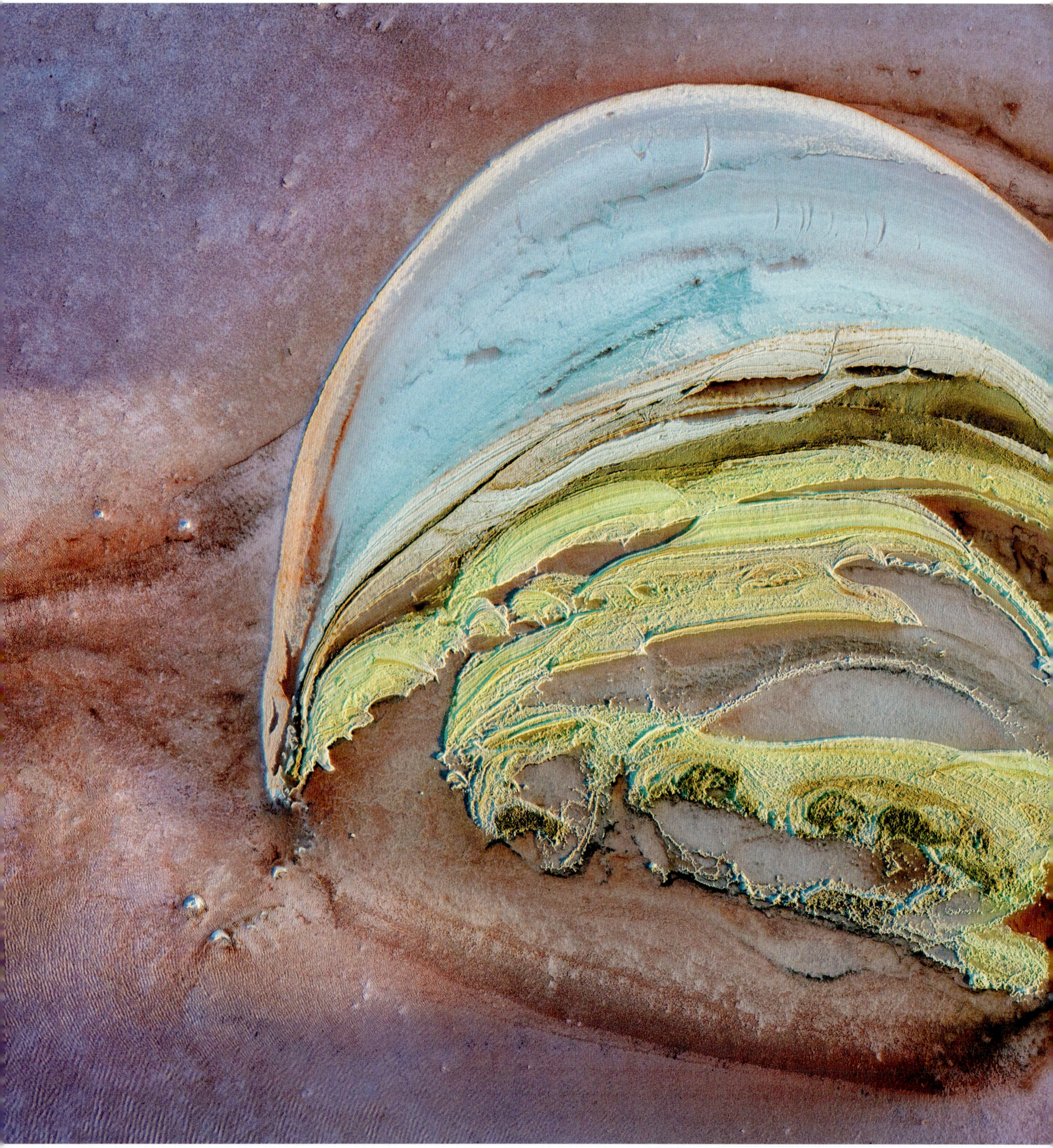

Bändereisen
Vor etwa 3,7 bis 1,8 Mrd. Jahren hatten Organismen durch Fotosynthese so viel Sauerstoff produziert, dass er mit dem im Meer gelösten Eisen zu unlöslichem Oxid reagierte. Dabei setzten sich Eisenerze am Meeresboden ab, die auffällig gebändert sind (siehe S. 252–253).

Kati Thanda-Lake Eyre
Der Kati Thanda-Lake Eyre liegt in einer Wüste Südaustraliens. Er besteht aus einer mächtigen Abfolge von Sedimenten, die vor etwa 60 Mio. Jahren abgelagert wurden. Diese Luftaufnahme zeigt das Seebett, das regelmäßig überflutet wird, und die Salzkrusten, die durch das wiederholte Austrocknen des flachen, mineralreichen Wassers gebildet werden. Die leuchtenden Farben entstehen wohl durch Bakterien.

WIE SALZKRUSTEN ENTSTEHEN

In Wüsten verdunsten Salzwasserseen oft schneller, als sie durch Regenfälle aufgefüllt werden (1). Dann fallen die gelösten Salze aus dem Wasser aus und bilden etwa Halit (Steinsalz) oder Gips und lagern sich am Boden ab; es entsteht eine trockene Salzpfanne (2). Regelmäßige Füllung und Austrocknung führen zu Sedimentschichten (3). An der Oberfläche entsteht eine harte Kruste, die in Polygone zerbrechen kann.

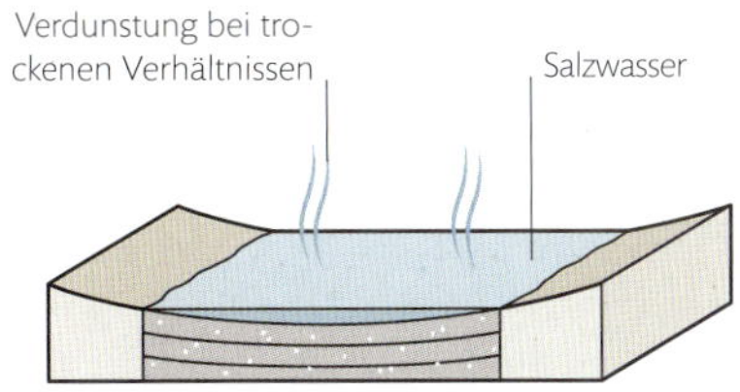

1. SALZSEE

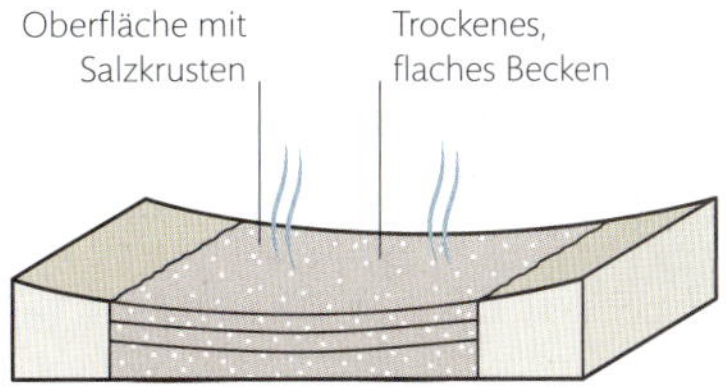

2. SALZPFANNE

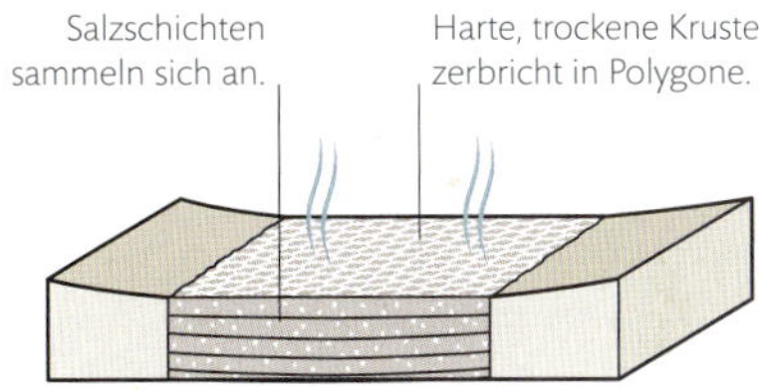

3. SALZKRUSTE

Chemische Sedimente

Sedimentgesteine, die aus Bruchstücken (Klasten) älterer Gesteine bestehen, nennt man klastische Sedimentite. Es gibt aber auch nicht klastische Sedimentgesteine. Sie können chemisch durch Ausfällung von Stoffen aus einer Lösung, oft als Kristalle, entstehen. Dazu gehören Evaporite, Dolomit und anorganische Kalksteine. Daneben gibt es biogene Sedimente, die von Lebewesen stammen, etwa Kieselschiefer, Kohle oder biogener Kalkstein, der vor allem von Meeresorganismen stammt (siehe S. 82–83).

WIE FOSSILFÜHRENDER KALKSTEIN ENTSTEHT

Die meisten Kalksteine entstehen aus dem Kalziumkarbonat der Schalen und Skelette von Meerestieren wie Muscheln, Schnecken, Korallen und Seelilien. Wenn sie sterben (1), sammeln sich die Hartteile zu Kalksediment (2). Die Bedeckung durch weitere Sedimente und die Kompaktierung führt zur Bildung von Kalkstein.

1. LEBENDE GEMEINSCHAFT

2. ÜBERRESTE

3. KALKSTEINBILDUNG

Kalkstein

Kalkstein, der etwa 10–15 % aller Sedimentgesteine ausmacht, besteht vor allem aus Kalzit, einer kristallinen Form von Kalziumkarbonat. Die meisten Kalksteine entstanden aus Ablagerungen der Schalen und Skelette von Meereslebewesen (siehe Kasten oben). Doch sie können auch rein chemisch entstehen, wenn Kalzit aus dem Wasser im Meer oder in Seen ausfällt. Höhlen bilden sich im Kalkstein, wenn leicht saures Wasser durch das Gestein sickert und die Karbonate auflöst, sodass Hohlräume bleiben. Wenn ein Kalkstein metamorphisiert wurde, nennt man ihn Marmor. Allerdings nennen Steinmetze auch alle polierbaren nicht metamorphen Kalksteine »Marmor«.

Weiches, poröses weißes Gestein

Kreide
Die aus Kalzit bestehende Kreide ist ein Kalkstein, der aus den Resten winziger Meeresorganismen entsteht, die beim Sterben einen sehr feinen Kalkschlamm hinterlassen, der sich zu Kreide verfestigt.

Fossilreicher Kalkstein
Kalksteine gehören zu den fossilreichsten Gesteinen, und die gut erhaltenen Fossilien stellen ein nützliches Fenster in die Vergangenheit dar. Dieses Exemplar, das vor etwa 400 Mio. Jahren in einem flachen tropischen Meer entstand, enthält viele Fossilien verschiedenster Wirbelloser aus dem Meer, etwa Armfüßer (Brachiopoden), Trilobiten, Seelilien (Crinoiden) und Moostierchen (Bryozoen).

Fossil eines Moostierchens (Bryozoe); einige Bryozoen bilden mattenartige Kolonien vieler winziger Einzeltierchen, die man Zooiden nennt.

Fossil eines Brachiopoden (Armfüßer), einem hartschaligen Wirbellosen, der sessil am Meeresboden lebt.

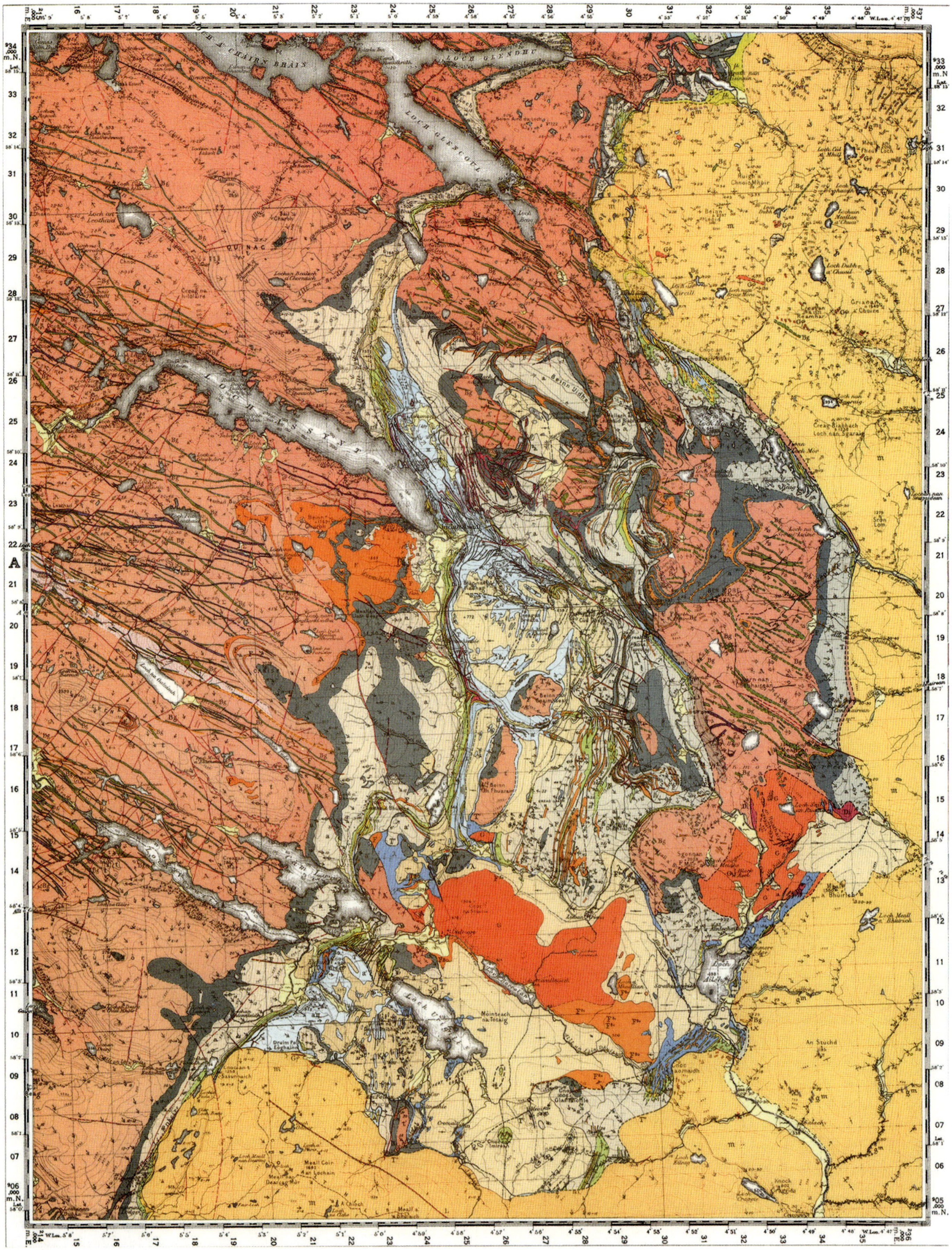
LOCH A' CHAIRN BHAIN
LOCH GLENDHU
LOCH GLENCOUL
QUINAG
LOCH ASSYNT
Beinn Uidh
An Stuchd
A

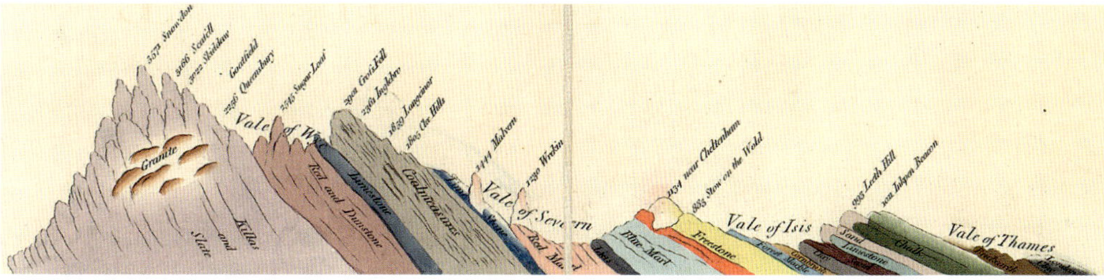

Wegweisendes Profil
Dieses Profil – ein grafischer Querschnitt – der Gesteinsschichten von England und Wales (rechts) gehört zur Karte *A Delineation of the Strata of England and Wales, with Part of Scotland* von William Smith von 1815. Sie zeigt das Fallen der Schichten nach Südosten, wobei die ältesten Gesteine der walisischen Berge im Westen (links) von zunehmend jüngeren Gesteinen im Osten (rechts) überlagert sind.

Geschichte der Geowissenschaften

Gesteinskartierung

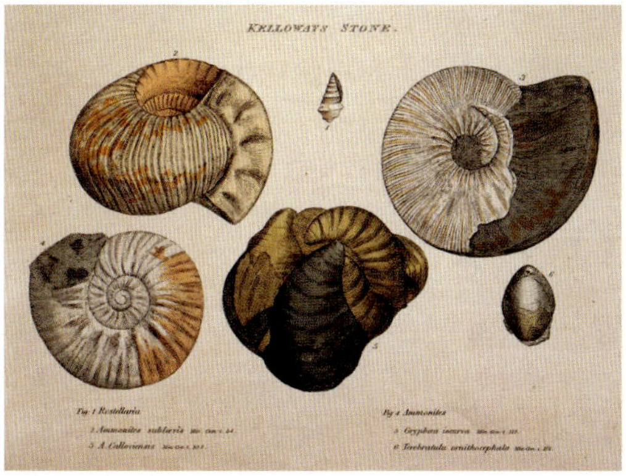

Leitfossilien
Diese Illustration zeigt einige typische Fossilien aus dem Oberjura, die man in Schichten der sogenannten Kellaways-Formation findet. William Smith konnte mit seinen Fossilienkenntnissen verschiedene Aufschlüsse der gleichen Gesteinsschicht an mehreren Orten verbinden.

Geologische Karte von Assynt (Schottland)
Diese am Ende des 19. Jh. erstellte Karte war eine der ersten, die die komplexen Gesteinszusammenhänge im Herzen eines alten Gebirges zeigt. Während die Farben die Gesteinsart zeigen, repräsentieren Linien die tektonischen Störungen und Pfeile das Fallen der Schichten.

Seit Jahrtausenden hält man auf Karten die Orte von wirtschaftlich wertvollen Rohstoffen wie Bausteinen oder Metallerzen fest – das früheste Beispiel ist eine Papyrus-Karte aus dem Ägypten um etwa 1150 v. Chr. Aber erst im 18. Jh. begannen Forscher, die Lücken zwischen diesen Beobachtungen zu füllen und systematische und vollständige Karten der verschiedenen Gesteinstypen unter ihren Füßen zu erschaffen.

Die französischen Geologen Philippe Buache und Jean-Étienne Guettard läuteten eine neue Ära der Kartografie ein, als sie 1746 eine Karte mit der Ausdehnung einer Kreideschicht in Nordfrankreich und Südengland veröffentlichten. 1809 ging der aus Schottland stammende Amateurgeologe William Maclure einen Schritt weiter und erstellte eine geologische Karte der östlichen USA, die die Oberflächengesteine in vier Typen einteilte: primitiv, im Übergang, sekundär und alluvial.

Unterdessen hatte William Smith, ein junger Landvermesser im Westen Englands, durch die Inspektion von Kohlebergwerken und Kanalbauten detailliertere Einsichten in die Anordnung der Gesteine gewonnen. Er bemerkte die gleichen Gesteinsabfolgen, als er in Bergwerke an verschiedenen Orten einfuhr. Er fand auch, dass man die einzelnen Schichten durch charakteristische Fossilien unterscheiden konnte, und entwickelte daraus ein Prinzip der »Faunensukzession«.

Als Smith Kanalbaustellen überwachte, konnte er diese Ideen über eine größere Fläche testen und die vertikalen Profile der Gesteinsschichten auf eine horizontale Darstellung der Aufschlüsse an der Oberfläche erweitern. Er begann 1799 mit einer Karte der Gesteinstypen in der direkten Umgebung von Bath, wo er lebte. Dann reiste er einige Jahre lang in England, Wales und Südschottland herum, sammelte Fossilien und kartierte Gesteine. 1815 veröffentlichte er die erste geologische Karte des gesamten Landes, die 23 Gesteinsschichten identifizierte und handkoloriert mit eigenen Farben markierte.

Smiths Pionierarbeit legte die Grundlage der modernen geologischen Kartierung. Viele der Namen, die er den Gesteinsschichten gab, werden heute noch von Geologen verwendet.

»Organisierte Fossilien sind … die Antiquitäten der Erde und zeigen sehr auffällig ihre langsame, regelmäßige Entstehung.«

WILLIAM SMITH, 1817

Serpentinit

Das metamorphe Gestein Serpentinit ist ein Beispiel für Versenkungsmetamorphose. Wenn magmatische Gesteine der ozeanischen Kruste bei Anwesenheit von Wasser auf Temperaturen bis etwa 200 °C erwärmt werden, wandeln sich die Minerale durch einen Prozess um, den man Serpentinisierung nennt.

Die Farben sind in diesem Exemplar gleich verteilt, aber sie können auch Bänder bilden.

Grobe Körner sieht man leicht mit bloßem Auge.

Mylonit
Das kompakte, feinkörnige metamorphe Gestein Mylonit (rechts) entsteht bei der Scherung von Gesteinen an einer Verwerfungsfläche. Die parallele Foliation (Bänderung) ist typisch für die Verwerfungsmetamorphose.

Bänder von winzigen, teils umkristallisierten Körnern sind an der Verwerfungsfläche ausgerichtet.

Marmorierte Färbung mit gelben und grünen Flecken ist typisch für Serpentinit.

Verwerfungs-metamorphose

Metamorphe Gesteine entstehen auf mehrere Weisen. Bei der Verwerfungs- oder Dislokationsmetamorphose wird durch großräumige Bewegungen der Erdkruste Druck in eine bestimmte Richtung auf das Gestein ausgeübt. Dies geschieht vor allem an Verwerfungsflächen oder aktiven Plattengrenzen, an denen Schollen der Erdkruste aneinander vorbei gleiten. Wenn dies in der Tiefe geschieht, können durch die Reibung und die Scherkräfte die Minerale im Gestein teilweise umkristallisieren. Dadurch wird das Gefüge des Gesteins verändert und ein neues Gestein entsteht. Doch schon der Druck und die Hitze in der Tiefe führen zu einer Metamorphose, die Versenkungsmetamorphose heißt.

SCHERZONEN

In nicht allzu großer Tiefe in der Erdkruste bis etwa 10 km sind die Gesteine relativ kühl und spröde. Wenn sie verformt werden, dann brechen sie meist und bilden Risse und Spalten. Aber in der mittleren und unteren Kruste, wo die Temperaturen höher sind, verhalten sich Gesteine eher wie erwärmtes Plastik und fließen, statt zu brechen. Über lange Zeiten hinweg führen die Kräfte in solchen Scherzonen im Gestein zur Rekristallisierung der Minerale, was zum typischen gebänderten Gefüge von Mylonit (siehe oben) führt.

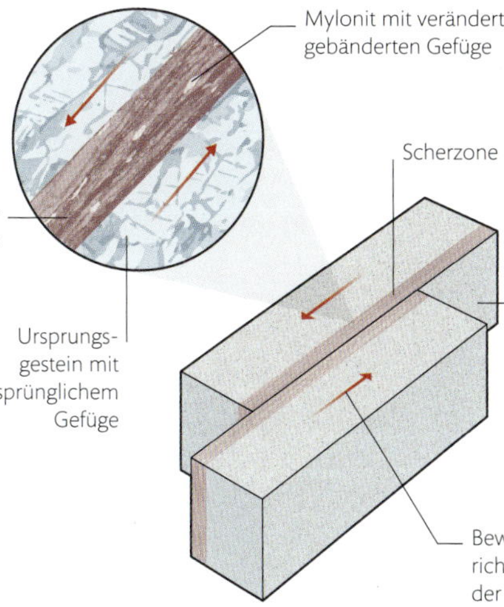

Gneis
Das metamorphe Gestein Gneis bildet sich typischerweise unter hohem Druck und hoher Temperatur (über 500 °C). Die helle und dunkle Bänderung geht auf chemische Reaktionen zurück, durch die sich die Minerale im Gestein in verschiedene Zonen mit unterschiedlicher Zusammensetzung trennen. Die helleren Bänder enthalten vor allem Quarz und Feldspat, die dunkleren Pyroxen und Amphibol.

Regional-metamorphose

Wenn Gesteine in einem größeren Gebiet durch Druck oder Hitze (oder beides) verändert wurden, spricht man von Regionalmetamorphose. Sie tritt meist auf, wenn tektonische Platten kollidieren und die Kruste zu Gebirgen auffalten (siehe S. 114–115 und S. 120–121). Dabei geraten Gesteine unter hohen Druck (siehe Kasten unten) und Gesteine von der Erdoberfläche können Dutzende Kilometer in der Tiefe enden, wo die Temperaturen viel höher sind. Welche Art von metamorphem Gestein dabei entsteht, hängt vom Ausgangsgestein, aber auch von den Temperatur- und Druckverhältnissen ab.

Walisischer Schiefer
Tonschiefer ist ein feinkörniger Metamorphit, der durch Druck und Hitze aus Tonstein entsteht. Da er entlang der natürlichen Schieferung in dünne Platten spaltbar ist (siehe Kasten unten), nutzt man ihn gerne als Dachdeckung oder zum Pflastern von Wegen.

FALTUNG UND SCHIEFERUNG

Wenn Gesteinsschichten durch Bewegungen in der Erdkruste eingeengt werden, werden sie gefaltet. Zudem kristallisieren die Minerale teilweise um, ohne zu schmelzen. Die neuen Kristalle sind im rechten Winkel zur Druckrichtung und parallel zur Axialebene der Falte ausgerichtet. Eine solche Struktur mit parallelen Ebenen nennt man allgemein Foliation. Beim Schiefer liegen diese Ebenen eng beieinander und sind relativ schwach, sodass man das Gestein an ihnen leicht in dünne Platten spalten kann. Diese Form der Foliation nennt man Schieferung.

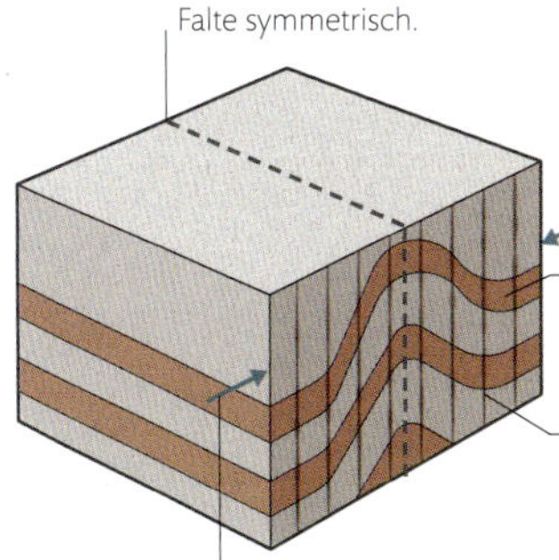

EINGEENGTES GESTEIN

Kontaktmetamorphose

Wenn enorm heißes Magma aufsteigt und abkühlt, bildet es einen großen Magmakörper, eine magmatische Intrusion (siehe S. 134–135). Die Intrusion gibt Hitze an die umgebenden Gesteine ab, die dadurch chemisch verändert werden. Diesen Vorgang nennt man Kontaktmetamorphose. Viele Arten metamorpher Gesteine (Metamorphite) entstehen auf diese Weise, etwa Hornfels, der durch die Erhitzung von Tonstein, Schiefer oder Basalt entsteht, oder Skarn (siehe rechts). Da die Kontaktmetamorphose durch Hitze und nicht durch Druck abläuft, kommt es nicht zur Faltung oder Schieferung, anders als bei der Verwerfungs- und Regionalmetamorphose (siehe S. 86–89).

Skarn
Wenn die intensive Hitze einer magmatischen Intrusion Karbonatgesteine wie unreinen Kalkstein erreicht, werden sie durch Kontaktmetamorphose verändert. Die entstehenden metamorphen Gesteine nennt man Skarne.

KONTAKTHOF

Die Zone um eine magmatische Intrusion, die von der Kontaktmetamorphose betroffen ist, nennt man Kontakthof oder Kontaktaureole. Die Intensität der Veränderung nimmt mit dem Abstand von der Wärmequelle ab, sodass eine Reihe von abgrenzbaren konzentrischen Zonen entsteht. In diesem Beispiel ist geschmolzenes Magma zu einer Granitintrusion erstarrt. Die Gesteine nahe am Magma (Hornfels) sind stärker metamorphisiert als die weiter entfernten (Gestein mit Porphyroblasten, also Einschlüssen größerer Kristalle). Das Sedimentgestein jenseits des Kontakthofs ist nicht verändert.

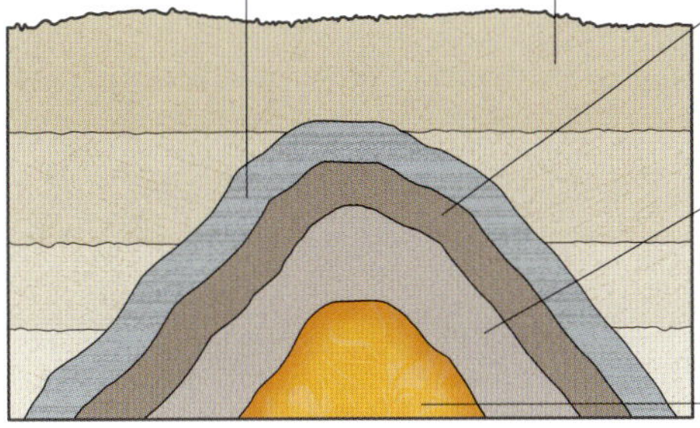

Durch Hitze verändert

Zwischen den Schichten aus Sedimentgestein der Berge um den Grinnell-Gletscher in Montana (USA) liegt ein Sill. Ein Sill oder Lagergang entsteht, wenn geschmolzenes Magma zwischen die Schichten von Sedimentgestein gepresst wird und dort zu einer Schicht aus magmatischem Gestein erstarrt, die den Sedimentschichten folgt. Die intensive Hitze des Magmas hat die Gesteine unmittelbar darüber und darunter durch Kontaktmetamorphose verändert.

Das dunkle Band ist ein Sill (Lagergang) aus dem magmatischen Gestein Dolerit. Es ist die Quelle der Hitze, die das umgebende Gestein verändert hat.

Sedimentgesteine wurden im Lauf der Zeit in klar gegliederten Bänken abgelagert.

Gekippte Schichten
Die farbenfrohen »Regenbogenberge« im Zhangye-Danxia-Geopark (Nordostchina) bestehen aus Sandstein und Siltstein, die in der Kreidezeit (vor 145 bis 66 Mio. Jahren) abgelagert wurden. Die Schichten wurden horizontal abgelagert, dann vor 50 Mio. Jahren bei der Kollision der Indischen und Eurasischen Platte eingeengt und gefaltet, was auch zur Auffaltung des Himalaja führte.

Schluchten und Rinnen
im Gestein wurden von der Verwitterung und der Erosion durch Wind und Wasser geformt.

WINKELDISKORDANZEN

Die relative Lage von Gesteinsschichten hilft, ihre Geschichte aufzuklären. Sedimente werden in horizontalen Schichten abgelagert (1), aber tektonische Aktivität kann sie falten oder kippen (2). Die Erosion kann dann den oberen Bereich zu einer Fläche abtragen (3). Wenn sich neue Schichten auf den gekippten, erodierten Flächen ablagern, bilden sie eine Winkeldiskordanz – sie zeigt, dass Teile der Überlieferung fehlen.

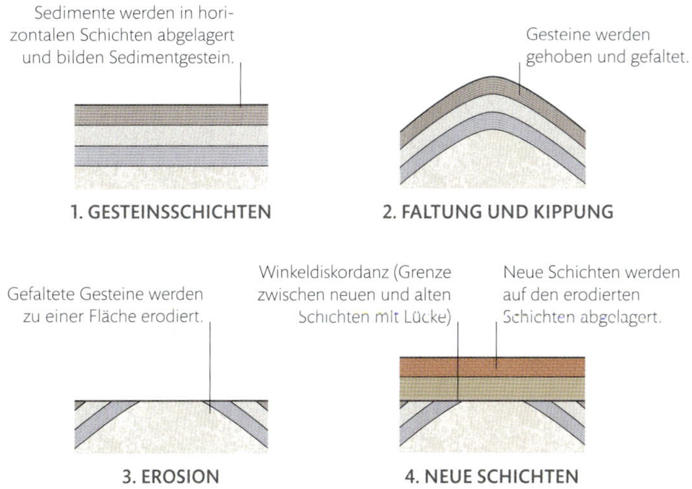

Gesteinsschichten

Geowissenschaftler erforschen Gesteinsschichten, um zu verstehen, wie und wann Gesteine gebildet wurden. Sedimentgesteine lagern sich in horizontalen Schichten ab, wobei in der Abfolge die ältesten Gesteine unten und die jüngsten oben liegen. So kann man das relative Alter der einzelnen Schichten bestimmen. Doch sie können auch durch tektonische Aktivität gekippt oder sogar auf den Kopf gestellt werden, und die Erosion kann Schichtlücken erzeugen (siehe Kasten oben). Mit Fossilien schätzen Forscher das Alter der Schichten ab und stellen fest, ob räumlich getrennte Schichten zu ähnlichen Zeiten abgelagert wurden.

Horizontale Schichten
Dieses Kliff (rechts) an der Westküste von Wales (Großbritannien) ist Teil einer Formation von Sedimentgesteinen, die man Aberystwyth Grits nennt. Die Basisschicht dürfte vor 488–443 Mio. Jahren abgelagert worden sein.

Im Blick Der Grand Canyon

Der Grand Canyon windet sich durch das Colorado-Plateau im Südwesten der USA. Hier hat sich der Fluss Colorado bis zu 1,6 km tief in die Kruste geschnitten und eine atemberaubende Landschaft geschaffen, die uns mit den an den Hängen aufgeschlossenen Gesteinen Einblicke in 1,8 Mrd. Jahre der Erdgeschichte gibt. Am weitesten Punkt ist der Canyon 29 km breit.

Die Gesteine des Colorado-Plateaus wurden vor 575–270 Mio. Jahren abgelagert. Das Gebiet wurde dann vor 70–30 Mio. Jahren 3000 m über den Meeresspiegel gehoben, wohl infolge einer Kollision tektonischer Platten. Der Canyon selbst begann sich vor etwa 6–5 Mio. Jahren zu bilden, als der Colorado River nach Westen zum Golf von Kalifornien durchbrach. Mit einem

Höhenunterschied von etwa 600 m über eine Strecke von 446 km fließt der Fluss im Canyon ziemlich steil, sodass das Wasser enorme Kraft hat und das Flussbett stark erodiert. Die Wassermenge und die Sedimentfracht (und damit die Erosionskraft) nimmt bei Hochwasserzeiten enorm zu und muss am Ende von Kalt- und Eiszeiten, als die Gletscher im Oberlauf schmolzen, noch viel höher gewesen sein.

Der Hauptarm des Flusses hat nun Gesteine an der Basis erreicht, die viel härter als die darüberliegenden Sedimentgesteine sind. Daher wächst der Canyon nun schneller in die Breite als in die Tiefe, weil Nebenarme die Hänge erodieren.

Der Canyon bei Sonnenaufgang
Die Wände des Grand Canyon zeigen farbenreiche Schichten aus Kalkstein, Sandstein, Schiefer und Lava über einer Basis aus uralten magmatischen und metamorphen Gesteinen. Die Hebung des Colorado-Plateaus geschah fast ohne Deformation, sodass die Schichten fast waagrecht liegen und die Abfolge leicht zu lesen ist.

Moos wächst auf der organischen obersten Bodenschicht.
Dunkler, fruchtbarer Oberboden mit einem hohen Gehalt an organischem Material und Mineralen
Der hellgraue Horizont wirkt ausgebleicht, weil organische Stoffe und Eisen ausgewaschen wurden.
Unterbodenhorizont, in dem sich die ausgewaschenen organischen Stoffe und Minerale (vor allem Eisenoxide, die die rötliche Farbe geben) ansammeln. Auch Wurzeln dringen bis hier vor.

Die dunkle Humusschicht enthält lebendes und sich zersetzendes Pflanzen- und Tiermaterial. Sie speichert große Mengen Kohlenstoff.

BODENPROFILE

Die meisten Böden sind in mehrere Bodenhorizonte (Schichten) unterteilt, und ihre Anordnung nennt man Bodenprofil: ein vertikaler Schnitt von der Oberfläche bis zum Ausgangsgestein. Nicht alle Horizonte sind in jedem Boden vorhanden, aber die meisten bestehen (von oben nach unten) aus einem organischen Auflagehorizont mit Pflanzenmaterial (Humus), einem helleren, mineralreichen Oberboden, einem unfruchtbaren, steinigen Unterboden und der festen Gesteinsschicht.

Die Bodenschicht

Böden, eine Mischung von organischen Stoffen, Mineralen, Wasser, Luft und Lebewesen, sind für die Ökosysteme der Erde enorm wichtig. Sie absorbieren und speichern Kohlenstoff, recyceln tote Lebewesen zu Nährstoffen, bieten Pflanzen ein Wachstumsmedium und beherbergen ein Viertel aller bekannten Arten. Sie speichern auch Wasser für Pflanzen und andere Lebewesen und steuern die abfließende Wassermenge. Außerdem bauen Mikroorganismen Schadstoffe ab und schützen so das Grundwasser.

Verbrannter Boden
Wenn Dürre und Trockenheit in einem Gebiet wie dieser Ebene im australischen Victoria (rechts) herrschen, verdunstet das Wasser und der getrocknete Boden schrumpft und bildet Risse. Das geschieht vor allem in tonreichen Böden.

Trockener Boden reißt auf und bildet tiefe Risse.

Schichten eines Podsols
Podsol oder Grauerde ist ein Typ sauren Bodens mit einem hellgrauen Horizont (Schicht) unter dem Humus. Er entsteht, weil Eisen und organische Stoffe in die tieferen Horizonte ausgewaschen werden, meist durch Regen, der schnell versickert. Podsole finden sich oft unter Nadelwäldern.

Wassertröpfchen
Die Bildung von Wassertröpfchen und ihre fast kugelrunde Form (links) sind eine Folge der Oberflächenspannung, die die Wassermoleküle an der Oberfläche zusammenzieht (siehe Kasten unten).

Wassertröpfchen an der Blattspitze werden durch die Oberflächenspannung zusammengehalten.

Wassereigenschaften

Wasser ist der häufigste chemische Stoff in Lebewesen. Es hat viele ungewöhnliche oder einzigartige Eigenschaften, weil die Moleküle sich durch Wasserstoffbrückenbindungen miteinander verbinden können. Wenige andere Stoffe kommen auf der Erdoberfläche natürlich in allen drei Zuständen vor: flüssig (Wasser), fest (Eis, siehe S. 100–101) und gasförmig (Wasserdampf). Wasser hat auch eine große Wärmekapazität, kann also große Mengen Wärme aufnehmen oder abgeben, ohne die Temperatur stark zu verändern. Die relativ konstante Temperatur ist für das Leben wichtig.

Drei Aggregatzustände der Materie
Die Sonne geht über Loch Shiel in den schottischen Highlands unter, wo Eis eine feste Kruste auf dem flüssigen Wasser des Sees bildet, während Wasserdampf zu Tröpfchen kondensiert, die als Nebel in der Luft hängen.

OBERFLÄCHENSPANNUNG

Wasser hat eine hohe Oberflächenspannung, die für Tiere und Pflanzen nützlich ist: Sie ermöglicht es einigen Insekten, auf dem Wasser zu laufen, und sie lässt Wasser in Pflanzen von den Wurzeln zu den Blättern aufsteigen. Die Oberflächenspannung entsteht durch anziehende Kräfte zwischen den Wassermolekülen. Innerhalb eines Wasserkörpers ziehen diese Kräfte die Moleküle in alle Richtungen. Dagegen werden Moleküle an der Oberfläche nur nach innen oder seitwärts gezogen, weil von außen keine entsprechenden Kräfte wirken. Daher werden Oberflächenmoleküle zum Rest des Wassers hingezogen und der Wasserkörper zieht sich so zusammen, dass seine Oberfläche möglichst klein wird.

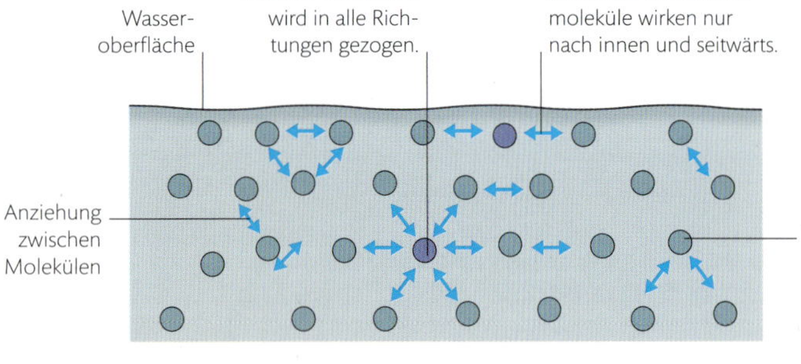

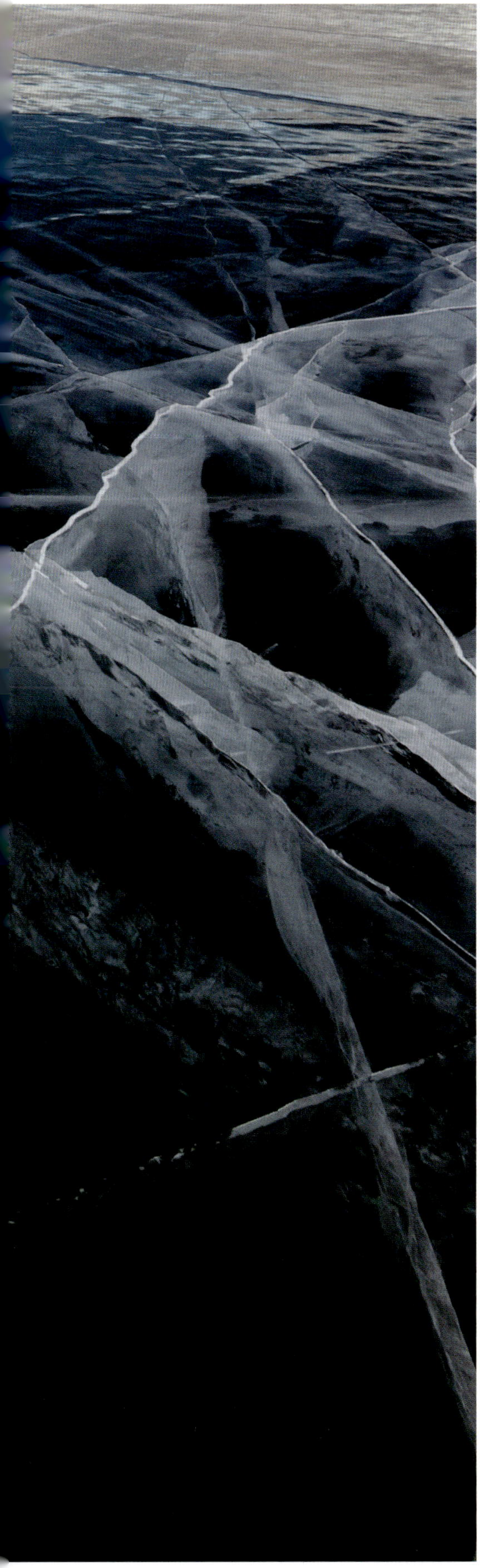

LATENTE WÄRME

Wenn ein Stoff den Aggregatzustand ändert (wenn etwa festes Eis zu flüssigem Wasser schmilzt oder Wasser verdampft), muss Wärme zugeführt werden, die man latente Wärme nennt, weil sich dabei die Temperatur des Stoffs nicht ändert. Die Wärmemenge hängt von der Substanz ab. Wasser hat eine hohe latente Wärme, da viel Energie nötig ist, um die Bindungen zwischen den Molekülen zu lösen. Wenn also Schnee oder Eis erwärmt werden, schmelzen sie sehr langsam und behalten lange eine konstante Temperatur bei.

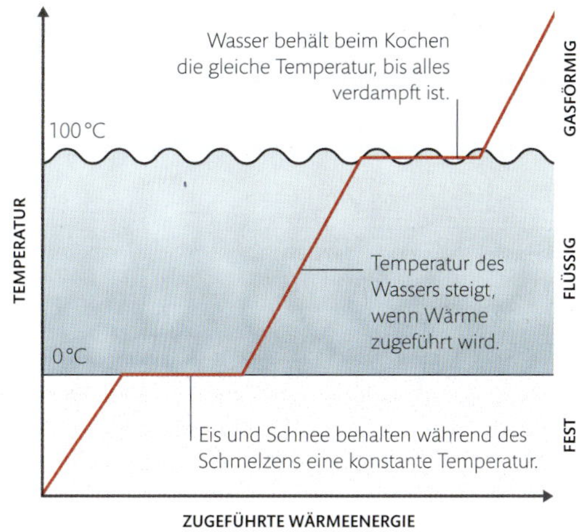

Gefrorenes Wasser

Wenn flüssiges Wasser unter den Gefrierpunkt von 0 °C abkühlt, fängt es an, sich in festes Eis umzuwandeln. Die Moleküle sind im Eis weniger dicht gepackt als im Wasser. Daher dehnt sich Wasser, anders als die meisten anderen Stoffe, beim Gefrieren aus und sein Volumen wächst um etwa 9 %. Eis ist also weniger dicht als Wasser und schwimmt daher auf dem Wasser. Als natürlich vorkommende, chemisch einheitliche Substanz mit Kristallstruktur gilt Eis als Mineral. Schneeflocken sind Eiskristalle, die als komplexe hexagonale (sechseckige) Strukturen gewachsen sind (siehe S. 230–231).

Baikalsee
Das Eis auf der Oberfläche des tiefsten Sees der Welt, des Baikalsees in Sibirien (Russland), ist von Rissen durchzogen (links). Die natürliche Rissbildung kommt durch tägliche Temperaturschwankungen zustande, durch die sich das Eis tagsüber ausdehnt und nachts wieder zusammenzieht.

Dendritische (verzweigte) Muster sind typisch für Frazil-Eis.

Eisblumen oder Frazil-Eis
Diese blumenartigen, nadeligen Eiskristalle sind die erste Phase des Meereises (vor allem in Polargebieten) oder der dünnen Eisschicht auf ruhigen Seen. Sie bilden sich, wenn das Wasser einer sehr viel kälteren Luft ausgesetzt ist.

Herabstürzende Eiswolke
Schnee und Eis stürzen einen steilen Hang am K6, auch Baltistan Peak genannt, in Pakistan herab. Solche Lawinen können mehrere Hundert Stundenkilometer erreichen.

Lawinen

Das plötzliche Abrutschen einer Menge von Eis oder Schnee an einem Hang, oft mit Erde und Gestein vermischt, nennt man Lawine. Sie entsteht, wenn eine Schicht aus Schnee oder anderem Material instabil wird. Das kann durch Schneefall, Temperaturänderungen, Erdbeben oder Störungen durch den Menschen geschehen, etwa beim Wandern oder Skifahren. Es gibt mehrere Typen. Lockerschneelawinen entstehen, wenn unverfestigter Schnee einen steilen Hang herabfällt. Bei Schneebrettlawinen löst sich ein großer Block festen Schnees und rutscht hangabwärts. Bei Staublawinen wirbelt eine Schneemasse weiteren Schnee auf. Fließlawinen entstehen, wenn Wasser und Schnee (etwa bei Tauwetter) zusammen abrutschen.

SCHNEEBRETTLAWINEN

Diese extrem gefährlichen und zerstörerischen Lawinen entstehen, wenn neuer, schwerer Schnee auf eine schwache Kruste alten verfestigten Schnees. An einem steilen Hang kann der neue Schnee in Blöcke oder »Bretter« brechen, die oft mit großer Geschwindigkeit abrutschen. Beim Fallen löst sich die vordere Front des Bretts auf und bildet eine Wolke eisiger Teilchen, der manchmal ein kräftiger Luftstoß vorausgeht.

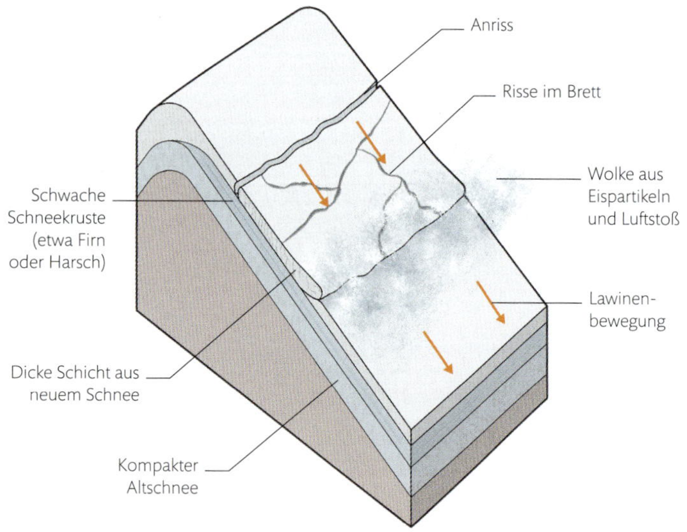

Dynamische Erde

Unser Planet ist eine komplexe Struktur aus drei Hauptschichten. Die äußerste verändert sich ständig, angetrieben sowohl von Kräften aus dem Erdinneren als auch den Vorgängen von Verwitterung, Erosion, Transport und Sedimentation an der Oberfläche. Viele dieser Veränderungen geschehen zu langsam, um sie im Verlauf eines menschlichen Lebens wahrzunehmen, aber manchmal finden sie sehr plötzlich und heftig statt.

Die grünen Kristalle sind Omphacit, ein natriumreiches Mineral aus der Gruppe der Pyroxene.

Die roten Kristalle sind Granat, ein Mineral, das in reiner Form auch als Edelstein gilt (siehe S. 58–59).

Die groben Körner sind in diesem Stück gleichmäßig verteilt, aber sie können auch in Bändern auftreten.

DAS INNERE DER ERDE

Die äußerste Gesteinsschicht der Erde, die Kruste, ist typischerweise unter den Ozeanen bis zu 10 km dick (ozeanische Kruste) und unter den Kontinenten und Kontinentalschelfen bis zu 70 km (kontinentale Kruste). Die mächtige Schicht dichteren Gesteins direkt unter der Kruste heißt Mantel. Die feste, spröde oberste Mantelschicht, die sich bis in etwa 100 km Tiefe erstreckt, heißt lithosphärischer Mantel. Darunter liegt die Asthenosphäre, die aus weichem, stellenweise geschmolzenem Gestein besteht und sich bis in etwa 350 km unter der Oberfläche erstreckt. Bei dem Druck und der Hitze können die Gesteine hier wie Wachs fließen und ihre Form verändern. Weiter unten im Mantel ist das Gestein durch den Druck der darüberliegenden Masse fest. Der Kern, der vor allem aus Eisen und Nickel besteht, hat einen flüssigen äußeren und einen festen inneren Teil.

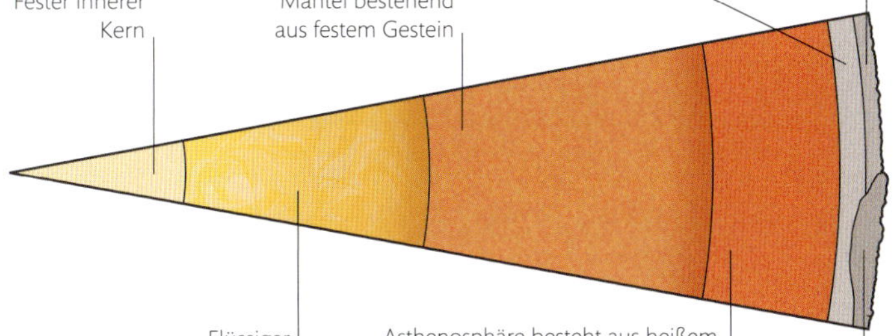

QUERSCHNITT DURCH DIE ERDE

Große Gesteinsfragmente aus dem Erdinneren wurden von den Bergen im Hintergrund erodiert.

Gesteine aus dem Erdinneren
Der Nationalpark Gros Morne in Neufundland (Kanada) bietet die seltene Chance, Gesteine aus dem Erdmantel (darunter Peridotit) und ozeanische Kruste zu sehen. Durch Plattentektonik sind sie vor etwa 470 Mio. Jahren durch die kontinentale Kruste gehoben worden.

Aufbau der Erde

Die Erde besteht aus konzentrischen Schichten, die sich in ihren Eigenschaften und dem Material unterscheiden. Die drei Hauptschichten sind eine dünne äußere Kruste, ein dicker Mantel vor allem aus dem magmatischen Gestein Peridotit sowie ein zentraler Kern. Jede ist weiter unterteilt (siehe Kasten oben). Den Großteil unseres Wissens über den Aufbau der Erde haben wir durch die Analyse von seismischen Wellen gewonnen: Schwingungen, die durch Erdbeben, Vulkanausbrüche oder Hangrutsche entstehen und durch verschiedene Materialien verschieden schnell laufen. Daraus schließen Forscher, dass der äußere Kern flüssig ist, weil bestimmte seismische Wellen nicht durch Flüssigkeiten laufen. Die Erdkruste können wir direkt durch Bohrungen erforschen.

Granate sind rundlich und geben dem Eklogit sein auffälliges geflecktes Aussehen.

Eklogit
Eklogit, ein seltenes, grobkörniges metamorphes Gestein, entsteht, wenn magmatische Gesteine, die arm an Siliziumdioxid sind, etwa Basalt oder Gabbro, durch subduzierte Platten (siehe S. 114–115) tief in die untere Kruste oder den oberen Mantel gezogen werden – teils bis in 150 km Tiefe. Durch die intensive Hitze und den Druck kristallisieren die Minerale um, sodass ein neues Gestein entsteht. Eklogit besteht aus grünlichem Omphacit und rotem Granat, enthält aber auch kleinere Mengen anderer Minerale wie Quarz und Feldspate.

Landsat 9
Der 2021 gestartete Satellit Landsat 9 umkreist die Erde alle 99 Minuten in 705 km Höhe auf einer Umlaufbahn, die abwechselnd über beide Pole führt. Er nimmt über 700 Bilder pro Tag auf und fliegt über jeden Bereich der Erdoberfläche alle 16 Tage.

Geschichte der Geowissenschaften

Satelliten zur Erdfernerkundung

Die Farben repräsentieren die Höhe der Oberfläche relativ zur Kugelform.

Schwerkraft-»Kartoffel«
Die Bahn erdnaher Satelliten reagiert empfindlich auf kleine Variationen des Erdschwerefelds. Damit misst man das Geoid: die Oberfläche, die die Meere annehmen würden, wenn es keine Strömungen gäbe. Man stellt das Geoid als Schwerkraft-»Kartoffel« dar (oben).

Das Satellitenzeitalter der Erforschung der Erde begann 1958, als ein Forschungssatellit die Strahlungsgürtel der Erde entdeckte. Der erste erfolgreiche Wettersatellit wurde 1960 gestartet, und seit 1972 werden genaue Bilder der Landoberfläche von einer Reihe von Erdbeobachtungssatelliten aufgenommen.

Wie frühe Wettersatelliten trug Landsat 1, der erste Erdbeobachtungssatellit, eine Fernsehkamera. Er trug auch einen neuen Multispektralscanner mit einem Infrarotkanal, der das Wachstum der Vegetation verfolgen konnte. Spätere Landsats hatten mehr Kanäle, die größere Teile des Spektrums abdeckten, sodass man u. a. Gesteinstypen unterscheiden konnte.

Ab den 1980er- und 1990er-Jahren erforschten weitere Satelliten andere elektromagnetische Spektralbereiche: Ultraviolett für atmosphärisches Ozon, thermales Infrarot für die Temperatur von Land, Meer und Wolken sowie Mikrowellenemissionen zur Beobachtung von Wasser: als Bodenfeuchtigkeit, als Schnee und Eis sowie als Wasserdampf in der Atmosphäre. Radarinstrumente können bei Bewölkung und bei Nacht beobachten. Sie messen die Höhe der Oberfläche: die Topografie des Landes, Meeresspiegelhöhen (und damit Strömungen) und die Dicke von Eisdecken.

Mit Satelliten können wir schwer zugängliche Gebiete wie Meere, Regenwälder oder Polargebiete umfassend beobachten. Im 21. Jh. liefern geophysikalische Satelliten auch einen Blick ins Erdinnere, indem sie Variationen der Schwerkraft und des Magnetfelds der Erde messen, die Dichtevariationen im Mantel und Materialströme im äußeren Kern wiedergeben.

Geologie aus dem Weltraum
Dieses Bild des Antiatlas in Marokko wurde 2001 von ASTER (Advanced Spaceborne Thermal Emission and Reflection Radiometer) aufgenommen, das Gesteinstypen unterscheiden kann. Kalkstein, Sandstein und Gips sind hier gelb, rot und hellgrün gezeigt, während die darunterliegenden Granite dunkelblau und dunkelgrün sind.

> »Der Mensch muss sich über die Erde erheben … denn nur dann wird er … die Welt verstehen, in der er lebt.«
>
> SOKRATES ZUGESCHRIEBEN, 470–399 V. CHR.

Kontinentale Kruste
Gesteine auf kontinentalen Platten sind meist alt und relativ stabil. Die älteste kontinentale Kruste konzentriert sich in Gebieten, die man Schilde nennt, etwa dem Australischen Schild (siehe links) im südwestlichen Australien. Sie werden von präkambrischen Gesteinen dominiert, die über 570 Mio. Jahre alt sind.

Ozeanische Kruste
Diese Basalte auf den Galapagosinseln (rechts) entstanden, als die Nazca-Platte im Pazifik, auf der sie liegen, über einen heißen Mantelplume driftete. Das aufsteigende Magma erreichte die Erdoberfläche und brach als Lavastrom aus.

Erstarrte basaltische Lava hat oft eine seilartige Oberfläche.

Tektonische Platten

Die Theorie der Plattentektonik beschreibt, wie die äußerste Schicht der Erde, die Lithosphäre (die aus der Kruste und der obersten Mantelschicht besteht), in große, steife Platten zerbrochen ist, die auf den heißen, teils geschmolzenen Gesteinen der Asthenosphäre schwimmen. Dies führt dazu, dass die Platten driften (siehe Kasten unten), typischerweise um 2–20 cm pro Jahr. Diese Bewegung, bei der Platten kollidieren, auseinanderdriften oder aneinander vorbeigleiten, führt zur Bildung und Veränderung der Oberflächenmerkmale der Erde, vor allem an den Plattengrenzen (siehe S. 112–113). Es gibt zwei Arten von Platten: kontinentale und ozeanische Platten, die etwa 150 km bzw. 70 km dick sind.

URSACHE DER PLATTENBEWEGUNG

Die Plattenbewegung wird vor allem von der Wärme beeinflusst, die aus dem Erdinneren aufsteigt. Konvektionsströmungen im Mantel ziehen die Platten mit und heben sie an mittelozeanischen Spreizungsrücken (siehe S. 116–117) an, wo heißes, flüssiges Magma aufsteigt. Auch der Zug der Schwerkraft an den Subduktionszonen (wo tektonische Platten in den Mantel sinken) und an den mittelozeanischen Rücken gelten als wichtige Triebkräfte der Plattenbewegung.

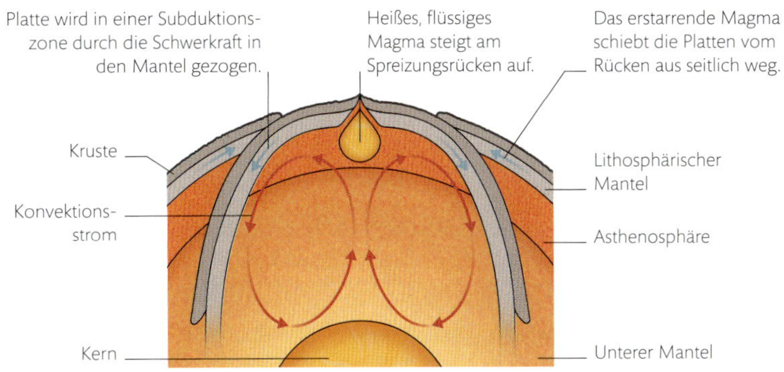

QUERSCHNITT DURCH DIE ERDE

TRANSFORMSTÖRUNGEN

Wenn tektonische Platten horizontal in verschiedene Richtungen aneinander vorbeigleiten, nennt man die Grenze eine Transformstörung und die Art der Bewegung eine Blattverschiebung. Sie treten meist auf dem Meeresboden oder an den Rändern von Kontinenten auf. Bei kontinentalen Transformstörungen gleiten die kontinentale Kruste und der lithosphärische Mantel (der feste, spröde Teil des Mantels, der mit der Kruste verbunden ist) auf der Asthenosphäre (siehe unten und Kasten auf S. 106–107). Durch die Bewegung werden die Gesteine verformt, was manchmal zu Erdbeben führt.

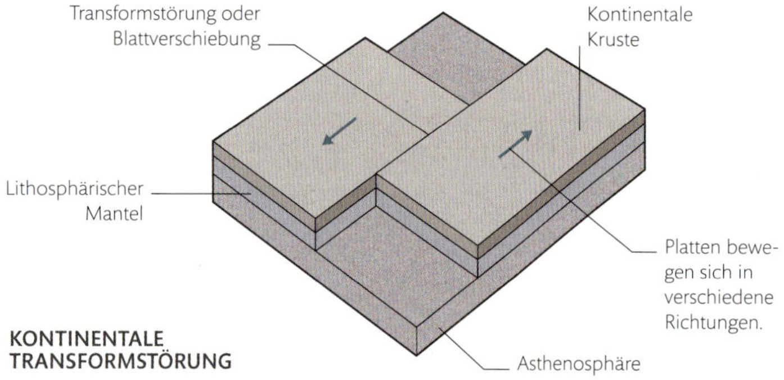

KONTINENTALE TRANSFORMSTÖRUNG

Plattengrenzen

Die intensivste tektonische Aktivität findet überwiegend an den Grenzen der tektonischen Platten (siehe S. 110–111) statt. Es gibt drei Grundtypen von Plattengrenzen: konvergente Grenzen, wo sich zwei Platten aufeinanderschieben (siehe S. 114–115), divergente Grenzen, wo sie voneinander wegdriften (siehe S. 116–117), und Transformstörungen, wo sie seitlich aneinander vorbeigleiten. Jeder Typ ist mit unterschiedlichen geologischen Vorgängen verbunden, etwa Gebirgsbildung, Vulkanismus oder Erdbeben. Jede Platte kann Grenzen verschiedener Typen haben.

Gesprenkeltes Aussehen durch das Gemenge heller Feldspate mit schwarzen Hornblende- und Biotitkristallen

San-Andreas-Störung
Im Westen Nordamerikas bewegen sich zwei benachbarte Platten in verschiedene Richtungen und versetzen Hügel und Landschaften. Die 1200 km lange Störung ist mit teils starken Erdbeben in der Region verbunden.

Diorit
Das magmatische Gestein Diorit (links) ist mit konvergenten Plattengrenzen assoziiert. Es ist ein Tiefengestein, was man an den sichtbaren Kristallen erkennt, die langsam in einer Magmakammer erstarrten.

Kontinent-Kontinent-Kollision
Dieses Luftbild zeigt Teile des Ladakh Range, eines Gebirgszugs im westlichen Himalaja. Wie der Rest des Gebirges entstand er durch die Kollision der kontinentalen Kruste der Indischen und der Eurasischen Platte.

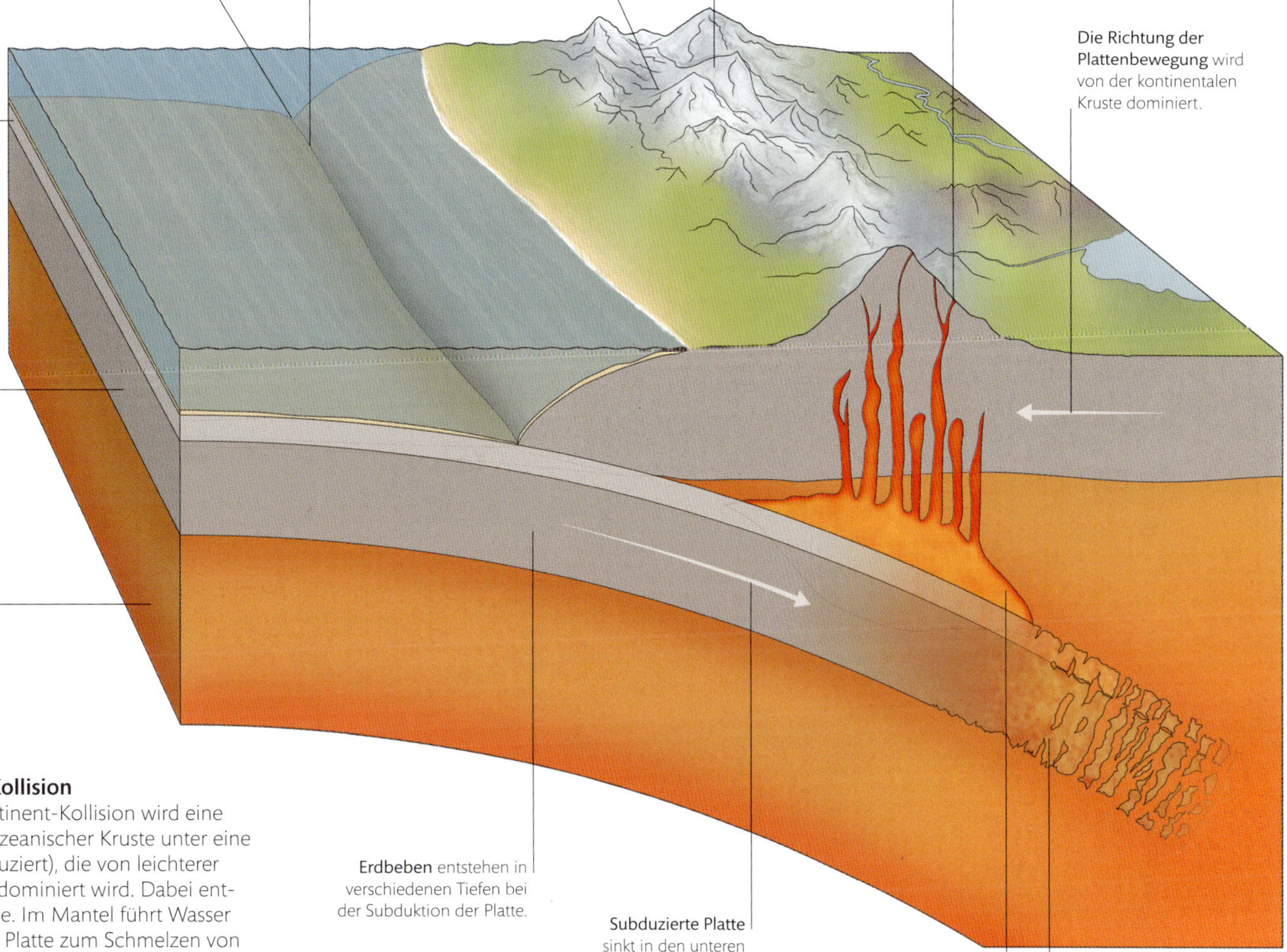

Ozean-Kontinent-Kollision
Bei einer Ozean-Kontinent-Kollision wird eine Platte mit dichterer ozeanischer Kruste unter eine Platte gezogen (subduziert), die von leichterer kontinentaler Kruste dominiert wird. Dabei entsteht eine Tiefseerinne. Im Mantel führt Wasser aus der subduzierten Platte zum Schmelzen von Gestein, das einen Vulkanbogen bildet.

Konvergente Platten

Die tektonischen Platten der Erde sind ständig in Bewegung. Wenn zwei Platten an einer Grenze langsam aufeinander zu driften und kollidieren, nennt man die Grenze konvergent. Es gibt drei Haupttypen konvergenter Grenzen: Ozean-Kontinent, wo ozeanische Kruste unter die kontinentale Kruste subduziert wird (in den Mantel abtaucht), Ozean-Ozean, wo die dichtere der beiden Abschnitte ozeanischer Kruste unter die andere subduziert wird, sowie Kontinent-Kontinent, wo zwei kontinentale Krusten kollidieren und zu einer einzigen Gesamtmasse verschmelzen. Da kontinentale Kruste eine relativ geringe Dichte hat, wird sie nicht subduziert, sondern faltet sich zu Gebirgen auf. Eine Plattengrenze, an der eine Platte subduziert wird, heißt Subduktionszone. Eine Grenze kollidierter Kontinentalblöcke nennt man eine Sutur.

Divergente Platten

Die Linie, an der sich zwei Platten auseinanderziehen, ausdünnen und brechen, heißt divergente Plattengrenze. Geschieht dies in ozeanischer Kruste, dann entsteht eine tiefe Spalte, die sich mit Magma aus dem Erdmantel füllt. Es erstarrt und die Spalte erweitert sich nach außen, sodass neues Magma aufsteigen kann. Diese Ozeanbodenspreizung führt zur Bildung eines untermeerischen Gebirges, eines mittelozeanischen Rückens (siehe Kasten rechts). Wenn eine divergente Grenze auf einer viel dickeren kontinentalen Platte entsteht, bildet sich ein Grabenbruchsystem mit abgesunkenen Schollen zwischen Verwerfungen. Dort können sich Seen bilden, und wenn der Graben breiter und tiefer wird, entsteht ein neues Meeresbecken.

Kleine Seen entstehen, wo das Wasser aus Flüssen in das Tal gelangt.

Großer Afrikanischer Grabenbruch
In Ostafrika (hier in Tansania) entstanden Täler durch die Dehnung der kontinentalen Kruste an einer divergenten Grenze, die sich unter dem Roten Meer und dem Golf von Aden fortsetzt.

MITTELOZEANISCHE RÜCKEN

Spreizungsrücken haben eine unterschiedliche Topografie, je nach der Geschwindigkeit, mit der die tektonischen Platten driften. Bei schneller Spreizung wie am Ostpazifischen Rücken bewegt sich der Meeresboden vom Rücken weg, bevor er abkühlt und sinkt, sodass eine weite, flache Landschaft entsteht. Bei langsamer Spreizung wie am Mittelatlantischen Rücken kühlt das Gestein nahe des Rückens ab, bricht beim Sinken und bildet enge, steile Gräben.

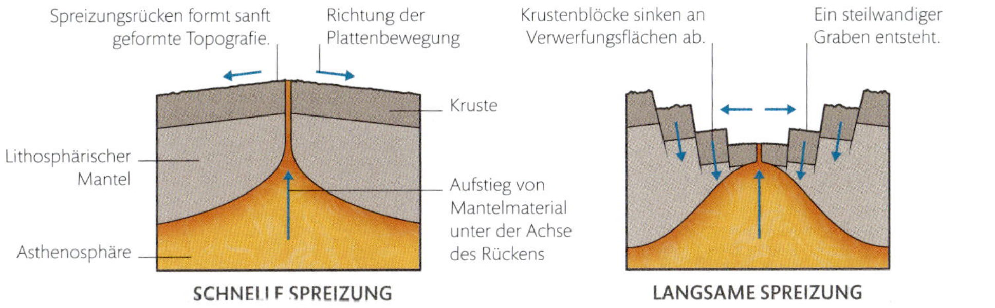

Teilung des Ozeans
Der Mittelatlantische Rücken erstreckt sich über etwa 16000 km durch das Zentrum des Atlantiks. Die Silfra-Spalte in Island (unten) liegt mitten im Rücken und ist einer der wenigen Orte auf der Erde, wo man zwischen zwei tektonischen Platten schwimmen und tauchen kann: zwischen der Eurasischen und der Nordamerikanischen Platte.

Gesteine im Schenkel der Falte, ursprünglich eine Mulde, wurden komprimiert und gekippt.
Parasitische Falten nennt man kleinere Falten, die sich in den Schenkeln der überkippten Falte geformt haben.

Die Gesteine, vor allem Kalksteine, wurden am Grund eines Ozeans abgelagert.

FALTENTYPEN

Wenn horizontale Gesteinsschichten seitlich eingeengt werden, entstehen Falten mit einer Reihe von Mulden (Synklinalen) und Sätteln (Antiklinalen). Die innersten Gesteine sind bei einer Mulde die jüngsten, bei einem Sattel die ältesten. Bei starker Einengung kann ein Schenkel der Falte über den anderen kippen. Bei einer solchen überkippten Falte ist die Abfolge der Schichten im unteren, dem Vorderschenkel, umgekehrt mit den ältesten über den jüngeren Schichten.

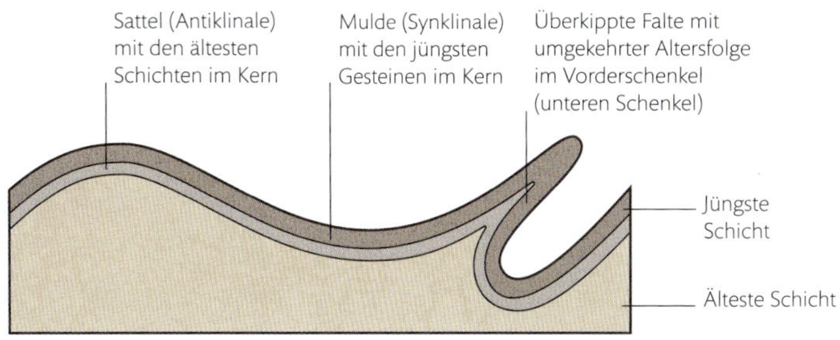

Gesteinsfaltung

Wenn heiße Gesteine tief in der Erdkruste durch tektonische Bewegungen seitlich eingeengt werden, können sie, statt zu brechen, gefaltet werden. Falten entstehen oft an den Grenzen kollidierender Platten (siehe S. 114–115) und treten in vielen Größenordnungen auf, von kleinen Falten in handgroßen Gesteinsstücken bis hin zu Falten, die ganze Gebirge bilden wie die Alpen oder die kanadischen Rocky Mountains. Durch die Erforschung der Faltungsvorgänge können Geologen die geologische Geschichte einer Region besser verstehen.

Falten in Berggröße
Diese Schichten an der Dent de Morcles (Schweiz, links) wurden im Mesozoikum (vor 245–65 Mio. Jahren) abgelagert. Sie wurden bei der Kollision von Europa und Afrika vor etwa 65 Mio. Jahren gefaltet.

Die Falte ist symmetrisch beiderseits der Scharnierzone.

V-förmige Falten
Diese Kalkstein- und Hornsteinschichten auf Kreta (Griechenland, rechts) bilden V-förmige Falten, die man Chevron-Falten nennt. Sie haben gerade Schenkel, die am Scharnier abrupt geknickt sind.

Schneebedeckte Türme
Die Dolomiten in Nordostitalien wachsen immer noch und werden weiter aufgefaltet, solange die Eurasische und die Afrikanische Platte kollidieren. Sie bestehen aus Dolomit, einem harten Karbonatgestein, und ihre spektakulären zerklüfteten Gipfel sind eine Folge der Erosion durch Regen und Eis.

Gebirgsbildung

Einige Berge entstehen als Ansammlungen von Basalt – erstarrter Lava aus Vulkanausbrüchen an Land oder im Meer. Andere werden geformt, wenn Flüsse tiefe Schluchten in bestehende Hochebenen erodieren. Aber die häufigste Grundlage für die Gebirgsbildung ist eine konvergente Grenze. Wenn zwei kontinentale Platten kollidieren, wird keine subduziert, sondern sie schieben sich ineinander und die Kruste wird verdickt und zu hohen Gebirgen aufgefaltet. Vor etwa 60–40 Mio. Jahren faltete die Kollision zwischen Indien und Asien den Himalaja auf (siehe S. 124–125). Andere Gebirge, etwa die Anden, entstehen an einer Grenze zwischen einer ozeanischen und einer kontinentalen Platte.

GEBIRGSWURZELN

Die Erdkruste ist unter Hochgebirgen dicker als unter tiefer gelegenen Gebieten. Bei der Gebirgsbildung wird die Kruste sowohl nach oben als auch nach unten hin verdickt. Ähnlich wie Eisberge haben Gebirge tiefe Wurzeln, die die Topografie der Oberfläche übersteigert widerspiegeln. Die Gebirge und ihre Wurzeln bestehen aus leichterem Krustenmaterial und schwimmen auf dem dichteren Mantel. Dabei steht der Auftrieb mit dem Gewicht im Gleichgewicht. Wie tief sie eintauchen, hängt von ihrer Dichte und Höhe ab, dieses Prinzip nennt man Isostasie. Wenn die Oberfläche eines Gebirges im Lauf der Zeit durch Wasser, Wind und Eis abgetragen wird, wird es leichter und hebt sich, bis wieder ein isostatisches Gleichgewicht erreicht ist, das den Masseverlust an der Oberfläche ausgleicht (isostatischer Ausgleich).

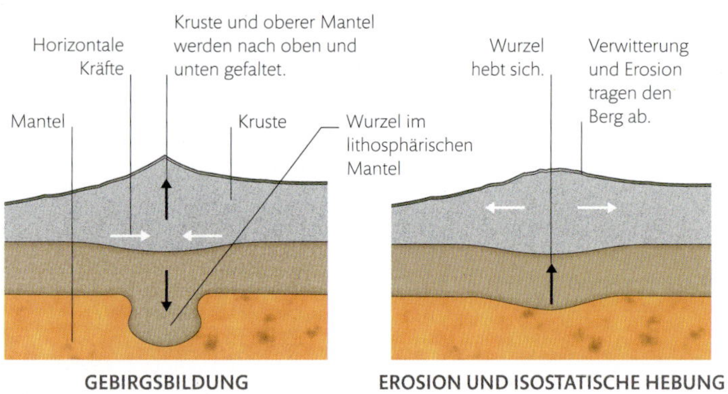

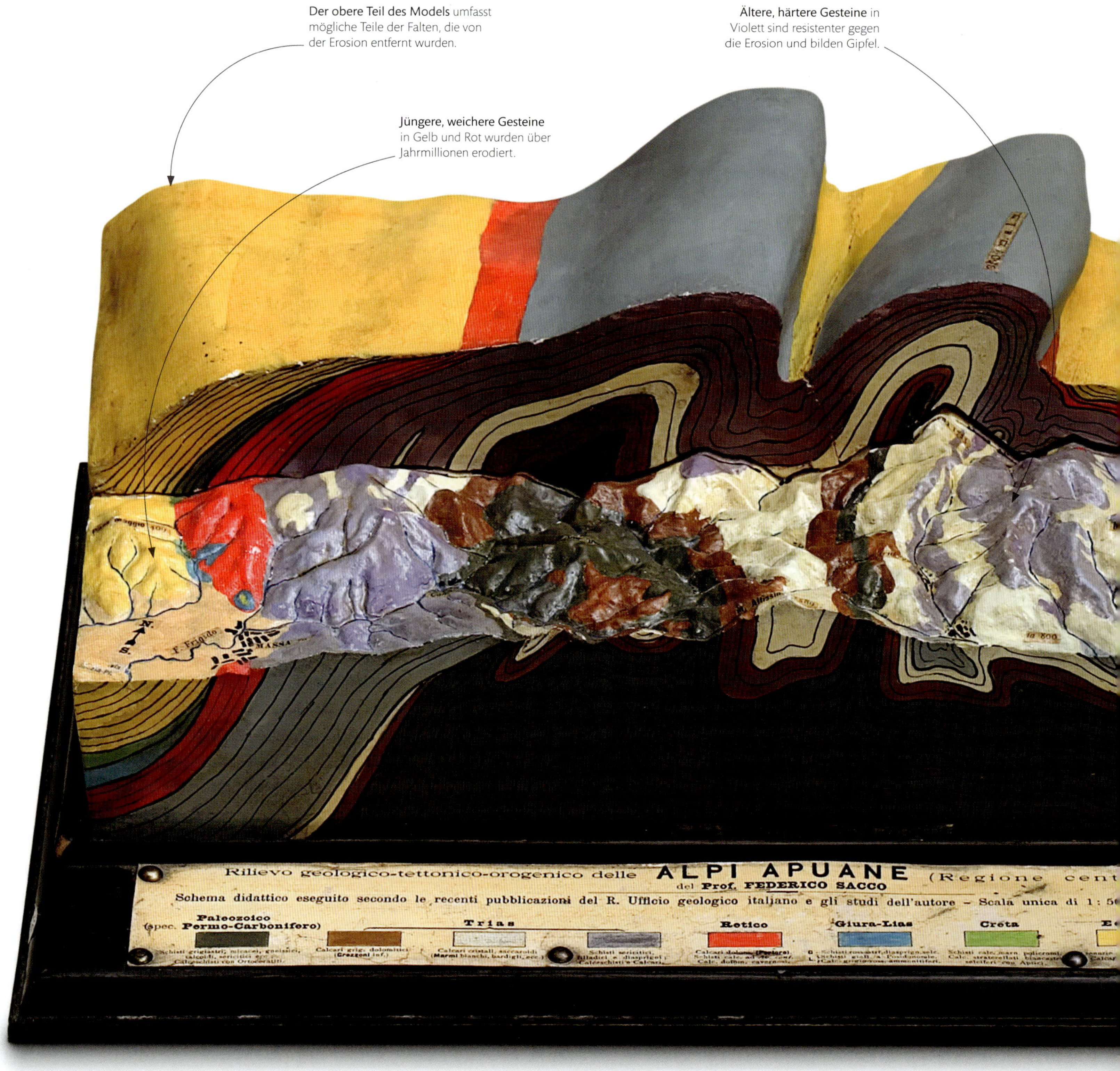

Reliefmodell der Apuanischen Alpen
Viele frühe Geologen bauten Reliefmodelle mit Querschnitten, um ihre Vorstellungen zu erklären. Dieses Modell stammt von dem italienischen Geologen und Paläontologen Federico Sacco (1864–1948).

Albert Heim
Der Schweizer Geologe Albert Heim (1849–1937), hier sitzend in fortgeschrittenem Alter, mit Bergführern im Maderanertal (Schweiz), führte von den 1880er-Jahren bis ins 20. Jh. wegweisende Studien der Alpen durch.

Die heutige Oberflächentopografie nach Jahrmillionen der Erosion

Geschichte der Geowissenschaften

Gebirgsbildung verstehen

Ein Großteil unsers Wissens über die Bildung von Gebirgen stammt aus Studien in den Alpen. Ab dem späten 18. Jh. begannen Geologen aus der Schweiz und aus Frankreich, die Alpen zu erforschen und zu kartieren, um mit Karten und später mit dreidimensionalen Modellen den Aufbau der Gebirge und die Prozesse zu verstehen, durch die sie entstanden.

Der Schweizer Wissenschaftler und Alpenkundler Horace Bénédict de Saussure (1740–1799) studierte die Gesteine der Alpen sehr detailliert. Im 19. Jh. folgten weitere systematische Kartierungen der Gesteinstypen, und 1853 stellte Arnold Escher von der Linth, ein Schweizer Geologe, die erste geologische Karte der gesamten Schweiz fertig. Aber diese neuen Karten warfen oft mehr Fragen auf, als sie beantworteten. In den ganzen Alpen fanden sich oft ältere Gesteine, die über jüngeren lagen und damit die erwartete Schichtfolge auf den Kopf stellten.

Dass bei der Gebirgsbildung horizontale Bewegungen größer als vertikale sein können, erkannte als einer der Ersten der österreichische Geologe Eduard Suess (1831–1914). Er folgerte, dass die vielstudierten Glarner Alpen durch eine Überschiebung entstanden, die ältere Gesteine um 35 km nach Norden über jüngere schob. Fälschlich sah er aber den Grund für die enormen Horizontalkräfte in einer langsamen Schrumpfung der Kruste.

Der französische Geologe Marcel-Alexandre Bertrand (1847–1907) entwickelte diese Ideen weiter, identifizierte enorme Überschiebungsdecken überall in den Alpen, aber auch an anderen Orten. Er schlug mehrere separate Gebirgsbildungsphasen vor: die kaledonische, die variskische und die alpidische Phase.

Als man die Alpen besser verstand, wurden sie zum Testfall für neue Theorien. Im 20. Jh. wurden Kontinentaldrift und Plattentektonik auch deswegen von Geologen anerkannt, weil sie bessere Erklärungen für die Erscheinungen lieferten, die sie in den Alpen studiert hatten.

Im Blick Der Himalaja

Es gibt wohl kaum eine größere Demonstration der Macht der tektonischen Kräfte als das höchste Gebirge, den Himalaja, der sich über 2900 km durch Zentralasien erstreckt. Es gibt mindestens zehn Gipfel im Himalaja über 8000 m Höhe. Kein anderes Gebirge hat auch nur einen einzigen so hohen Gipfel. Hier findet man die Fossilien uralter Meeresorganismen am Dach der Welt. Der Gipfel des Mount Everest besteht aus marinem Kalkstein. Diese Sedimente vom Meeresboden wurden nicht nur auf 8848 m über Meereshöhe gehoben, sondern auch noch 2000 km nach Norden ins Herz Asiens geschoben.

Vor etwa 200 Mio. Jahren brach der alte Superkontinent Pangäa auseinander. Der Subkontinent Indien driftete schnell nach Norden und kollidierte vor etwa 60–40 Mio. Jahren mit Asien. Küstensedimente beider Kontinente wurden hoch aufgefaltet und bildeten den Himalaja, während die Indische Platte unter die Eurasische Platte subduziert wurde. Dadurch wurde

Der K 2 ist der höchste Gipfel im Karakorum und der zweithöchste Berg der Welt.

die Kruste im Norden komprimiert und verdickt, das Hochland von Tibet gehoben. Das Hochland wird im Westen von einem Ausläufer des Himalaja, dem Karakorum, begrenzt. Die Auffaltung des Himalaja veränderte die Luftströmungen und damit das Klima der Region grundlegend und der jährliche südostasiatische Monsun entstand. Mehrere große Flüsse wie der Ganges und der Brahmaputra haben ihren Oberlauf in diesem Gebirge.

Der Himalaja ist ein junges Gebirge, das sich immer noch weiter hebt. GPS-Messungen zeigen, dass der Gipfel in zehn Jahren um 1 cm höher wird.

Das Annapurna-Massiv
Vier verschiedene Gipfel tragen den Namen Annapurna. Sie gehören zu einem Massiv, das sich über 55 km durch den Zentralhimalaja erstreckt. Annapurna I ist mit 8091 m über dem Meer der höchste. Die steilen Flanken, das unvorhersagbare Wetter und das Lawinenrisiko machen ihn zu einem der tödlichsten Gipfel für Bergsteiger.

TYPEN VON VERWERFUNGEN

Es gibt drei Grundtypen von Verwerfungen. Bei einer Abschiebung senkte sich die Hangendscholle (die Scholle, die über der Verwerfungsfläche liegt) relativ zur Liegendscholle (der Scholle unter der Verwerfungsfläche). Bei einer Aufschiebung wurde die Hangendscholle gegenüber der Liegendscholle gehoben. Bei einer Blattverschiebung glitten die beiden Schollen mit nur geringer vertikaler Bewegung horizontal aneinander.

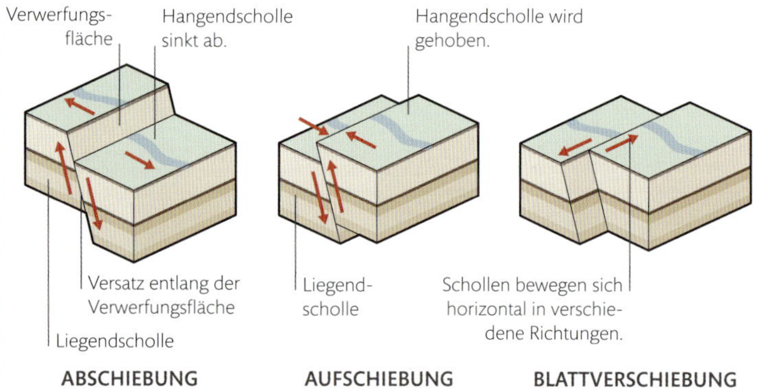

Bruchflächen

Wenn Gesteine der spröden Kruste oder des oberen Mantels Scherkräften ausgesetzt werden, brechen sie und die resultierenden Blöcke oder Schollen bewegen sich gegeneinander, sodass es zu einer Verwerfung kommt. Wenn dies plötzlich geschieht, entstehen Schockwellen: Schwingungen, die sich durch das Gestein ausbreiten und die wir als Erdbeben wahrnehmen. Die Strecke der relativen Bewegung nennt man den Versatz, er reicht von einigen Millimetern bis zu Tausenden Kilometern. Die Bewegung der beiden Schollen findet entlang einer ziemlich ebenen Verwerfungsfläche statt, die meist mehr oder weniger schräg liegt.

Überschiebungen
Bei diesen roten und grünen Sandsteinen und cremefarbenen Kalksteinen (rechts) in Xinjiang (China) knapp südlich des Tian Shan (ein Hochgebirge in Innerasien) wurden ältere Gesteine über jüngere geschoben. Überschiebungen sind eine Form von Aufschiebungen, in der die Verwerfungsfläche sehr flach (weniger als 45° geneigt) ist.

Verwerfungsflächen in Sandstein
Diese farbigen Sandsteinbänke (links) wurden in parallelen Schichten abgelagert und dann durch eine Abschiebung gegeneinander versetzt.

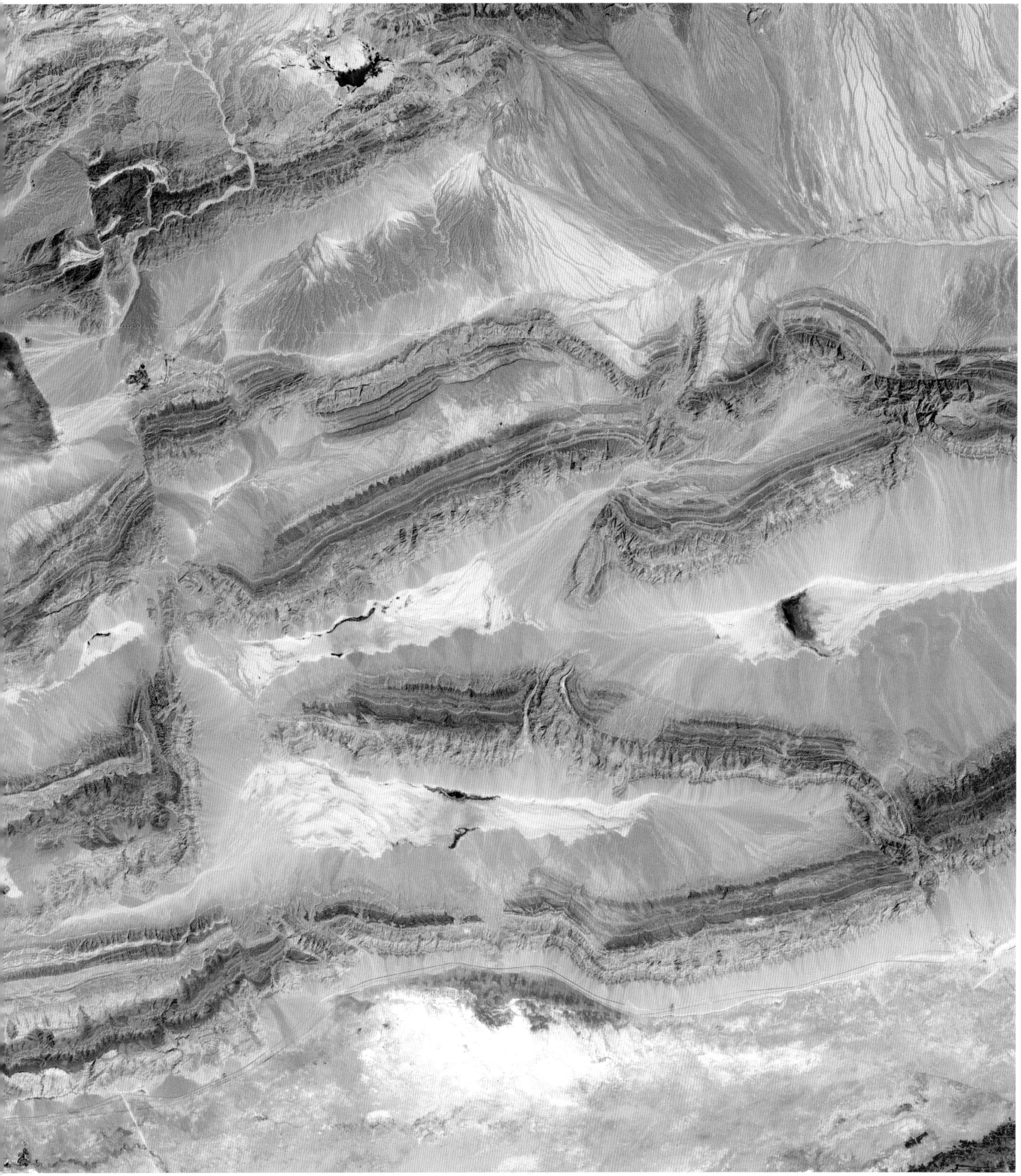

Nach einem Hangrutsch
Das kräftige Erdbeben, das auf der Insel Hokkaido (Japan) am 6. September 2018 auftrat, löste eine Reihe von Hangrutschen aus, die Häuser verschütteten und Stromleitungen zerstörten.

Erdbeben und Tsunamis

Erdbeben sind Bodenbewegungen durch eine plötzliche Freisetzung von Energie im Untergrund. An einigen Stellen, meist nahe an Plattengrenzen, werden Oberflächenschollen an Verwerfungslinien gegeneinander versetzt. Die Stärke und Zerstörungskraft eines Erdbebens hängt von der freigesetzten Energie ab. Meist misst man die Stärke auf der Richterskala oder Magnitudenskala, die auf der Energiemenge beruht. Oft setzt sich die Gesteinsbewegung nach dem eigentlichen Beben fort und es kommt zu Nachbeben. Erdbeben am Meeresgrund, die an der Oberfläche kaum nachweisbar sind, können enorme Meereswellen – Tsunamis – erzeugen, die an Küsten große Zerstörungen anrichten können.

WIE ERDBEBEN ENTSTEHEN

An Verwerfungszonen in der Tiefe baut sich Spannung auf, bis die Gesteine brechen und sich plötzlich bewegen. Die dabei frei werdende Energie breitet sich in Form von seismischen Wellen (Erdbebenwellen) aus. Den Ursprung der Wellen und Ort der Bewegung nennt man Erdbebenherd oder Hypozentrum, den Punkt an der Oberfläche genau darüber das Epizentrum. Vom Epizentrum laufen Oberflächenwellen aus, die Hangrutsche, Tsunamis und Zerstörungen an Gebäuden verursachen können.

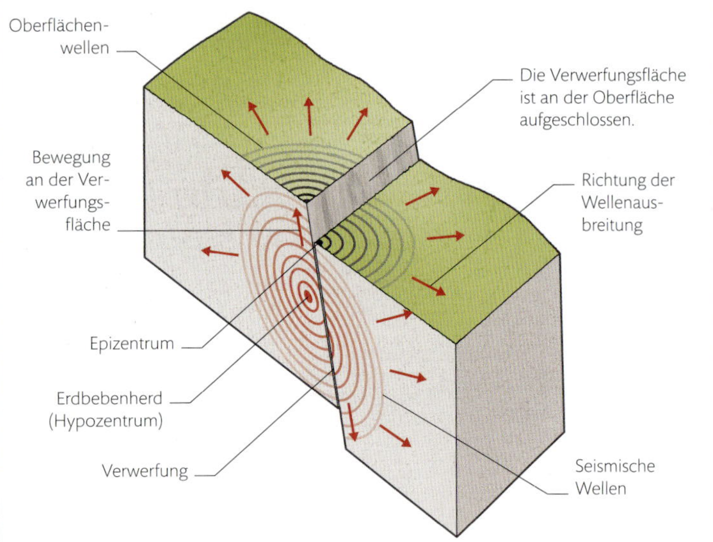

Seismograf von Palmieri
Der Apparat von Luigi Palmieri von 1856 hatte mechanische Sensoren für größere Bodenbewegungen und elektrische Sensoren für kleinere. Vier U-förmige Glasröhren waren in die Himmelsrichtungen ausgerichtet und mit Quecksilber gefüllt. Wenn durch Bewegungen die Flüssigkeit genug schwappte, schloss sie einen Stromkreis, der einen Mechanismus auslöste, um die Zeit und Dauer auf einem Papierstreifen festzuhalten.

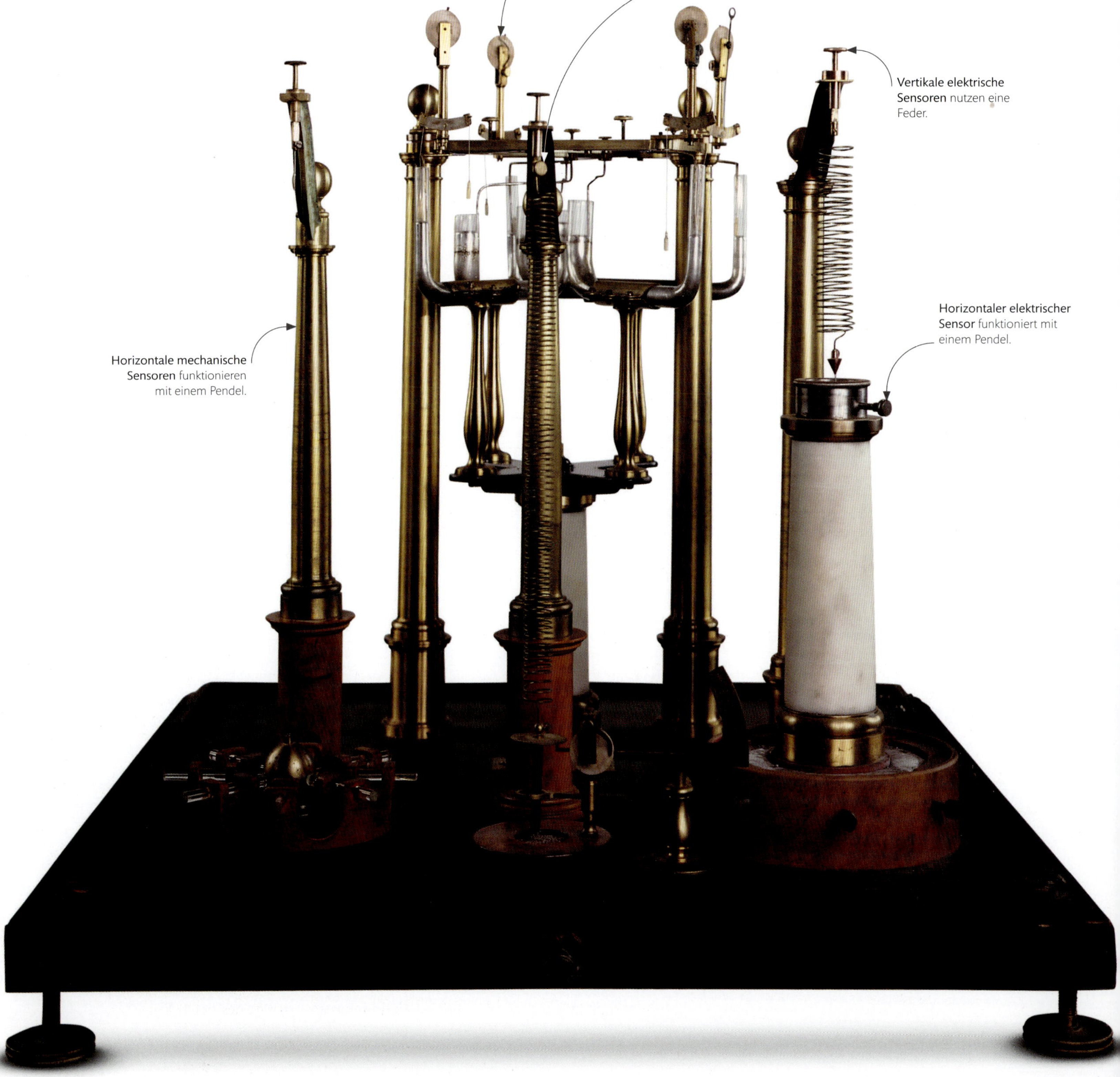

Erdbeben von Tokio auf Papier
Die Aufzeichnung eines Seismometers heißt Seismogramm. Dieses Beispiel aus Oxford (England) registriert die ersten Ausschläge durch ein großes Erdbeben bei Tokio (Japan) kurz nach 3 Uhr nachts am 1. September 1923.

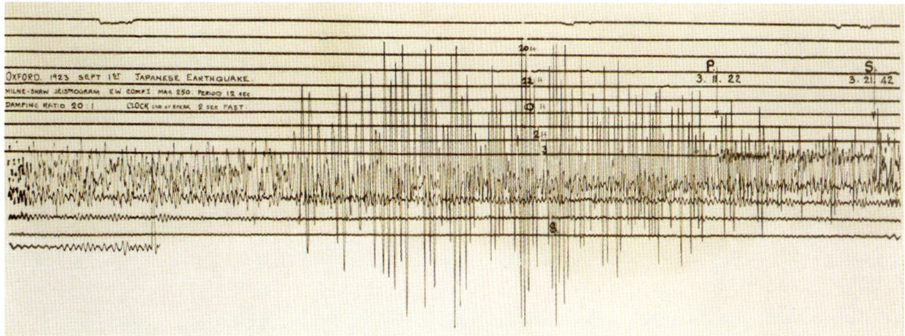

Geschichte der Geowissenschaften

Messung von Erdbeben

Antike Zivilisationen hatten die verschiedensten Erklärungen für die Entstehung von Erdbeben, von den Bewegungen unterirdischer Kreaturen bis hin zu Öffnungen zur Unterwelt und der Wirkung unterirdischer Winde. Die genaue Messung der Stärke und Dauer von Erdbeben wurde erst durch die Erfindung des Seismometers möglich.

Seismometer auf dem Mond
Die genauesten Seismometer sind für die Erde zu empfindlich, weil es hier zu viel seismisches Hintergrundrauschen gibt. Aber sie wurden 1969 von Apollo-11-Astronauten auf dem Mond aufgestellt, wo sie von 1969 bis 1977 winzige Mondbeben und Einschläge von Mikrometeoriten registrierten.

Das erste belegte Instrument zur Messung der Stärke von Erdbeben wurde 132 n. Chr. von dem chinesischen Mathematiker Zhang Heng konstruiert. Es ist wahrscheinlich, aber nicht sicher, dass sein Gerät ein Pendel zum Nachweis von Bodenbewegungen nutzte, ähnlich wie die Geräte europäischer Forscher im 18. Jh.

Die meisten der frühen Seismometer nutzten die Trägheit eines Gewichts an einem Pendel oder eine Feder als festen Referenzpunkt, gegen den die Bewegung des Bodens gemessen werden kann: Während der Boden und der Rahmen des Geräts schwanken, bleibt das Gewicht relativ unbewegt. Der wechselnde Abstand zwischen dem Rahmen und dem Gewicht ist ein Maß für die Stärke des Erdbebens.

Eines der ersten Geräte, das Erdbebenereignisse auch aufzeichnen konnte, also ein Seismograf, wurde 1856 von Luigi Palmieri am Vesuv-Observatorium konstruiert. Es registrierte Erdbeben vor den Ausbrüchen des Vesuvs in den Jahren 1861, 1868 und 1872 auf einer Papierrolle.

Palmieris Seismograf nutzte auch erstmals Elektromagnetismus zum Nachweis von Bewegungen. Statt Federn oder Pendeln nutzen moderne Seismometer elektronisch gesteuerte magnetische oder elektrostatische Kräfte, um das Gewicht stillzuhalten. Die modernsten Seismometer sind empfindlich genug für kleine, weit entfernte Erdbeben, unterirdische Atombombenversuche und sogar die Gezeitenkräfte des Mondes auf Gesteine der Erde.

Mit mehreren, weit voneinander entfernten Seismometern kann man den Erdbebenherd triangulieren. Seit den 1980ern liefern Computeranalysen globaler Seismometernetzwerke ein dreidimensionales Bild des tiefen Erdinneren mit ähnlichen Methoden wie Computertomografen in der Medizin.

> »… der Seismograf … ermöglicht uns, in die Erde zu sehen und ihre Natur zu bestimmen.«
>
> RICHARD DIXON OLDHAM, IRISCHER GEOLOGE, 1906

MESSUNG UND AUFZEICHNUNG VON ERDBEBEN

Ein Seismogramm ist die Aufzeichnung der seismischen Erdbebenwellen mit einem speziellen Instrument, einem Seismografen. Es gibt zwei Typen seismischer Wellen: Raumwellen, die vom Erdbebenherd (dem Ort der ursprünglichen Bewegung im Untergrund) durch das Erdinnere wandern, und Oberflächenwellen, die vom Epizentrum (dem Punkt über dem Erdbebenherd) an der Erdoberfläche entlang wandern. Die Ausschläge der Kurve (der aufgezeichneten Linie) zeigen die beim Beben freigesetzte Energiemenge an.

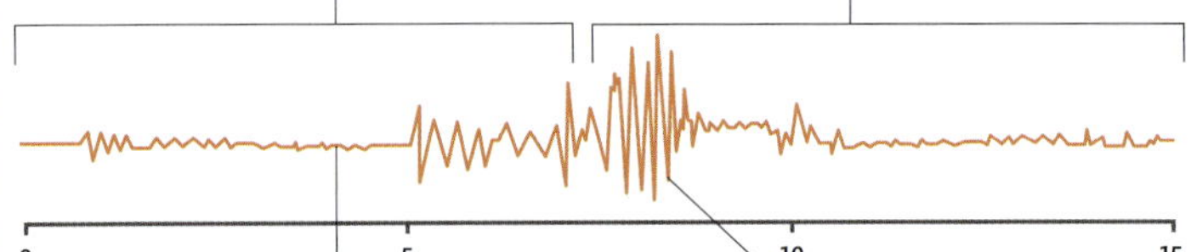

EIN TYPISCHES SEISMOGRAMM

Bebende Erde

Erdbeben entstehen durch eine plötzliche Freisetzung von Energie im Untergrund (siehe S. 128–129). Die meisten dauern einige Sekunden bis Minuten, aber die enorme Energiemenge hinterlässt oft für Jahrtausende Spuren in der Landschaft. Die Stärke eines Bebens an einem Ort hängt vom Abstand zum Erdbebenherd ab, seiner Tiefe und den örtlichen Gesteinstypen. Bei allen Erdbeben bebt der Grund, aber die Schäden nehmen viele Formen an: Über Hunderte oder Tausende von Kilometern können sich Gesteinsschollen verschieben, Hangrutsche und Schlammlawinen können sich lösen und fester Boden zu Schlamm verflüssigen.

Erdbebenbeobachtung per Satellit
2014 erlebte die Region Napa Valley in Kalifornien (USA) das größte Erdbeben seit 25 Jahren. Die Farben in diesem Bild zeigen Radarmessungen eines Satelliten während des Bebens.

Bahnbrechende Schäden
Erdbeben können Menschen, Landschaften und Infrastruktur erheblich schädigen. Die seismischen Oberflächenwellen richten den größten Schaden an. Durch sie können Brücken oder Gebäude einstürzen und Straßen wie rechts in Alaska (USA) zerbrechen.

Domartige Struktur wurde durch Verwitterung und Erosion abgeflacht und abgetragen.
Enormer Turm aus einzelnen Säulen mit unregelmäßig vieleckigem Querschnitt, die etwa 30 m hoch und 3 m dick sind.

Intrusion schneidet senkrecht durch die parallelen Schichten des Nebengesteins.

Magmatischer Dyke
Dieser Dyke entstand, als heißes, flüssiges Magma in Klüfte in den Sedimentgesteinen am Nahal Ardon im Osten des Erosionskraters Machtesch Ramon (Israel) eindrang. Das Magma kühlte dann ab und erstarrte.

Magmaintrusionen

Wenn geschmolzenes Magma aus dem Erdmantel durch die Kruste aufsteigt, presst es sich in Spalten und Klüfte im vorhandenen Nebengestein und erweitert sie. Manchmal hebt es dabei auch die darüberliegenden Gesteine an. Wenn das Magma schon in der Tiefe erkaltet und erstarrt (statt an der Erdoberfläche durch Schlote und Spalten als Lava auszubrechen), bildet es große Körper aus magmatischen Gesteinen, die man (magmatische) Intrusionen oder Intrusivkörper nennt. Wird das Nebengestein erodiert, kann die Intrusion an der Erdoberfläche aufgeschlossen sein. Einige Gebirge wie die White Mountains in New Hampshire (USA) und das Yosemite-Tal (siehe S. 68–69) in der Sierra Nevada in Kalifornien (USA) bestehen aus Intrusionen, bei denen die umgebenden Gesteine erodiert wurden.

Basis des Intrusivkörpers ist blockartig und unregelmäßig.

Devils Tower
Diese spektakuläre geologische Struktur, auch unter dem Lakota-Namen Mato Tipila („Bärenhütte") bekannt, erhebt sich aus einem Wald von Goldkiefern in Wyoming (USA). Der Turm ist eine Intrusion aus Magma, das innerhalb der Magmakammer in der Tiefe erstarrte. Sie lag einst mehr als 1,5 km tief unter der Erdoberfläche, wurde später aber durch die Erosion der umgebenden Landschaft freigelegt. Er besteht aus dem magmatischen Gestein Phonolith und ist weltweit die größte derartige Struktur.

TYPEN MAGMATISCHER INTRUSIONEN

Es gibt mehrere Typen magmatischer Intrusionen. Gesteinsgänge (Dykes) und Lagergänge (Sills) sind plattenförmige Intrusionen in vorhandene Sedimentgesteine, die man in diesem Kontext Nebengestein nennt. Dykes schneiden oder kreuzen die Schichten des Nebengesteins, während sich Sills parallel zu ihnen bilden. Große, unregelmäßige Intrusionen nennt man Plutone. Die größten – Batholithe – haben einen Ausbiss (horizontale Ausdehnung) von mindestens 100 km^2. Die Hitze der Intrusion führt zu chemischen Veränderungen im Nebengestein, die man Metamorphose nennt (siehe S. 90–91).

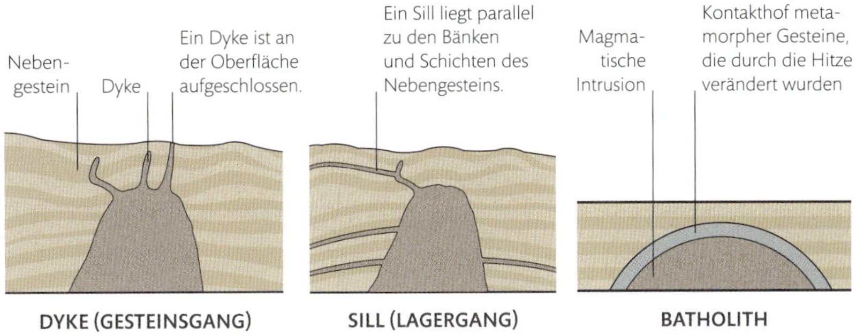

Wie ein rahgetakeltes Schiff auf einem trockenen Meer erhebt sich der Shiprock über die Wüste im Nordwesten von New Mexico (USA), mit einer Reihe von niedrigen Rücken im Kielwasser. Diese Rücken sind vulkanische Dykes: dünne, vertikale Wände aus widerstandsfähigem Gestein, die vom zentralen Gipfel ausgehen, der die Schlotfüllung eines längst erloschenen Vulkans darstellt. Das Gestein ist harte vulkanische Brekzie.

Shiprock Im Blick

Dieser verfestigte, kleinteilige Schutt aus mehreren Explosionen, stieg als Magma durch Spalten in der Erdkruste auf und reagierte mit Grundwasser. Datierungen zeigen, dass die Gesteine vor etwa 30–25 Mio. Jahren erstarrten. Seitdem hat die Erosion bis zu 900 m der darüberliegenden Sand- und Tonsteine entfernt und das innere Röhrensystem des Vulkans freigelegt.

Die Zusammensetzung der Dykegesteine lässt vermuten, dass sie aus Magma erstarrten, das aus großer Tiefe stammt. Ähnliche Gesteine findet man auch an anderen Orten in New Mexico und Arizona in magmatischen Intrusionen, u. a. in den auffälligen Gesteinsformationen im Monument Valley. Dass sie heute an der Oberfläche liegen, ist eine Folge tektonischer Kräfte, die zur Hebung des Colorado-Plateaus führten, das sich über den Großteil von Utah, New Mexico, Arizona und Colorado erstreckt.

Mit 482 m über der Umgebung ist der Shiprock ein verführerisches Ziel für Kletterer. Aber in der Kultur der Navajo ist die Formation heilig und das Besteigen ist seit den 1970er-Jahren verboten. Wo europäische Siedler ein Segelschiff sahen, ist es für die Navajo der „Geflügelte Fels" (Tsé Bit' A'í), der den legendären Vogel repräsentiert, der die Navajo in ihr Land brachte.

Luftbild
Zwei auffällige Dykes verbinden den zerklüfteten Gipfel von Shiprock, der eine Schlotfüllung darstellt: eine Masse magmatischen Gesteins, die einst den Schlot eines aktiven Vulkans füllte. Fünf kleinere Dykes kann man in der unmittelbaren Umgebung verfolgen. Zusammen zeigen sie den inneren Aufbau eines erloschenen Vulkans.

Maly Semjatschik
Dieser Schichtvulkan (siehe Kasten rechts) liegt auf der Halbinsel Kamtschatka (Russland). Ein See aus heißem, säurereichem Wasser bildete sich im Krater Troizki, der bei einem explosiven Ausbruch vor etwa 400 Jahren entstand.

Vulkankegel und Krater
Dunkelgraue Basalte und rot umrandete Krater (links) lassen diese flachen Vulkankegel auf Island und ihre Umgebung wie eine außerirdische Landschaft aussehen. Die rote Farbe der Ablagerungen am Rand der Krater entsteht durch die Oxidation von Eisenmineralen.

VULKANFORMEN

Es gibt verschiedene Typen von Vulkanen. Lavadome, auch Staukuppen genannt, entstehen, wenn sehr viskose (zähflüssige) Lava nicht abfließt, sondern sich im Schlot ansammelt, erstarrt und eine Kuppel bildet, die den Schlot verstopft und heftig explodieren kann. Asche- oder Schlackekegel bestehen aus Stücken gasreichen Magmas, das als Lava aus dem Schlot ausgeworfen wird und in der Luft zu Vulkanschlacke erstarrt, die zu Boden fällt. Schildvulkane haben flachfallende Flanken durch dünnflüssige Lava, die ohne explosive Eruptionen fließt. Strato- oder Schichtvulkane haben steile Flanken aus vielen Schichten aus Lava und Schlackefragmenten aus explosiven Ausbrüchen.

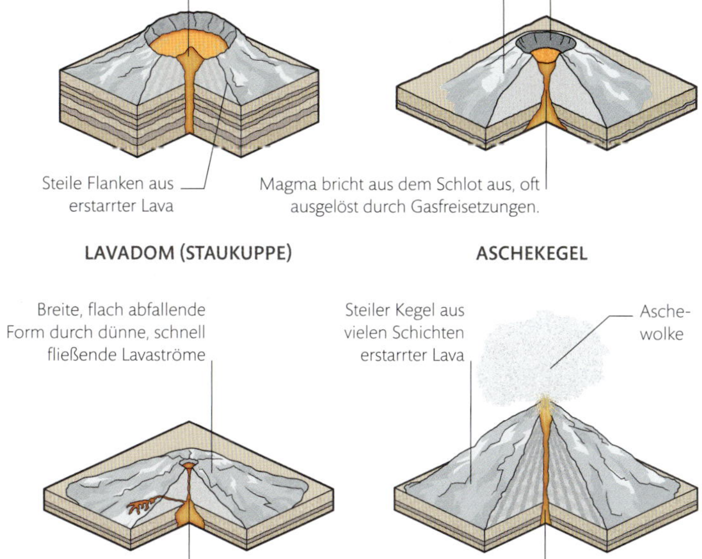

Vulkane

Vulkane sind Landschaftsformen, die entstehen, wenn Magma aus dem Erdinneren durch Öffnungen (Schlote) an die Oberfläche tritt. Generell entstehen sie an den Grenzen tektonischer Platten (siehe S. 110–111) oder über Mantelplumes – Säulen aus extrem heißen Magma, das durch den Mantel und die Kruste aufsteigt. Vulkane gibt es nicht nur an Land, sondern auch auf dem Meeresboden und unter Eisdecken. Magma, das an der Oberfläche austritt, nennt man Lava. Sie kühlt dann ab und erstarrt in der Nähe der Schlote. Vulkane haben zwei Hauptmerkmale: einen Vulkankegel, die Ansammlung von Lava und anderem Auswurfmaterial mehrerer Ausbrüche, und einen Krater, die steile Vertiefung um den Schlot, aus dem der Ausbruch erfolgt. Wenn Ausbrüche die Magmakammer (das Reservoir heißen Magmas unter dem Vulkan) vollständig entleeren, kann sie einstürzen und eine runde Senke bilden, die man Caldera nennt. Es gibt verschiedene Typen von Vulkanen. Ihre Form wird vor allem von den Eigenschaften der Lava und der Art des Ausbruchs bestimmt (siehe S. 141 und Kasten oben).

Vulkan Tungurahua
Der in Ecuador gelegene Tungurahua (rechts) ist ein Schichtvulkan (siehe S. 139), der periodisch vulkanianisch oder strombolianisch ausbricht (siehe Kasten unten).

Vulkanianischer Ausbruch
Diese dramatische vulkanianische Eruption fand im Massiv La Horqueta (Guatemala, links) statt. Eine große, dichte Aschewolke stieg über dem Volcán de Fuego auf, während ein pyroklastischer Strom die Hänge herabstürzte.

Vulkanausbrüche

Magma, das aus dem Erdmantel aufsteigt, kann an der Erdoberfläche (wo man es Lava nennt) an Vulkanen austreten. Diesen Vorgang nennt man Ausbruch oder Eruption. Es gibt heftige, zerstörerische oder ziemlich ruhige Ausbrüche, je nach der chemischen Zusammensetzung der Lava und ihrem Gasgehalt. Magmen, die viel Gas enthalten und viskos (zähflüssig) sind, brechen eher explosiv aus mit Aschewolken, die hoch in die Atmosphäre steigen, und mit pyroklastischen Strömen – Lawinen aus Asche, heißen Gasen und Gestein, die die Hänge herabstürzen. Dagegen führt dünnflüssige, gasarme Magma zu ruhig fließenden Lavaströmen. Explosive Eruptionen formen meist steile Vulkane, während ruhige Eruptionen flache, breite Landschaftsformen erschaffen (siehe S. 138–139).

TYPEN VON VULKANAUSBRÜCHEN

Es gibt mehrere Ausbruchstypen, aber ein Vulkan kann auch auf mehrere Arten ausbrechen und jede Eruption kann Elemente verschiedener Typen vereinen. Strombolianische Ausbrüche sind durch Lavabomben und kleine Aschewolken charakterisiert. Bei einer Spalteneruption strömt dünnflüssige Lava aus einer langen Spalte und erstarrt zu flachen Landschaften. Bei einem plinianischen Ausbruch steigt unter lauten Explosionen eine hohe Gas- und Aschewolke auf und fällt an den Hängen herab. Vulkanianische Eruptionen sind kurze, heftige, episodische Ereignisse mit dichten Asche- und Gaswolken, oft mit Lavabomben.

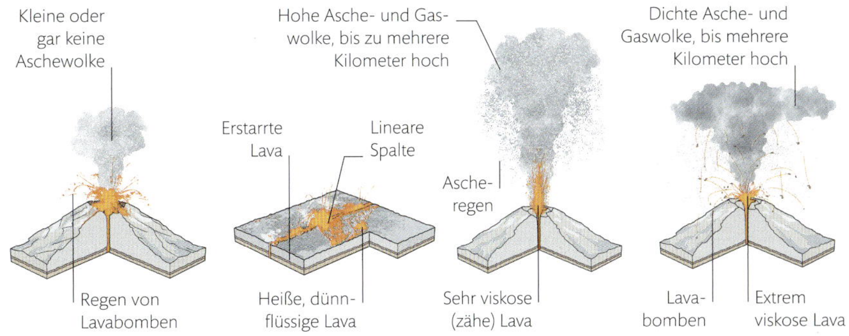

Hotspot-Vulkan
La Palma, eine der Kanarischen Inseln, entstand über einem Hotspot. 2021 brach der Vulkan Cumbre Vieja aus, wobei Lava die Flanken hinunterströmte.

Hotspots

Wenn eine Säule heißen Mantelmaterials, ein Mantelplume oder Manteldiapir, bis zur Basis der Lithosphäre aufsteigt, entsteht eine heiße Zone, ein Hotspot. Das Magma kann heiß genug sein, um sich einen Weg durch die Lithosphäre zur Oberfläche zu schmelzen und dort Vulkane zu bilden. Etwa hundert Hotspot-Vulkane sind bekannt. Die meisten liegen mitten auf einer tektonischen Platte statt an einer Grenze, aber einige erscheinen auch auf mittelozeanischen Rücken, etwa in Island. Einige Hotspots liegen unter Kontinenten, etwa unter dem Yellowstone-Nationalpark in den USA. Andere liegen unter Meeresbecken und bilden vulkanische Inselgruppen oder Inselketten wie die Kanaren oder Hawaii.

BILDUNG EINER VULKANISCHEN INSELKETTE

Wenn ein Hotspot unter einer ozeanischen Platte liegt, entsteht ein Vulkan auf dem Meeresboden. Während die Platte über den Hotspot wandert, erlöschen alte Vulkane und neue entstehen, sodass eine Inselkette entsteht. Ein gutes Beispiel ist Hawaii. Ausbrüche gibt es nur auf der Hauptinsel Big Island, der jüngsten Insel der Kette, auf der drei aktive Vulkane liegen. Die Inseln weiter nordwestlich sind die Reste alter Vulkane.

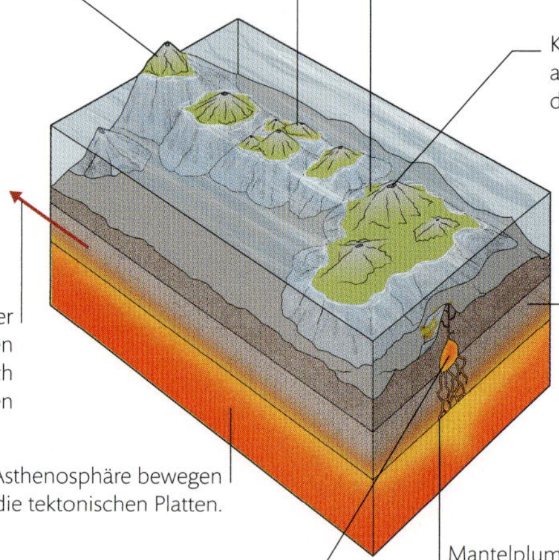

Farbige Ablagerungen
Einige heiße Quellen liegen in der Nähe von Vulkanen, wie hier am El Tatio östlich der Atacamawüste in Chile. An der Oberfläche verdunstet das heiße Wasser und hinterlässt Mineralablagerungen, die man Sinter nennt.

Geothermale Erscheinungen

Geothermale Phänomene geben uns erstaunliche Einblicke in die geologischen Vorgänge, die oft durch die Wärme aus dem Erdinneren angetrieben werden. Die Temperatur nimmt mit der Tiefe zu: von der kühlen Kruste durch den Mantel zum heißen Kern. Ein steiler Temperaturanstieg in relativ geringer Tiefe führt oft zu Phänomenen an der Oberfläche mit teils dramatischen Merkmalen. Grundwasser, das durch Spalten und Klüfte in die Tiefe sickert, wird durch warmes Gestein oder Magmakammern erhitzt. Eine Mischung aus heißem Wasser und Dampf kehrt zur Oberfläche zurück und bildet Thermalerscheinungen wie einen Geysir (periodisch ausbrechende heiße Fontäne), eine heiße Quelle oder eine Fumarole (Austrittsstelle von Dampf und Gas).

WIE GEOTHERMALE PHÄNOMENE ENTSTEHEN

Grundwasser dringt als Teil des Wasserkreislaufs in den Untergrund ein. Nahe Vulkane oder heiße Gesteine überhitzen das Wasser auf über 180 °C. Heiße Quellen entstehen, wenn das Wasser wieder zur Oberfläche aufsteigt und einen Tümpel bildet. Wenn Wasser und Dampf im Untergrund festgehalten werden, steigt der Druck an und entlädt sich periodisch in Wasserfontänen, die man Geysire nennt. Wenn das heiße Wasser noch im Untergrund zu Dampf wird, entweichen Dampf und andere Gase durch Öffnungen, die man Fumarolen nennt.

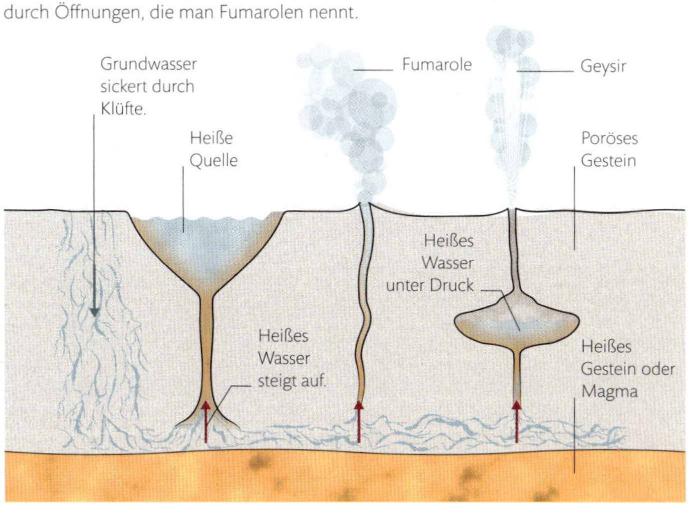

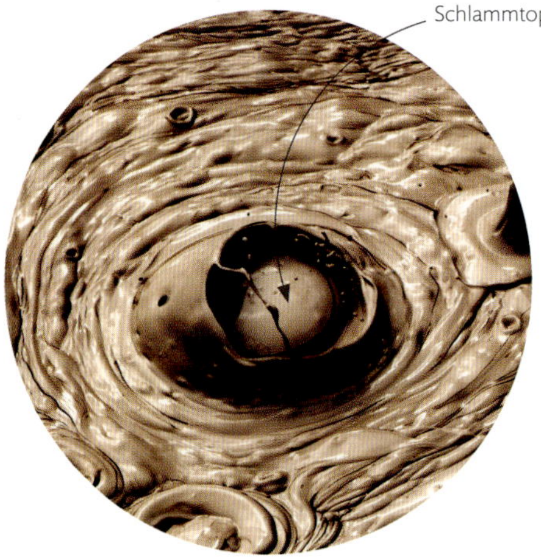

Blubbernder Schlammtopf
Grundwasser nimmt Gas auf, das es leicht sauer macht. Die Säure löst Gestein auf. An der Oberfläche kocht das heiße Wasser und bildet blubbernde Tümpel aus Schlamm, die man Schlammtöpfe nennt. Das Bild (links) stammt aus Wai-O-Tapu (Neuseeland).

Geysir
Der Geysir Strokkur auf Island (rechts) bricht alle paar Minuten mit bis zu 30 m hohen Fontänen aus heißem Wasser und Dampf aus. Das siliziumdioxidreiche Mineral Geyserit oder Kieselsinter fällt dabei am Rande des Wassertümpels aus und lagert sich dort ab.

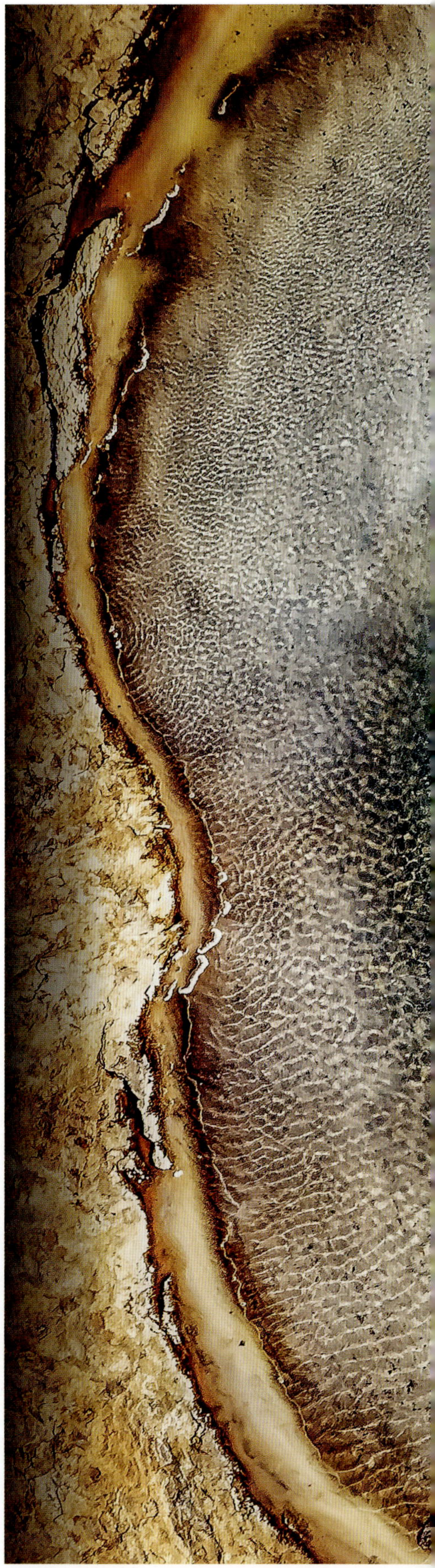

Heiße Quellen

Wasser zirkuliert als Teil des globalen Wasserkreislaufs ständig zwischen der Erdoberfläche und dem Untergrund. Grundwasser, das durch Spalten tief in die Erdkruste einsickert, kann überhitzt werden (siehe S. 144–145), zur Oberfläche zurückkehren und heiße Quellen bilden, von langsamen Sickerquellen bis zu Strömen mit über 150 Litern pro Sekunde. Beim Aufsteigen kann das überhitzte Wasser Minerale aus dem Gestein lösen, die dann beim Abkühlen als feste, oft leuchtend farbige Ablagerungen ausfallen. Es kann auch als periodische Dampf- und Wasserfontänen ausbrechen: als Geysir (siehe Kasten unten), von denen es weltweit etwa tausend gibt. Heiße Quellen treten typischerweise an tektonischen Plattengrenzen (siehe S. 110–111) oder nahe von Vulkanen auf.

WIE EIN GEYSIR AUSBRICHT

Bei einem Geysir fließt überhitztes Wasser durch ein System von Röhren und Kammern im Untergrund. An einer Engstelle in einer der Röhren baut sich der Dampfdruck auf, bis heißes Wasser an der Oberfläche austritt. Dadurch lässt der Wasserdruck plötzlich nach und große Wassermengen verdampfen schlagartig und treiben eine enorme Fontäne aus heißem Wasser und Dampf nach oben. Nach dem Ausbruch sickert Grundwasser wieder in den Untergrund und der Vorgang beginnt erneut. Mineralablagerungen aus dem mineralreichen Wasser, die man Geyserite nennt, kleiden die Kammern und Röhren aus.

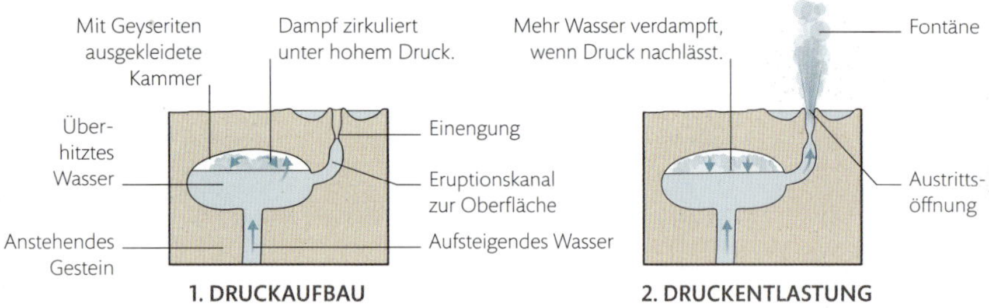

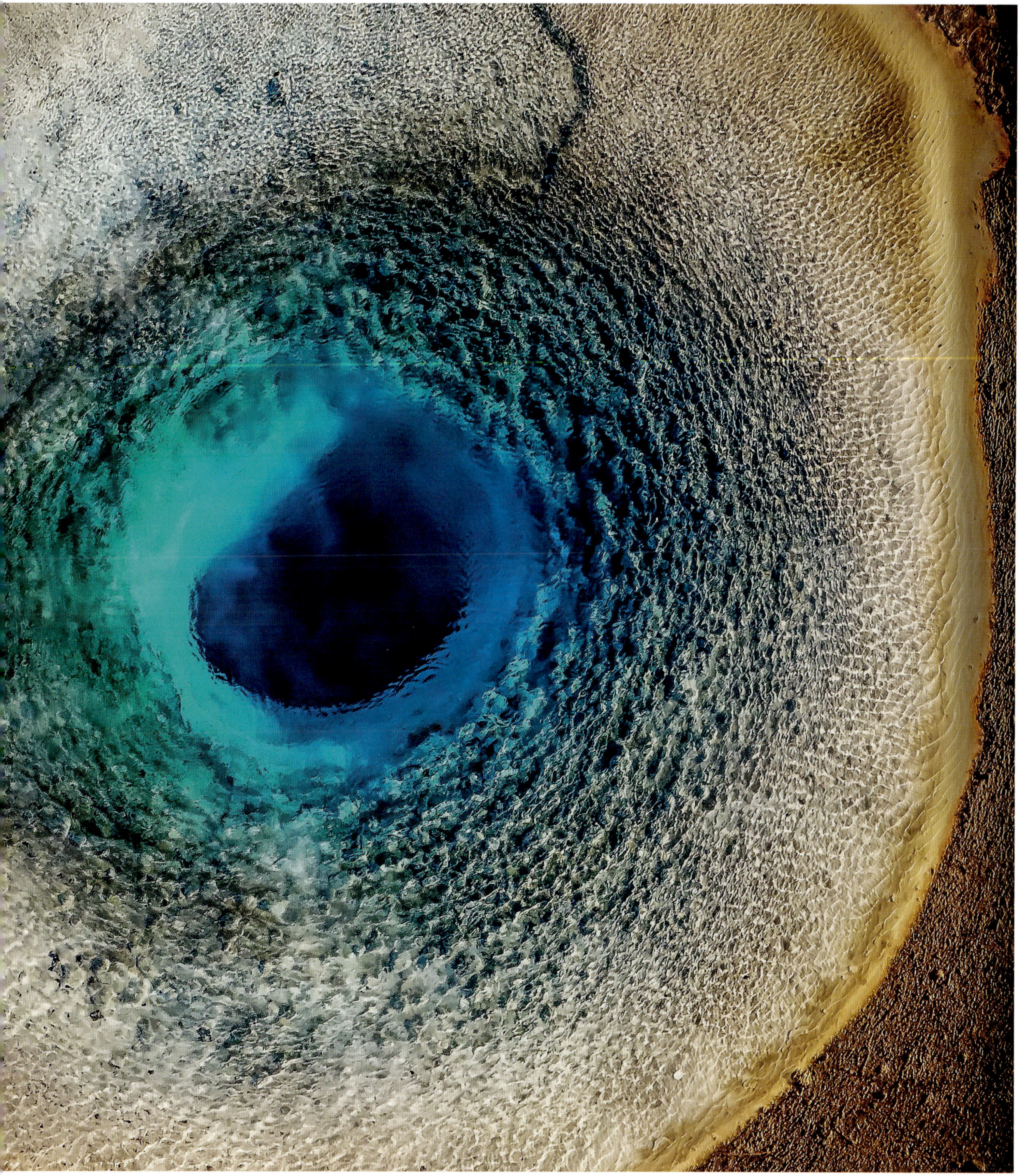

Strudellöcher im Fluss
Kreis- oder zylinderförmige Löcher im Flussbett, Strudellöcher oder Strudeltöpfe genannt, entstehen, wenn der Fluss (rechts der Blyde River in Südafrika) Steine in kleinen Vertiefungen herumwirbelt, wodurch sie immer tiefer ausgeschliffen und erodiert werden.

Erosion durch die Brandung
Küsten werden durch die Wirkung von Wellen erodiert. In Steilküsten erzeugt die Erosion Brandungshohlkehlen, meist auf Höhe des Hochwasserspiegels wie bei diesem Sandsteinkliff in Tasmanien (Australien).

Erosion durch Wasser

Das Wasser in Ozeanen und Flüssen formt die Landschaft. Die wiederholte Wirkung von Wellen (Brandung) trägt Küsten ab und begradigt sie, und die Erosion durch die Wellen kann an Kaps – Landzungen ins Meer an Steilküsten – Brandungshöhlen, Brandungstore und Brandungspfeiler formen. In einem Fluss erodiert das Wasser die Gesteine im Flussbett, transportiert sie mit der Strömung und lagert sie flussabwärts ab, wo die Strömung nachlässt. Wenn ein Fluss schnell strömt, etwa im Oberlauf oder bei der Schneeschmelze, transportiert er eine größere Menge Sediment.

TRANSPORT DURCH FLÜSSE

Das vom Wasser erodierte Material wird je nach Korngröße verschieden transportiert. Feinkörnige Sedimente (Ton und Silt) sind leicht genug, um in Suspension in der Wassersäule zu schweben und als Schwebstoffe mittransportiert zu werden. Dagegen sind Körner größer als Kiesgröße zu schwer und fallen immer wieder zu Boden, sodass sie springend transportiert werden. Diesen Vorgang nennt man Saltation. Bei starker Strömung werden größere Steine rollend am Flussbett mitgezogen.

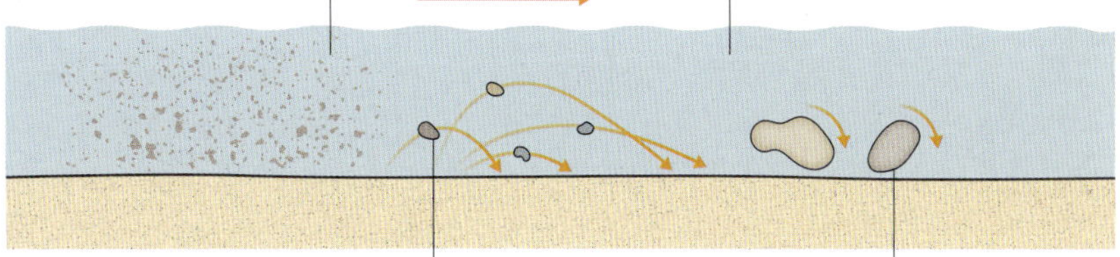

STEINPFLASTER

Die Winderosion kann in trockenen Gegenden eine harte, steinige Oberfläche erzeugen, die man Steinpflaster, Wüstenpflaster oder Wüstenmosaik nennt. Dabei werden feinkörnige Sedimente weggeblasen. Diesen Vorgang nennt man Deflation. Die zurückbleibenden größeren Stücke packen sich durch leichte Bewegungen dichter. Der Boden wird kompaktiert und senkt sich etwas durch die Entfernung der Sand- und Schlufffraktion.

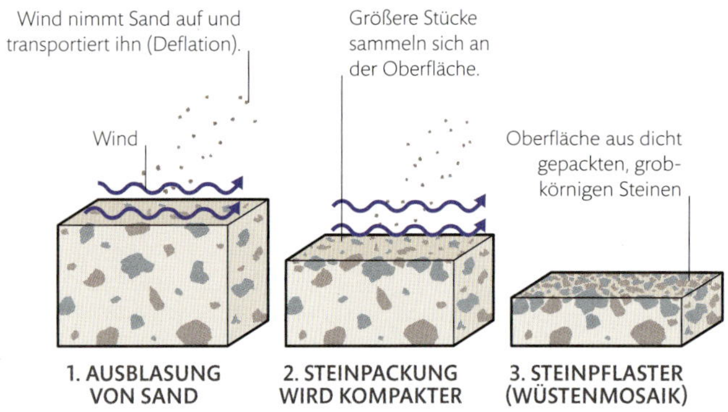

Vom Wind geschliffen
In Wüstengebieten prallen die Sandkörner, die vom Wind getragen werden, auf Gesteinsformationen und schleifen sie ab wie ein Sandstrahlgebläse. Diese Art der Erosion heißt Korrasion. Im Lauf der Zeit werden Felsen zu bizarren rundlichen Formen abgeschliffen, wie hier in den Vereinigten Arabischen Emiraten.

Erosion durch Wind

Der Wind ist ein mächtiger Gestalter. Er entfernt und transportiert große Mengen Sand-, Boden- und Staubkörner. Dabei formt er die Oberfläche der Erde, vor allem in Wüstengegenden, die mit losem Material bedeckt sind, und in Regionen mit geringer Vegetation, weil Pflanzen den Boden festigen und den Wind bremsen. In Wüsten entfernen Windstöße Sand und Schluff, transportieren sie und lagern sie wieder als Dünen, Lössebenen und Sedimentgesteine (über lange Zeiten) ab (siehe S. 74–77). Schwerere Stücke wie Kies und Steine bleiben zurück. Winderosion oder äolische Erosion wird sowohl durch schwachen Wind verursacht, der Teilchen rollend am Boden bewegt, als auch durch starken Wind, der große Mengen als Sandsturm schwebend in der Luft transportiert.

Satellitenbild eines Sandsturms
Der starke Wind in Stürmen kann große Mengen Sand und Schluff von unbedeckten, trockenen Böden abheben und Hunderte oder Tausende Kilometer weit transportieren.

U-förmige Trogtäler
Dieses Tal (links) im Mount-Rainier-Nationalpark im US-Bundesstaat Washington wurde durch Gletscher, die heute noch an den Gipfeln liegen, U-förmig erodiert und später im unteren Bereich durch Flüsse modifiziert.

Lang gezogene, parallele Schrammen zeigen die Richtung, in die der Gletscher floss.

Gletscherschrammen
Diese langen Schrammen (rechts) wurden von Schutt erzeugt, den ein Gletscher über das anstehende Gestein geschleift hat.

Erosion durch Eis

Gletscher sind große, langsam fließende Eismassen. Bei ihrer Bewegung – oft hangabwärts oder ein Bergtal hinunter – formen sie die Landschaft. Die glaziale Erosion umfasst zwei Prozesse: die Detraktion, bei der große Gesteinsblöcke am Eis festfrieren und abgerissen werden, und Detersion (Gletscherschliff), bei der im Eis eingebettete Steine den Untergrund abschaben und polieren. So entstehen viele Landschaftsformen, etwa Kare (steilwandige Schüsseln am Berg), Karlinge (kantige, hornartige Gipfel wie das Matterhorn, bei denen mehrere Gletscher einen Berg in mehrere Richtungen abgeschliffen haben), Arêtes (schmale Grate, die von zwei Seiten von Gletschern erodiert wurden) und Rundhöcker (siehe Kasten unten).

RUNDHÖCKER (ROCHES MOUTONNÉES)

Eisdecken und Gletscher hinterlassen Hinweise auf ihre Bewegung in Form von Gletscherschrammen und Rundhöckern. Anstehende Felsen unter einem Gletscher werden an der Luvseite durch Detersion abgeschliffen, auf der Leeseite zeigen Risse und Klüfte, dass Blöcke durch Detraktion abgerissen wurden. So entsteht eine asymmetrische Form, die man Rundhöcker oder Roche moutonnée nennt.

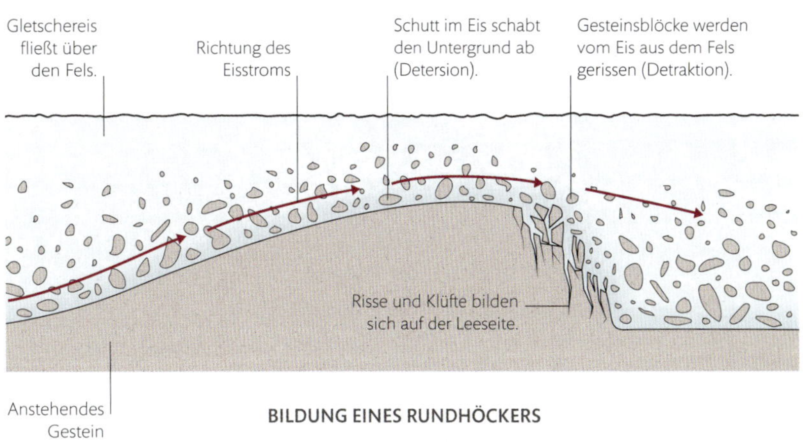

BILDUNG EINES RUNDHÖCKERS

Verwitterung

Die Wirkung von Wasser, Wind und Temperaturschwankungen kann Gesteine und Minerale schwächen, auflösen oder in kleinere Stücke zerfallen lassen. Dieser Vorgang, die Verwitterung, findet meist gemeinsam mit der Erosion (Abtragung) statt: Die Verwitterung zerkleinert oder verändert das Gestein an Ort und Stelle, und die Erosion transportiert die Fragmente dann weg. Die zwei Haupttypen der Verwitterung sind die mechanische (oder physikalische) Verwitterung, die Gesteine und Minerale ohne chemische Veränderungen zerkleinert, und die chemische Verwitterung, die ihren chemischen Aufbau verändert. Typischerweise wirken beide Formen gleichzeitig auf Gesteine ein.

Turmartige Nadeln aus verwittertem Kalkstein

Der steinerne Wald
Grundwasser und Regen haben diese Landschaft in der Provinz Yunnan (China) zu spitzen sowie abgerundeten Steinsäulen verwittert. Diese Form der Verwitterung ist typisch für Karstlandschaften (siehe S. 166–167).

Scharfe Spitzen entstehen durch wiederholte Frostsprengung.

Durch Frostsprengung gelöste Findlinge sind von Geröll umgeben, das meist eine steile Halde bildet.

FROSTSPRENGUNG

Frostsprengung oder Frostverwitterung ist eine Form der mechanischen Verwitterung. Dabei dringt Wasser in kleine Risse im Gestein ein. Wenn es gefriert, dehnt es sich um fast ein Zehntel seines Volumens aus, was Druck auf das Gestein ausübt und die Risse aufweitet. Dann kann mehr Wasser eindringen. Nach mehreren Gefrier-Auftau-Zyklen wird das Gestein schließlich bersten. Diese Art der Verwitterung ist typisch für Umwelten mit reichlich Oberflächenwasser, in denen die Temperatur regelmäßig häufig um den Gefrierpunkt fluktuiert.

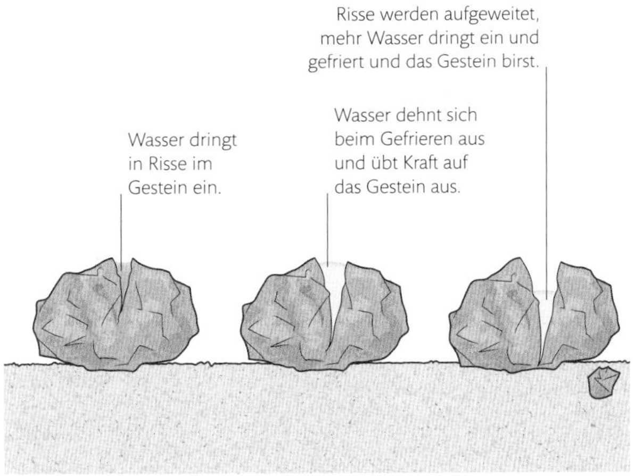

Castell y Gwynt (Burg des Windes)
Diese Gesteinsformation nahe des Gipfels von Glyder Fach im Nationalpark Snowdonia (Wales) besteht aus vulkanischen Gesteinen aus dem Ordovizium (etwa 450 Mio. Jahre alt). Die Landschaft wurde von Gletschern (siehe S. 152–153) in der letzten Eiszeit erodiert und die Gesteine durch Frostsprengung (siehe Kasten links) zerkleinert, sodass ein »Tor« oder »Torr« (ein örtlicher Name für frei stehende Felsen) mit einer Geröllhalde entstand

Sedimentation

Wind, Wasser und Eis können bei ihrer Bewegung Gesteinsteilchen aufnehmen und mittransportieren. Wenn die Energie der Bewegung nachlässt, wenn z. B. ein Fluss in einem flacheren Abschnitt langsamer fließt, dann werden die Teilchen abgelagert (sedimentiert), wobei die schwersten und größten Fragmente zuerst liegen bleiben. Sedimente (Ablagerungen) sammeln sich oft an natürlichen »Fallen« wie Seebecken an. Wenn Sedimente ungestört bleiben, können sie kompaktiert und zu Sedimentgesteinen zementiert (verkittet) werden, wobei ihre Schichtung oft sichtbar bleibt. Wasser, vor allem in Flüssen, spielt eine wichtige Rolle beim Transport und der Sedimentation (siehe S. 158–159). Sedimente bilden Formen wie Sand- oder Kiesbänke bis hin zu Schwemmfächern und Deltas (siehe S. 162–163).

Kies und Steine werden von schlammigem Schmelzwasser abgelagert.

Moränen: Ablagerungen von Gletschern
Die Sande, Kiese und Steine, die nach dem Transport durch den Gletscher abgelagert werden, wenn das Eis schmilzt, nennt man Moränen. Sie können später von Schmelzwasserbächen (siehe S. 174–175) umgelagert werden.

Schwemmfächer
Dieser Schwemmfächer bildete sich, als ein Fluss aus dem Kunlun- und Altun-Gebirge eine Ebene in der Wüste Takla Makan (China) überflutete, was selten passiert. Dabei lagerte der Fluss Sedimente in der Wüste ab. Die Gegend trocknete dann schnell wieder aus und hinterließ dieses komplizierte Muster aus Flussarmen und Sandbänken. Das Satellitenbild zeigt eine etwa 60 km große Fläche. Die weißen, grünen und blauen Farben repräsentieren verschiedene Bodenfeuchtigkeiten.

FLUSSSTRÖMUNG UND SEDIMENTATION

Es gibt viele Gründe, warum ein Fluss seine Sedimentfracht ablagert. Meist geschieht das, wenn die Strömungsenergie nachlässt, etwa wenn sich der Fluss in einer Ebene ausbreitet und langsamer wird. Große, schwere Körner wie Kies und Sand setzen sich zuerst aus der Suspension ab, während sich kleinere, leichtere Körner wie Schluff (Silt) und Ton erst absetzen, wenn die Strömung noch langsamer wird. Das abgelagerte Sediment kann sich zu Sandbänken sammeln oder Schwemmfächer bilden.

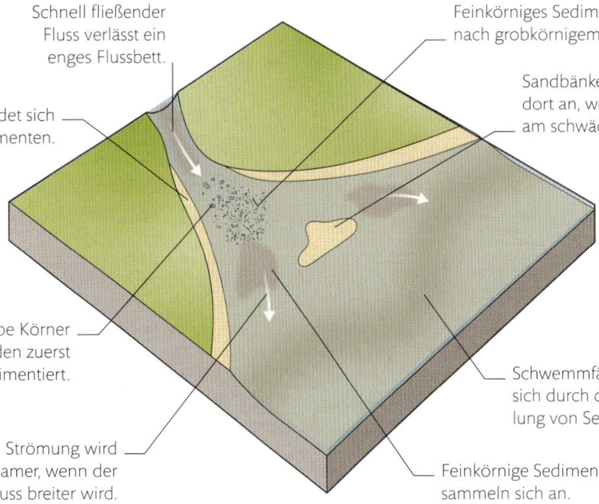

Wasser wird flacher und einige Steine ragen aus der Oberfläche heraus.

Mäandrierender Fluss
Nebenflüsse vereinigen sich mit diesem Fluss (rechts) auf Island. In einer Flussschleife wurde eine Seite erodiert, sodass steile Klippen entstanden, während auf der anderen Seite Geröll abgelagert wurde (siehe Kasten unten).

Stromschnellen
Plötzliche steilere Abschnitte im Flusslauf (links) können zur Bildung von Stromschnellen führen: sehr schnell strömenden, turbulenten Stellen.

Flüsse

Ein Fluss ist ein langer, natürlicher Süßwasserstrom, der in einem Gebirge oder Hochland beginnt und dann in einem begrenzten Flussbett hangabwärts fließt, bis er in ein größeres stehendes Gewässer mündet – meist ins Meer, aber manchmal auch in einen See. Ein Fluss beginnt an einer Quelle im Oberlauf. Sein Wasser kann gesammeltes Schmelzwasser von Gletschern, winterlichem Schnee oder Regenwasser sein, aber auch aus einer Quelle stammen, an der Grundwasser austritt. Ein Fluss formt die Landschaft, indem er sein Bett erodiert, die Sedimente transportiert und flussabwärts ablagert, entweder in seinem Bett oder, bei Überschwemmungen, in einer Schwemmebene (siehe S. 149 und Kasten unten).

WIE MÄANDER ENTSTEHEN

Wenn ein Fluss über eine relativ flache Landschaft fließt, bildet er Mäander (enge Schlingen). Weil die Strömung an der Außenseite einer Schlinge stärker ist, wird das Bett dort stärker erodiert. Sediment wird vom äußeren Ufer, dem Prallhang, abgetragen, sodass manchmal ein Steilufer entsteht. Es wird flussabwärts an der Innenseite der nächsten Schlinge, dem Gleithang, abgelagert. So wird immer mehr Sediment von der Außen- zur Innenseite umgelagert und die Mäander werden immer ausgeprägter. Teils werden Schlingen ganz vom Fluss abgeschnürt. Dann nennt man sie Altarme.

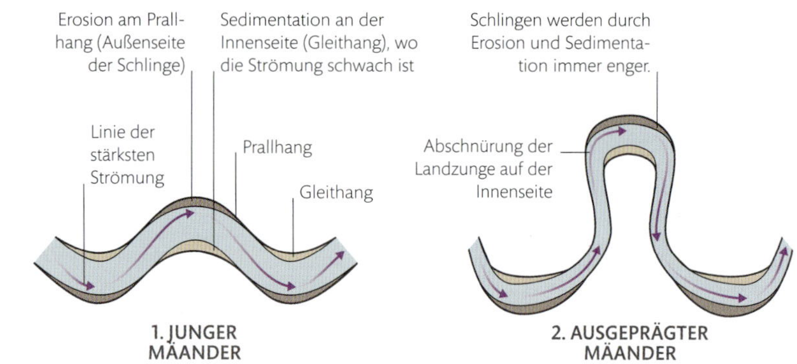

Teilweise gefrorener Wasserfall
Im Winter kann ein Teil des Wassers im Wasserfall gefrieren. Dieser Wasserfall auf Island (rechts) ist teils flüssig und teils gefroren. Im Tosbecken darunter mischen sich Eis und Wasser.

Mehrarmige Wasserfälle
Dieses breite Wasserfallsystem im Osten von Java (Indonesien) fließt über eine steile, halbkreisförmige Felskante. Mehrere schäumende Arme unterschiedlicher Größe stürzen die Kante herab und vereinigen sich im Tosbecken darunter.

Schneebedeckte Eiszapfen bilden sich neben dem flüssigen Wasser im Wasserfall.

Wasserfälle

Bei einem Wasserfall strömt ein Fluss oder Bach über eine Felskante an einer steilen Felswand in ein Becken, Gumpe oder Tosbecken genannt. Wasserfälle entstehen durch unterschiedliche Prozesse, aber meist durch Erosion im Oberlauf eines Flusses, wo er schnell strömt und viel Sediment führt, oder an einer Stufe von härterem Gestein zu weicherem Gestein (siehe Kasten unten). Solche Wasserfälle wandern langsam stromaufwärts, wodurch manchmal eine Schlucht entsteht. Plötzliche Landschaftsveränderungen, etwa durch ein Erdbeben, einen Vulkansausbruch oder einen Hangrutsch, können ebenfalls einen Wasserfall erzeugen. Die Form des Wasserfalls hängt von der Geologie sowie der Größe und Form des Flusses ab.

WASSERFALLENTSTEHUNG

Ein Wasserfall entsteht, wenn ein Fluss oder Bach über eine Schicht aus hartem Gestein (wie Granit) über einer weicheren Gesteinsschicht (wie Kalkstein oder Sandstein) fließt. Da das Wasser das weichere Gestein schneller erodiert, bildet das härtere Gestein eine überhängende Kante. Wenn sie weit genug vorsteht, brechen Stücke ab, die keinen Halt mehr haben, und stürzen in die Gumpe (ein tiefes Becken unter dem Wasserfall), wo sie vom Wasser herumgewirbelt werden und die Felswand und die Gumpe weiter erodieren.

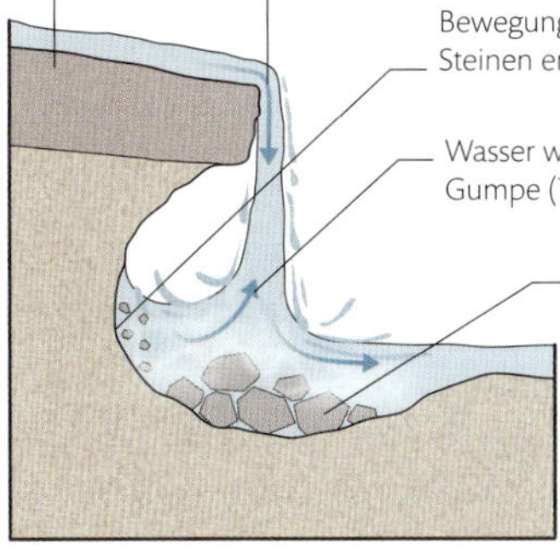

ÄSTUARE

Ein Ästuar kann in mehrere Zonen geteilt werden, die verschieden stark von den Gezeiten beeinflusst werden und sich im Verhältnis von Salz- und Süßwasser unterscheiden. Am unteren Ende, wo der Fluss letztlich ins Meer mündet, wird das Ästuar durch Meerwasser dominiert. Im obersten Bereich des Ästuars trifft das Süßwasser aus dem Fluss erstmals auf Salzwasser, das von der Flut ins Ästuar getrieben wird.

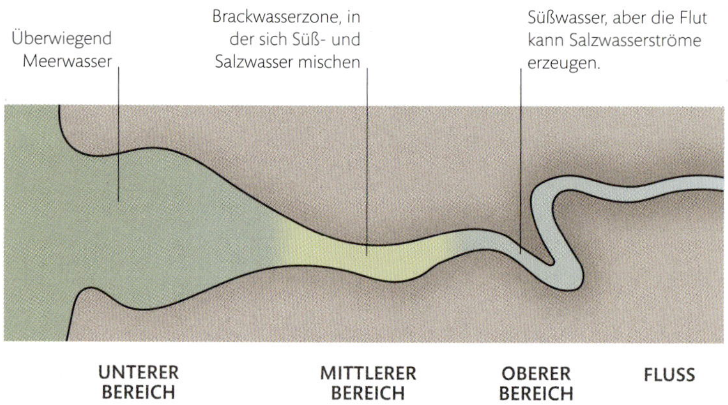

Binnendelta
Der Okavango fließt fast 1000 km weit aus Angola durch Namibia in eine Senke in Botsuana. Anders als die meisten Flüsse der Welt mündet der Okavango nicht in ein Gewässer, sondern in eine Ebene in der Kalahariwüste, wo er versickert und verdunstet.

Yukon-Delta
Der Fluss Yukon beginnt in British Columbia (Kanada), fließt durch das Territorium Yukon, durch den US-Bundesstaat Alaska und formt ein Delta im Beringmeer. Dieses Satellitenbild zeigt die mäandrierenden Flussarme, die das fächerförmige Delta bilden. Wissenschaftler sehen Hinweise, dass die Sedimentfracht ins Delta zunimmt, weil der Permafrost durch den Klimawandel auftaut und Sediment aus dem Boden freisetzt.

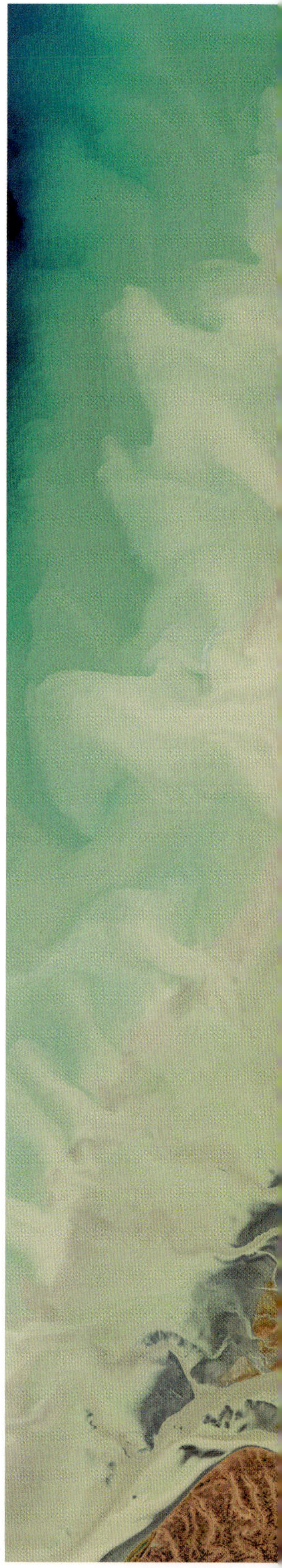

Deltas und Ästuare

Deltas entstehen dort, wo Flüsse mit ihrer Sedimentfracht in ein größeres Gewässer münden – meist ins Meer, manchmal in einen See oder einen anderen Fluss – oder, sehr selten, an Land enden (siehe oben). Da der Fluss nahe der Mündung an Energie und Geschwindigkeit verliert, fallen schwebende Körner aus. Wenn sich diese Sedimente (vor allem Schlick und Sand) in großer Menge ansammeln, teilt sich der Fluss in kleinere, flachere Arme und es entsteht neues Land (das Delta). Bei langsamen Flüssen mit wenig Sediment dringt Meerwasser in die Mündung ein und bildet einen Bereich mit brackigem (leicht salzigen) Wasser, das Ästuar. Im Ästuar werden der Wasserstand und der Salzgehalt von den Gezeiten beeinflusst (siehe Kasten oben).

Victoriasee
Der am Ostafrikanischen Graben gelegene Victoriasee (unten links in diesem Satellitenbild) ist ein tektonischer See, der entstand, als kontinentale Kruste nahe einer divergenten Plattengrenze (siehe S. 116) ausdünnte. Er ist der größte See Afrikas und liegt überwiegend in Tansania und Uganda, erstreckt sich aber auch nach Kenia. Der lange grüne See oben im Bild ist der Turkanasee in Kenia.

Große, vom Wind getriebene Wellen branden an den Strand.

Oberer See
Kräftige Stürme über der Wasseroberfläche (rechts) erzeugen hohe Wellen auch in großen Seen wie dem Oberen See an der Grenze zwischen den USA und Kanada. Er ist flächenmäßig der größte Süßwassersee der Welt und Wellen sind dort manchmal mehrere Meter hoch.

Seen

Seen sind von Land umgebene Gewässer. Zumeist sind sie nur durch einen Fluss mit dem Meer verbunden. Sie bestehen aus einer flachen Senke, dem Seebecken, das sich mit Wasser gefüllt hat: Regenwasser, Grundwasser oder Schmelzwasser vom Schnee oder aus Gletschern. Sie entstehen auf mehrere Weisen. Oft wurden sie von Gletschern geformt, die nach ihrem Rückzug eine erodierte Senke hinterlassen haben. Bei tektonischen Seen haben Krustenbewegungen – etwa an divergenten Plattengrenzen (siehe S. 116–117) oder an Verwerfungen (siehe S. 126–127) – Barrieren oder Senken geschaffen. Das Wasser fließt in Seen kaum, wird aber von Wellen, Wind, Temperaturvariationen und hindurchströmenden Flüssen bewegt. Einige Seen wurden von Menschen angelegt.

TEMPERATURSCHICHTUNG

Im Sommer haben viele Seen drei klare Temperaturzonen: eine relativ warme Oberflächenschicht (Epilimnion), eine kältere Tiefenschicht (Hypolimnion) und eine Schicht dazwischen, in der die Temperatur rapide abnimmt (Sprungschicht oder Metalimnion). Im Herbst, wenn die Oberfläche abkühlt, kommt es zur jahreszeitlichen Durchmischung, die man Herbstzirkulation (oder herbstliche Vollzirkulation) nennt, bis der ganze See die gleiche Temperatur hat. Im Winter endet die Umwälzung (Winterstagnation) und es bilden sich Schichten, diesmal aber umgekehrt: am kältesten an der eisigen Oberfläche und wärmer am Boden. Bei der Frühlingszirkulation wird das Bodenwasser wieder nach oben gebracht, wo es sich weiter in der Sonne erwärmt.

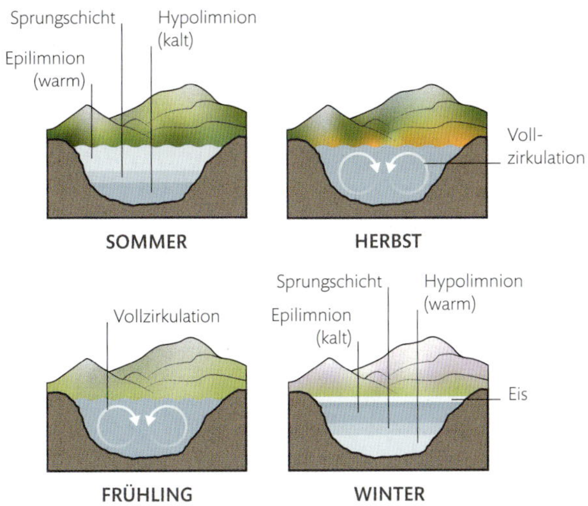

Türme, vom Wasser geformt
Diese Turmkarstlandschaft in China ist das Ergebnis von Jahrmillionen der Erosion von Kalkgesteinen durch Wasser. Dies hinterließ eine Anordnung turmartiger Pfeiler, auf deren Gipfeln üppige Vegetation wächst.

Karstlandschaften

Von enormen Türmen bis zu Karren (oberflächlichen Furchen) zeigen Karstlandschaften einige der spektakulärsten Erscheinungen der Erdoberfläche. Sie werden durch Regen- und Grundwasser geformt, das leicht sauer ist und Karbonatgestein wie Kalkstein oder Dolomit langsam auflöst. Risse im Gestein weiten sich sowohl an der Oberfläche als auch im Untergrund auf, wo sich auf Höhe des Grundwasserspiegels (der Tiefe, unter der das Gestein mit Wasser gesättigt ist) komplexe Systeme von Höhlen und Bächen entwickeln. Mineralreiches Grundwasser tropft in die Höhlen und bildet eiszapfenartige Ablagerungen, die Stalaktiten, und Erhebungen auf dem Boden, die Stalagmiten. Wenn Höhlendächer einstürzen, bleiben hoch aufragende Türme zurück.

WIE SICH TURMKARSTLANDSCHAFTEN ENTWICKELN

Wasser löst Karbonatgesteine langsam, weitet vorhandene Risse zu tiefen Kluftkarren auf und bildet oberflächliche Rillen (Flachkarren) oder Vertiefungen (Kamenitzas). Wasser, das durch die Klüfte in den Untergrund dringt, löst das Gestein weiter, sodass Höhlenkammern im Untergrund entstehen. Wasser, das durch sie strömt, erweitert die Höhlen weiter. Schließlich kann das Dach zu dünn werden und einstürzen. Die Höhlenwände bleiben dann als hohe Türme in der Landschaft stehen. In Spalten im Gestein sammelt sich Boden, in dem Vegetation wächst.

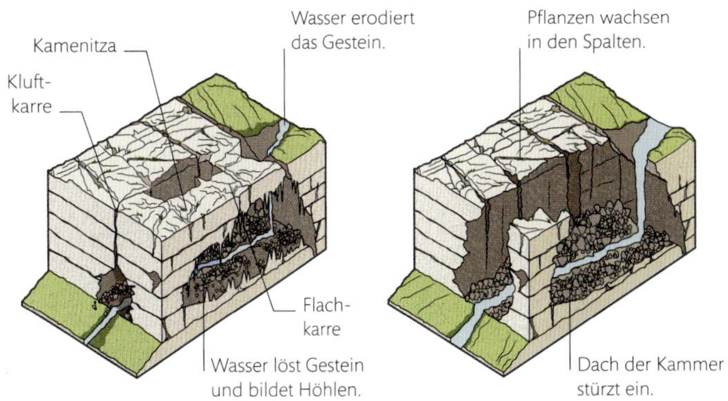

1. HÖHLE ENTSTEHT **2. HÖHLENDACH STÜRZT EIN**

Höhlen

Höhlen im Untergrund treten meist in Karstgebieten (siehe S. 166–167) auf. Saures Regen- oder Grundwasser sickert durch Spalten im Kalkstein (oder auch Dolomit), löst ihn und erweitert die Spalten zu Gängen. Viele Höhlensysteme verlaufen steil bis zum Grundwasserspiegel und setzen sich dann horizontal als wassergefüllte, runde Gänge fort, die manchmal als Quelle wieder an der Oberfläche enden. Wenn der Grundwasserspiegel sinkt, fallen die Kammern trocken, manchmal stürzt die Decke ein und bildet eine Doline. Trockene Höhlen können sich erweitern, wenn Wasser einsickert. Steigt der Wasserspiegel wieder, dann werden trockene Höhlen erneut überschwemmt.

Stalaktiten hängen von der Höhlendecke.

Stalagmiten wachsen als Erhebungen am Boden.

Unterwasserhöhle
Ein Höhlentaucher erkundet ein Cenote: ein mit Wasser gefülltes Höhlensystem, das eine Öffnung zur Oberfläche hat. Dieses System in Yucatán (Mexiko, rechts) lag während des Letzteiszeitlichen Maximums vor etwa 22 000 Jahren trocken, als die Eisdecken ihre größte Ausdehnung hatten und der Meeresspiegel etwa 120 m tiefer lag als heute.

Mineralbildungen in Höhlen
Diese Höhle (links) enthält viele Kalksteinablagerungen, die aus dem Wasser ausfallen, das in die Höhle sickert. Unter den Bildungen sind Stalagmiten und Stalaktiten (siehe Kasten unten). Hohle Stalaktiten nennt man Sinterröhrchen oder auch »Makkaroni«.

TROPFSTEINE: STALAKTITEN UND STALAGMITEN

Gesteine, die sich in Höhlen als Mineralablagerungen bilden, nennt man Speläotheme. Die beiden häufigsten Formen sind Stalaktiten und Stalagmiten. Sie sind Tropfsteine: Wenn mineralreiches Wasser von der Höhlendecke tropft, bleiben Mineralablagerungen zurück und bilden nach und nach einen Stalaktiten. Wo die Wassertropfen auf den Boden fallen, bilden die Ablagerungen eine Erhebung, die zu einem Stalagmiten wachsen. Im Lauf der Zeit können sich beide zu einer durchgehenden Säule vereinen.

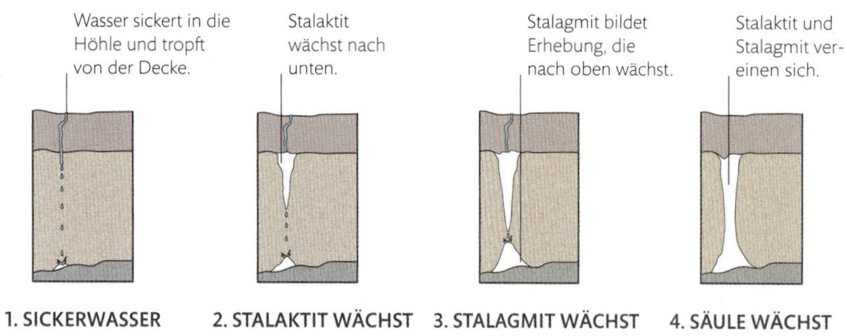

Zusammenfluss von Gletschern
Mit dem 12,4 km langen Gornergletscher (im Bild links) vereinigt sich der Grenzgletscher (rechts im Bild) am Westhang des Monte-Rosa-Massivs in den Walliser Alpen (Schweiz). Zusammen bilden sie das zweitgrößte Gletschersystem der Alpen. Das dunkle Band der Mittelmoräne ist deutlich sichtbar.

Gletscher

Gletscher sind bewegliche Eismassen, die durch die Ansammlung und Verdichtung von Schnee über Tausende von Jahren entstehen. Sie stammen oft aus der letzten Eiszeit und sind in vielen Gebirgen zu finden, insbesondere in kalten Regionen. Während sie sich aufgrund der Schwerkraft und des Drucks ihres Eigengewichts hangabwärts bewegen, erodieren Gletscher die Landschaft und bilden Täler, lagern aber auch Sedimente als Moränen ab. Ihre schleifende Wirkung hinterlässt Merkmale wie Gletscherschrammen (längliche Kratzer auf Felsoberflächen) und u-förmige Trogtäler (siehe auch S. 152–153).

GLAZIALE EROSION UND SEDIMENTATION

Hier vereinen sich zwei Gletscher, die in Karen – halbrunden Senken am Berghang – beginnen, zu einem einzelnen Gletscher, der in ein vorhandenes Tal fließt. Bei ihrer Bewegung erodieren sie den Grund durch Detersion oder Gletscherschliff, bei der die im Gletscher mitgeführten Steine das anstehende Gestein abschleifen, und durch Detraktion, bei der der Gletscher Gestein vom Grund abreißt. Die Sedimente sammeln sich dann weiter unten an und bilden Moränen. Endmoränen liegen vor der Gletscherfront (dem unteren Ende), während Seiten- und Mittelmoränen an den Seiten bzw. in der Mitte des Gletschers liegen.

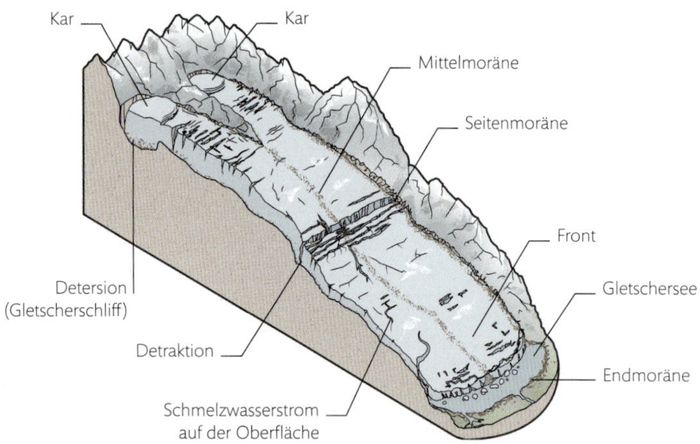

Glacier Bay ist ein Arm des Pazifischen Ozeans, der tief in eine spektakuläre Landschaft im Süden Alaskas eindringt. Die Bucht ist 105 km lang und von einigen der höchsten Küstengebirge der Welt umgeben. Sie sind durch die Kollision der Pazifischen Platte mit der Nordamerikanischen Platte entstanden. Im Westen erreicht die Fairweather Range eine Höhe von 4600 m über dem Meeresspiegel. Ihre hohen Gipfel sind der Grund dafür,

Im Blick Glacier Bay

dass die feuchte Luft, die vom Golf von Alaska weht, Schnee bildet, der mehr als tausend Gletscher in der Umgebung nährt.

Einige der Gletscher fließen als Gezeitengletscher direkt ins Meer, andere enden als Talgletscher im Landesinneren. Der Johns-Hopkins- und der Margerie-Gletscher sind zwei der größten Gezeitengletscher: je über eineinhalb Kilometer breit mit bis zu 60 m hohen Fronten, die Eisberge ins Meer kalben. Die meisten Gletscher der Region schrumpfen durch den Klimawandel. Der Grand-Pacific-Gletscher erreicht nicht mehr den Ozean.

Die Glacier Bay war nicht immer eine Bucht. 1680, in der Kleinen Eiszeit, war ihre südliche Hälfte ein breites Tal, in dem das Volk der Tlingit lebte. Ein riesiger Gletscher schob sich von Norden vor, und um 1750 lag das Tal unter Tausenden Metern Eis. Doch dies hielt nur kurz an. Bis 1880 hatte sich das Eis um 70 km zurückgezogen und die Glacier Bay zurückgelassen. Heute haben sich die Nebengletscher weiter in die Täler zurückgezogen, die nun mit Wasser gefüllt sind und Fjorde bilden.

Der Gletscher ist fast 1,5 km breit und an der Front 50 m hoch.

Topeka-Gletscher
An der Westseite der Glacier Bay hat der Topeka-Gletscher ein steiles Trogtal ausgegraben (großes Bild). Wie 95 % aller Gletscher Alaskas schrumpft er heute und erreicht das Meer nicht mehr. Man schätzt, dass die Region seit den 1950ern 11 % des Gletschereises verloren hat.

Gletscherhöhle
Schmelzwasser an der Basis eines Gletschers kann einen Tunnel zwischen dem Grund und dem Eis bilden. Während man unter Eishöhlen gewöhnliche Gesteinshöhlen versteht, in denen Eis vorkommt, sind Gletscherhöhlen eine jahreszeitliche Erscheinung in Gletschern (links eine in den Alpen). Durch den Klimawandel werden sie seltener.

Oberflächliches Schmelzwasser
Dieses Luftbild des Sawyer-Gletschers in Alaska (USA, rechts) zeigt einen Schmelzwasserstrom, der in eine Gletschermühle – einen spiralförmigen Schacht – zum Bett des Gletschers abfließt.

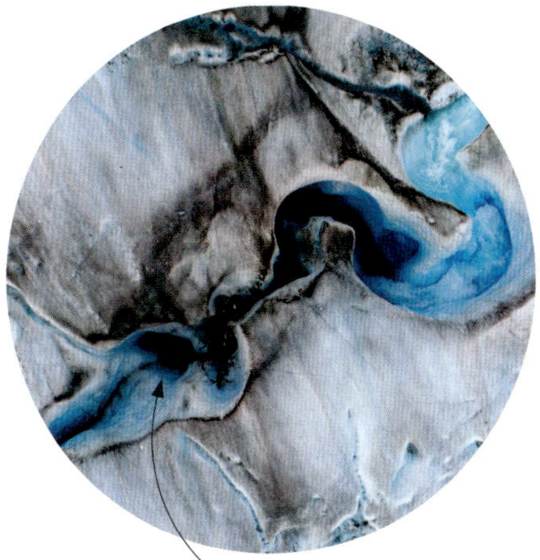

Schmelzwasser auf dem Eis stürzt in eine Gletschermühle.

Schmelzwasser

Schmelzwasser stammt aus dem Schnee und Eis in Eisdecken und Gletschern. Schmelzwasserströme fließen von der Gletscherfront (der unteren Kante des Gletschers) weg und lagern Material – u. a. vom Eis mitgeführte Steine – stromabwärts ab (siehe S. 157). Das Wasser kann auch Schmelzwassertunnel unter Gletschern bilden und dort Sedimente zu einem langen, gewundenen Wallberg, einem Os oder Esker, auftürmen. Gletscher schmelzen jahreszeitlich auf natürliche Weise, aber der Klimawandel lässt sie weltweit in ungewohntem Tempo schmelzen. Dies führt zum Anstieg des Meeresspiegels und einem erhöhten Überschwemmungsrisiko.

GLETSCHERRANDSEEN

Seen aus Gletscherschmelzwasser bilden sich manchmal zwischen dem Rand eines Gletschers und einer Moräne (einem vom Gletscher abgelagerten Sedimentwall). Wenn der Gletscher Eisbrocken kalbt (freisetzt), die in den See stürzen (Eissturz), kann dies stehende Wellen erzeugen, die man Seiches nennt. Sie können Wasser über die Moräne treiben, was zu Überschwemmungen führen kann. Die zunehmende Gletscherschmelze infolge der globalen Erwärmung hat zu einer Zunahme der Größe und Anzahl von Gletscherrandseen geführt.

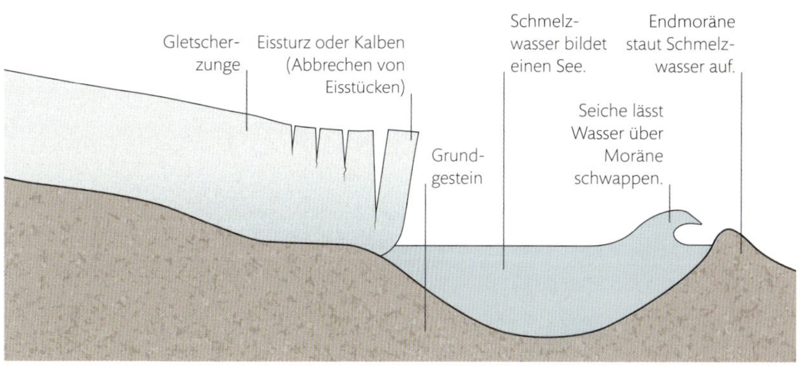

Ozean und Atmosphäre

Bei der Entstehung der Erde entwichen die flüchtigsten Bestandteile als Gas aus der Kruste. Einige verflüchtigten sich in den Weltraum, einige kondensierten zu Meeren und andere sammelten sich zur äußersten Gasschicht des Planeten: der Atmosphäre. Diese fluiden Teile der Erde sind in ständiger Bewegung und wechselwirken miteinander – die Wärme der Sonne treibt Strömungen im Meer sowie Wind und Wettersysteme in der Luft an.

Luftbild von Salzgärten in Frankreich
Meerwassersalinen sind flache Teiche, mit denen man Salz aus Meerwasser gewinnt. Sonne und Wind lassen das Wasser verdunsten und konzentrieren das Salz. Einzellige Algen gedeihen in den extremen Verhältnissen. Verschiedene Algenarten wachsen je nach Salzgehalt, sodass die Teiche erst grün und dann leuchtend rot sind.

Ernte in Salinen in Thailand
Wenn genug Wasser verdunstet und die Salinität hoch genug ist, kristallisiert das Salz aus der Lösung aus und bildet Salzkrusten, die man ernten kann.

Meersalz häuft man zu Kegeln auf, bevor man es einsammelt.

Meereschemie

Meerwasser ist ein chemischer Cocktail von fast hundert verschiedenen Elementen, darunter den Bausteinen des Lebens – Kohlenstoff, Stickstoff, Wasserstoff und Sauerstoff – und sogar Gold. Neben Wasser (H_2O) enthalten die Meere 500 Billionen Tonnen gelöste Salze. Am häufigsten sind Chlorid, Natrium, Sulfat, Magnesium, Kalzium, Kalium und Bikarbonat. Die Salinität (Salzgehalt) beträgt im Mittel 3,5 %. Einige Randmeere wie das Mittelmeer und das Rote Meer sind salziger, andere wie die Ostsee sind weniger salzig. Meerwasser ist leicht alkalisch (pH 7,5–8,4) und enthält secchzig Mal so viel gelöstes Kohlendioxid wie die Atmosphäre.

DER SALZKREISLAUF

Chemische Stoffe sind in ständiger Bewegung, aber insgesamt bleibt die Salinität der Meere konstant, weil es ein Gleichgewicht gibt, das man Salzkreislauf nennt. Flüsse, Vulkane und Wüsten führen den Meeren etwa 3 Mrd. Tonnen gelöste Stoffe pro Jahr zu, und ähnlich viel gelangt aus mittelozeanischen Rücken und der Lösung von Mineralen im Meeresboden ins Wasser. Doch die gleiche Menge wird durch die Subduktion der Sedimente an Tiefseerinnen und von Lebewesen entfernt, deren Überreste sich am Boden ablagern.

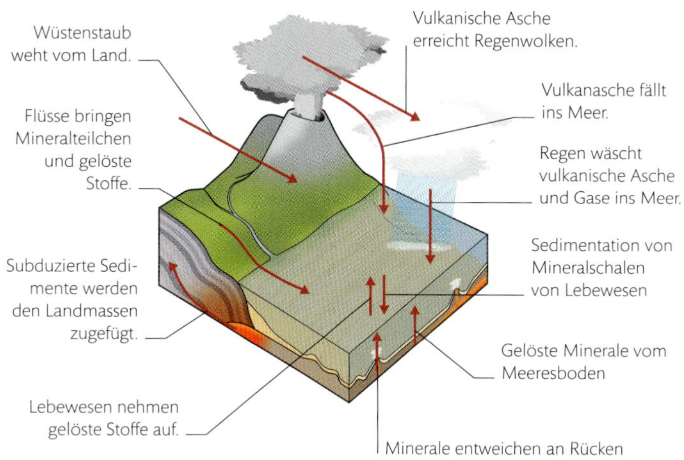

Subtropischer Wirbel
Diese Grafik (rechts), die auf Satellitenmessungen der Oberflächentemperatur beruht, zeigt die Strömungen im Nordatlantik. Der Golfstrom in Gelb (warm) und Grün (kühl) strömt von Florida nach Nordwesteuropa. Er wird in der Karibik vom warmen Nordäquatorialstrom (orange und rot) gespeist. Insgesamt rotiert das Wasser im Nordatlantik dadurch im Uhrzeigersinn. Diese Gesamtbewegung nennt man subtropischen Wirbel. Außerdem mäandert jede dieser Meeresströmungen und zerfällt selbst in unzählige kleinere Wirbel.

Meereszirkulation

Das ständige Wehen der Winde in der Atmosphäre, die von der Sonne angetrieben werden, treiben Meeresströmungen an. Die Oberflächenzirkulation besteht aus windgetriebenen subtropischen Wirbeln – rotierenden Strömungssystemen – in jedem großen Meeresbecken nördlich und südlich des Äquators (hier der Nordatlantikwirbel). Durch die Erdrotation ist die Bewegung nicht geradlinig (Corioliseffekt), sodass die Wirbel im Zentrum riesige Wassermengen zusammentreiben. Die Lage der Landmassen und die engen Straßen zwischen den Meeresbecken formen die Strömungen, die das Klima auf der ganzen Welt beeinflussen.

THERMOHALINE TIEFENZIRKULATION

Während Oberflächenströme zu den Polen strömen, diffundiert Tiefenwasser langsam zum Äquator zurück (siehe S. 185), angetrieben von Unterschieden in der Temperatur und dem Salzgehalt. Diese Umwälzbewegung oder thermohaline Zirkulation transportiert große Mengen Wärme, gelöste Stoffe und Sedimente durch die Weltmeere. Sie reguliert das Klima der Erde und trägt zur Speicherung von Kohlendioxid im Meer bei.

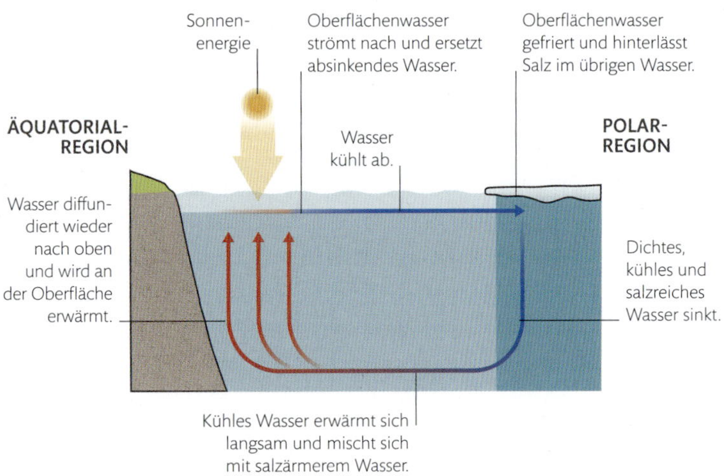

AUFTRIEB VON TIEFENWASSER

Das langsame Aufsteigen von Wasser aus mehreren Hundert Metern Tiefe nennt man Auftrieb oder Upwelling. Das Wasser steigt auf, weil es Oberflächenwasser ersetzt, das durch das Zusammenwirken von Wind, vorherrschenden Strömungen und dem Corioliseffekt (durch die Erddrehung) von der Küste wegdriftet. Wo der Wind und die Strömungen umgekehrt verlaufen, wird Oberflächenwasser gegen die Küste gedrückt und nach unten gepresst. Dies nennt man Downwelling.

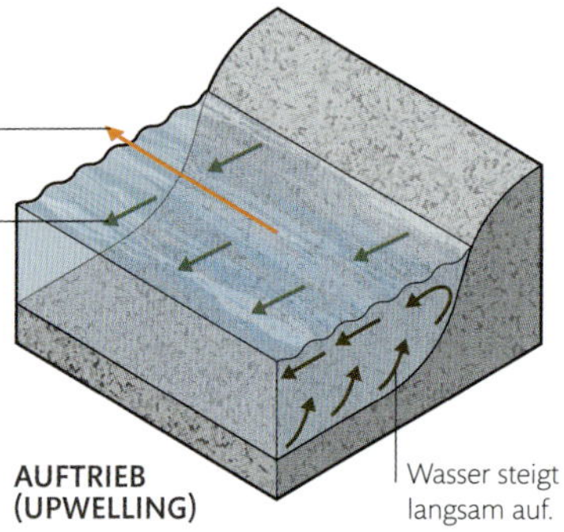

AUFTRIEB (UPWELLING)

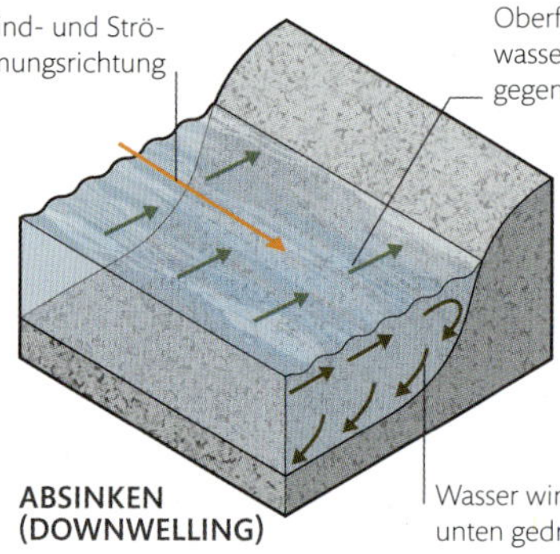

ABSINKEN (DOWNWELLING)

Auftrieb und Planktonblüten

Auftrieb oder Upwelling ist das Aufsteigen von Wasser aus der Tiefe, das reich an chemischen Nährstoffen ist. Sie ermöglichen dem Phytoplankton – winzigen Organismen, die mit Sonnenlicht Fotosynthese betreiben, vor allem Algen und Cyanobakterien – das Wachsen. Es wird vom Zooplankton (driftenden kleinen Tierchen) gefressen. Beide Planktontypen bilden die Nahrungsgrundlage für Unmengen von Meerestieren.

Phytoplanktonblüte
Im Frühjahr und Sommer kann der Auftrieb zur enormen Vermehrung, einer »Blüte« von Phytoplankton führen. Dieses Satellitenbild (rechts) zeigt eine leuchtend grüne Planktonblüte in Wirbeln der Oberflächenströmung in der Ostsee vor der Küste Estlands. Der spiralförmige Wirbel in der Bildmitte ist etwa 30 km groß. Solche Planktonblüten können Hunderte oder Tausende Kilometer bedecken.

Phytoplankton
Phytoplankton sind kurzlebige einzellige Organismen, die passiv im sonnendurchfluteten Oberflächenwasser treiben. Die Mehrzahl ist mikroskopisch klein, andere, wie die Kieselalgen (Diatomeen), sind sandkorngroß. Viele bauen feine Skelette oder Schalen aus Kalk oder Kieselsäure, die sie aus dem Wasser aufnehmen.

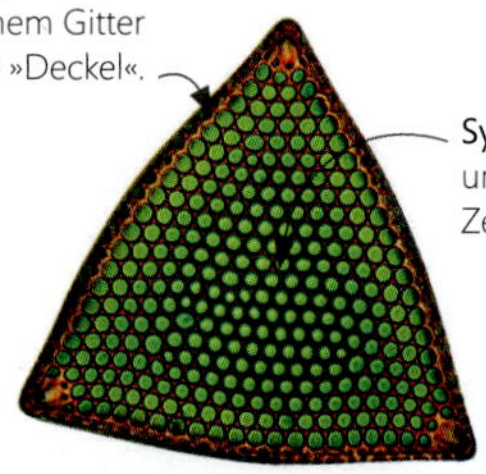

ZENTRISCHE KIESELALGE
Triceratium favus

DINOFLAGELLATEN
Noctiluca scintillans

PENNATE KIESELALGE
Pleurosigma angulatum

Zooplankton
Bei einer Phytoplanktonblüte gedeiht auch das Zooplankton, das einige der kleinsten Meerestiere umfasst. Es treibt mit den Gezeiten und Strömungen, aber einige Arten schwimmen auch langsam. Holoplankton sind Arten, die ihr gesamtes Leben als Plankton verbringen, Meroplankton sind Larven von Tieren, die in anderen Lebensphasen nicht planktonisch leben.

BARTMÄNNCHENLARVE
Brotulotaenia nielseni

OKTOPUSLARVE
Wunderpus photogenicus

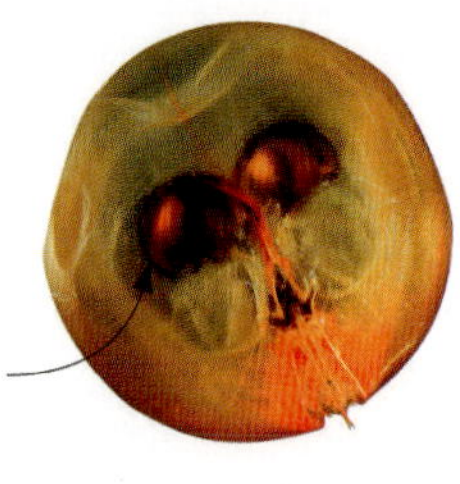

MUSCHELKREBS
Gigantocypris muelleri

Tiefseeströme

Tief eingeschnitten in die Kontinentalhänge, die die Meeresbecken umgeben (siehe S. 198), liegen enge Schluchten, tiefe Canyons und sich windende Kanäle. Alle außer denen im flachen Wasser (Hauptbild) sind vor unseren Blicken verborgen. Einige sind tiefer als der Grand Canyon in Arizona, andere winden sich über 3000 km am Meeresboden entlang. Diese Schluchten bringen in breiten Unterwasserströmen, die man Trübeströme nennt und die bis zu einem halben Kilometer breit und über 100 km/h schnell sein können, Sediment vom Land zur Tiefsee. Anderswo ist der Meeresboden mit Kratern übersät, wo Methan aus Sedimenten ausgebrochen ist, die reich an organischen Stoffen sind, oder mit Narben vergangener Hangrutsche, die mächtige Tsunamis ausgelöst haben könnten. Tiefseeströme formen den Meeresboden zu Rippeln, Dünen und enormen Sedimentwellen, die dem Pfad des thermohalinen Förderbands (siehe Kasten gegenüber) durch die Unterwasserwelt folgen.

Meeresbodenrelief bei Monterey Bay (Kalifornien, USA)
Der Monterey Canyon schneidet einen tiefen Abgrund durch den kalifornischen Schelf und fällt dann in einer Reihe tiefer Schluchten den steilen Hang hinab. Er erstreckt sich in über 4000 m Tiefe 470 km weit in die Tiefseeebene hinaus.

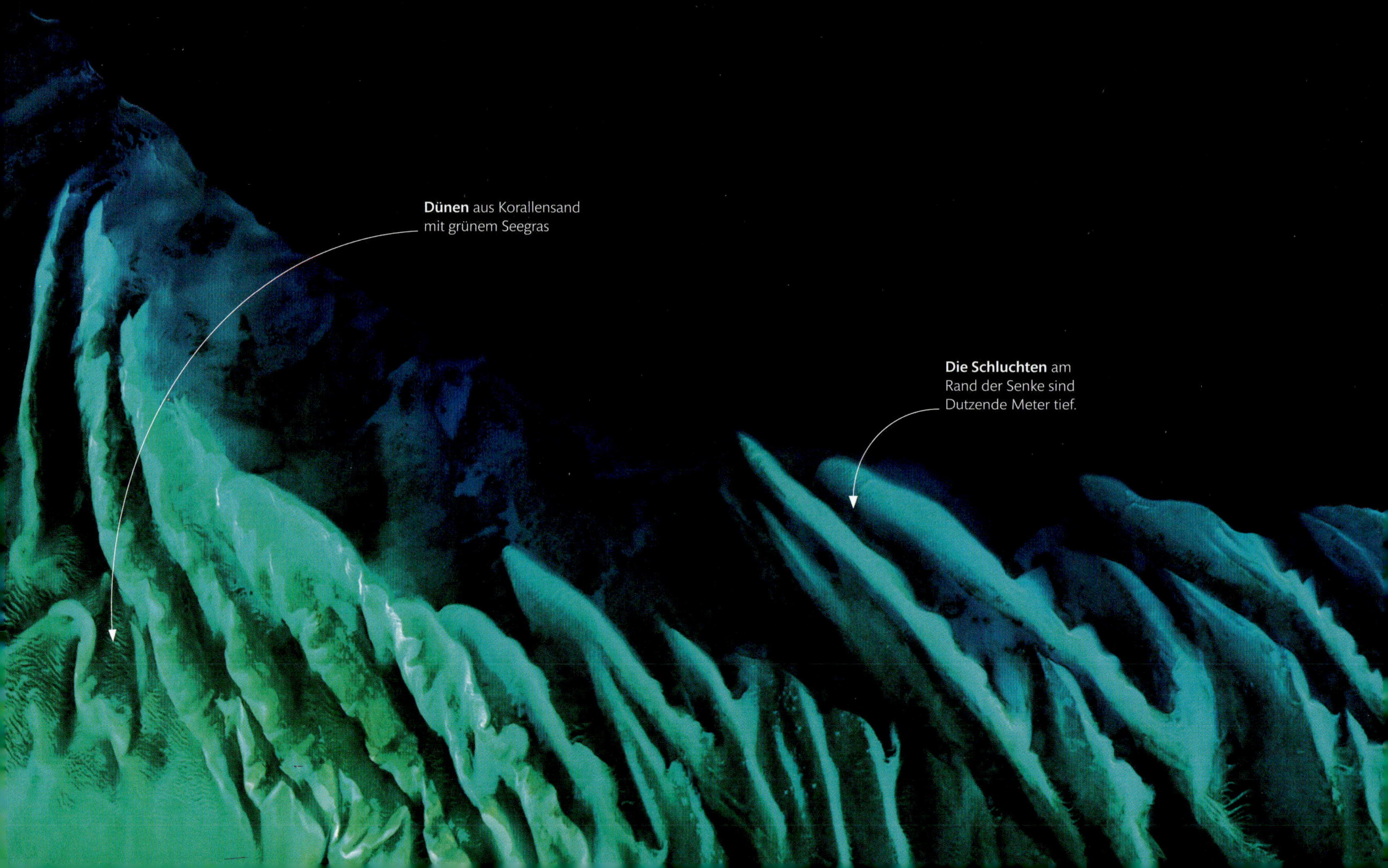

GLOBALES THERMOHALINES FÖRDERBAND

Tiefseeströme sind Teil eines globalen Strömungsmusters, der thermohalinen Zirkulation. Sie wird von Unterschieden in der Temperatur (»thermo-«) und dem Salzgehalt (»-hal-«) und damit der Dichte getrieben. In diesem gigantischen Förderband sinkt kühles, salzreiches, dichtes Wasser in den Polargebieten ab und wird durch wärmeres, salzärmeres, leichteres Wasser ersetzt, das an der Oberfläche vom Äquator kommt. In den dunklen Meerestiefen kann die Strömung lautlos über 3 km hohe Wasserfälle fallen oder wie Sturzfluten den Meeresboden verwüsten.

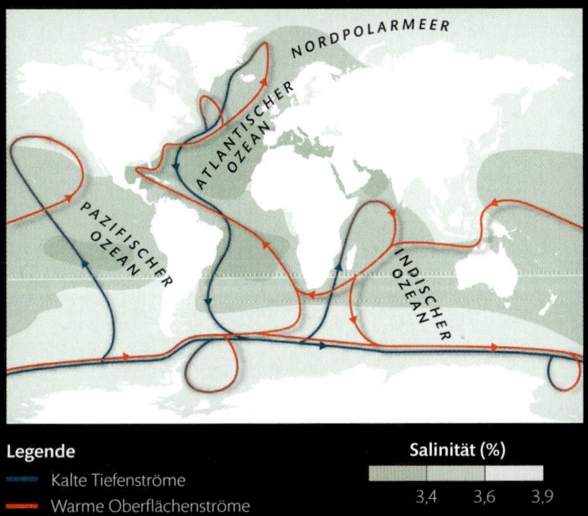

Am Rande
Dieses Satellitenbild blickt durch das klare Wasser auf den Rand der Great Bahama Bank, der über 2000 m weit in die schwarze Tiefe einer Senke fällt, die man Tongue of the Ocean nennt. Die feinen Strukturen am Rand sind bis zu 2 km breite Schluchten, die von starken Strömungen ins Kalkgestein gegraben wurden.

Die Sandsteinpfeiler aus dem Karbon sind etwa 340 Mio. Jahre alt.

Surfen auf der Gezeitenwelle
Eine Gezeitenwelle ist eine auffällige Welle, die an einer Flussmündung beim Einlaufen der Flut gegen die Strömung entsteht. Am Turnagain Arm (Alaska, rechts) kann sie bis zu 3 m hoch und 25 km/h schnell werden.

Flowerpot Rocks, Bay of Fundy (Kanada)
Der größte Tidenhub der Welt (über 16 m) tritt an der Bay of Fundy (Nova Scotia) auf. Das Meer erodiert die Basis dieser Sandsteinpfeiler (links) zweimal am Tag.

Gezeiten

Gezeiten gibt es, seit die Ozeane vor etwa 4 Mrd. Jahren entstanden. Sie sind Wellen mit sehr großer Wellenlänge, die um die Erde wandern. Das Tidenhochwasser ist der Kamm der Welle, Niedrigwasser der Trog, Flut und Ebbe das Ansteigen bzw. Abfallen. Aber in der Realität sind die Gezeiten komplex aufgrund der Reibung und der Topografie, der Form der Meeresbecken und Randmeere sowie in letzter Zeit aufgrund menschlicher Eingriffe wie das Ausbaggern von Flüssen. Der Unterschied zwischen Hoch- und Niedrigwasser heißt Tidenhub. Er kann in eingeengten Meeresarmen oder Ästuaren 12–16 m betragen.

MONATLICHER GEZEITENZYKLUS

Der monatliche Gezeitenzyklus wird von Gravitationskräften des Erde-Mond- und Erde-Sonne-Systems beeinflusst. Wenn Sonne und Mond in einer Linie stehen (bei Vollmond und Neumond) wirken beide Schwerefelder in die gleiche Richtung, sodass sie zusammen sehr hohe bzw. niedrige Springtiden erzeugen. Wirken sie rechtwinklig zueinander (bei Halbmond), entstehen niedrigere Nipptiden.

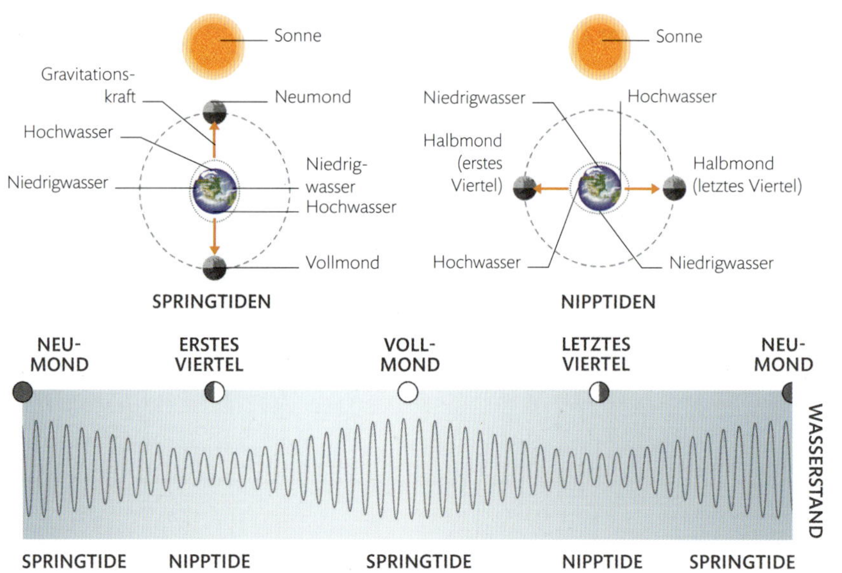

WELLENBILDUNG

Wenn der Wind an einem Ort über Wasser weht, entstehen Wellen. Dieses Gebiet heißt Fetch, Wirkweg oder Windlauflänge. Winzige Rippeln (Kapillarwellen) wachsen zu größeren, zunächst sehr chaotischen Wellen unterschiedlicher Höhe und Länge (»kabbelige See«). Jenseits des Wirkgebiets nehmen kurzwellige Wellen schnell ab und durch die Interaktion entsteht ein regelmäßiges, langwelliges Muster, die Dünung. Im flachen Küstenwasser bremst Reibung mit dem Boden die Wellen, aber sie werden höher, bis sie als Wellenbrecher kollabieren.

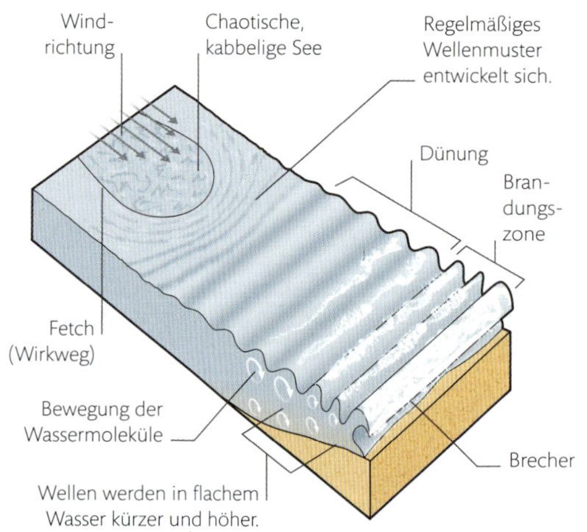

Meereswellen

Ebenso wechselhaft wie die Farbe des Meeres sind die Wellen, die an die Küsten schlagen und sie mit ihrer unerbittlichen Energie erodieren. Fast alle Wellen entstehen durch die Kraft des Windes, der auf die Meeresoberfläche wirkt. Je größer der Windschub, desto größer sind die Wellen und mit desto mehr Energie entladen sie sich beim Brechen an der Küste. Einzelne Sturmwellen können Druckkräfte von bis zu 30 Tonnen pro Quadratmeter ausüben, was Kliffs und Kaimauern beschädigen kann. Stürme auf See erzeugen Wellen, von denen sich einige mit typischen, langen Wellenlängen über Tausende Kilometer über ganze Ozeane ausbreiten können.

Kraft der Wellen
Eine ablaufende Welle kollidiert spektakulär mit einem einlaufenden Wellenbrecher und bildet eine enorme Gischtwolke am Cape Disappointment im US-Bundesstaat Washington (rechts). Die Energie und Erosionskraft der Brandung konzentriert sich auf Kaps und Landspitzen wie diese, wo die Dünung auf das Land trifft (siehe S. 195).

Das Schiff steuert mit dem Bug in die Welle, da es auf diese Weise am wenigsten Angriffsfläche bietet.

Monsterwellen können eine Höhe von über 15 m erreichen.

Monsterwellen (Kaventsmänner)
Manchmal vereinen sich Wellen zu einer einzelnen, ungewöhnlich großen Welle, einem Kaventsmann oder einer Monsterwelle. Sie treten isoliert auf, sind nicht vorhersagbar und selbst für große Schiffe eine Gefahr.

Verdickte Ränder durch ständige Zusammenstöße der einzelnen Schollen

Pfannkucheneis
Rundliche, 0,3–3 m große Eisscheiben mit verdickten Rändern nennt man Pfannkucheneis. Sie entstehen bei mäßigem bis starkem Wellengang.

Eisschollen
Dieses puzzleartige Netz großer Eisschollen vor Höfn im Südosten Islands (rechts) ist für eine Robbe ein zeitweiser Ruheplatz und ein Aussichtspunkt für die Jagd. Die meist 0,5–5 m großen Schollen verschmelzen immer wieder zu größeren Meereisflächen und zerbrechen dann aufgrund des Seegangs oder durch Schmelzvorgänge wieder in kleinere Stücke.

Gefrorenes **Meer**

Eisig kalt und unwirtlich sind die Polarmeere. Am Nordpol liegt ein eisbedeckter, von Land umgebener Ozean und am Südpol ein von Eismeer umgebener Kontinent unter einer dicken Eisdecke. Im dunklen Polarwinter sinkt die Temperatur unter -30 °C und das Meer gefriert. Da Eis weniger dicht als Wasser ist, schwimmt es. Etwa 7 % der Meeresoberfläche – eine Fläche so groß wie Nordamerika – ist von schwimmendem Meereis bedeckt. Festeis ist Meereis, das mit der Küste verbunden ist, während Treibeis mit der Strömung treibt. Wenn es vom Wind hoch aufgetürmt wurde, heißt es Packeis. Im anhaltenden Sonnenlicht des polaren Sommers schmilzt viel Meereis. Einige Flächen bleiben ganzjährig eisbedeckt, doch sie werden durch die Erderwärmung immer kleiner.

MEEREISENTSTEHUNG

Unter dem Gefrierpunkt bilden sich Eiskristalle nahe der Meeresoberfläche. Sie werden zu matschigem Eisschlamm zusammengetrieben. Diese Schicht wird härter und dicker, wenn es kälter wird. Seegang kann sie zu Pfannkucheneis brechen, das sich zu größeren Schollen vereint. Wo das Eis im Sommer nicht schmilzt, etwa an Küsten, wächst dickes, mehrjähriges Eis.

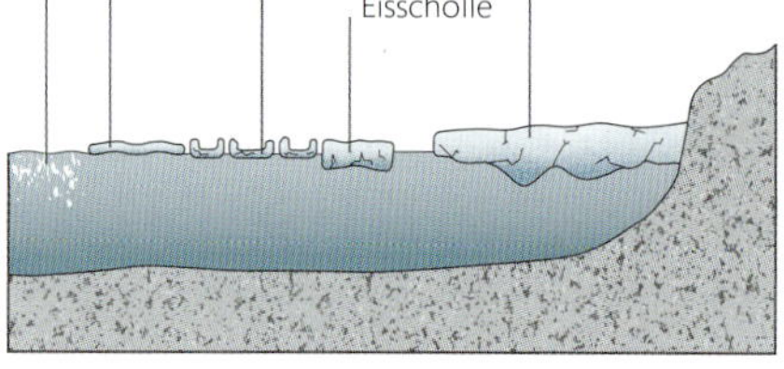

Täuschende Erscheinung
Die Eisscholle, auf der diese Walrosse (*Odobenus rosmarus*) liegen, ist der Überwasserteil eines Eisbergs in der Hudson Bay (Kanada, rechts). Der Großteil eines Eisbergs – etwa 90 % – liegt verborgen unter der Oberfläche.

Walrosse sind durch eine dicke Fettschicht unter der Haut gegen Kälte isoliert.

Der Eisberg treibt flach mit der längsten Achse parallel zur Oberfläche. Er ist nur ein bisschen weniger dicht als Wasser, sodass er tief im Wasser liegt.

Schelfeis und Eisberge

Wo große Gletscher oder Eisdecken die Küste erreichen, können sie sich als ausgedehnte schwimmende Eisplattform, Schelfeis genannt, ins Meer erstrecken. Das Eis im Gletscher ist der über Jahrtausende angesammelte, durch sein eigenes Gewicht verdichtete Schnee. Wenn die winzigen Luftbläschen herausgepresst werden, ändert sich die Farbe von Weiß zu Bläulich. Im Eis wachsende Meeresalgen ergeben leuchtendes Grün, während Gesteinsmehl (zermahlenes Gestein, das der Gletscher an Land aufnimmt) rote, gelbe und braune Töne ergibt. Eisberge sind Stücke, die von einem Gletscher bzw. Schelfeis abbrechen: Man sagt, der Gletscher »kalbt« Eisberge. Kleine Eisberge sind wenige Meter groß, große Tafeleisberge erreichen die Größe eines Kleinstaats wie Luxemburg.

Eisberg mit Zügelpinguin
Nach einem langen Winter besuchen Pinguine wie der Zügel- oder Kehlstreifpinguin (*Pygoscelis antarcticus*) Eisberge und warten auf den Nahrungsreichtum, den die Planktonblüte im Frühling (siehe S. 182) bringt. Die schmelzenden Eisberge tragen selbst zur Planktonblüte bei, weil sie Nährstoffe vom Land mitführen und freisetzen.

EISBERGENTSTEHUNG

Das schwimmende Schelfeis und Meeresgletscher werden von Stürmen und mächtigen Wellen getroffen, aber noch mehr Belastung entsteht durch die Gezeiten. Da das Wasser ständig steigt und fällt, entstehen Risse und Spalten im Eis, sie öffnen sich immer weiter. Schließlich »kalbt« der Gletscher: Große Eisbrocken brechen an der Kante ab, stürzen ins Meer und driften als Eisberge davon. Sie bestehen aus Süßwasser.

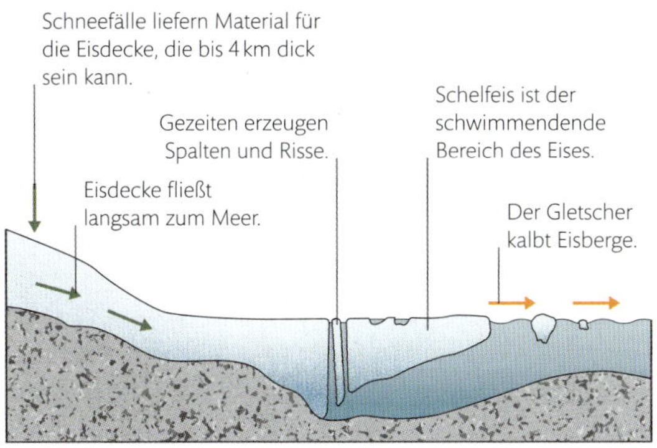

KÜSTENEROSION

Eine typische energiereiche Küste zeigt schnell erodierende Kliffe, große Felsblöcke und Kaps (ausgeprägte Landzungen). Die Wellenfronten werden an der Küste zum flacheren Wasser hin gebeugt, also zu den Seiten der Kaps, sodass sich ihre Energie dort konzentriert. Die Brandung erodiert mehr als sie sedimentiert, sodass sie Brandungskehlen, -höhlen, -tore und -pfeiler ausgräbt. In den geschützten Buchten zwischen den Kaps entstehen Strände, weil hier mehr sedimentiert als erodiert wird.

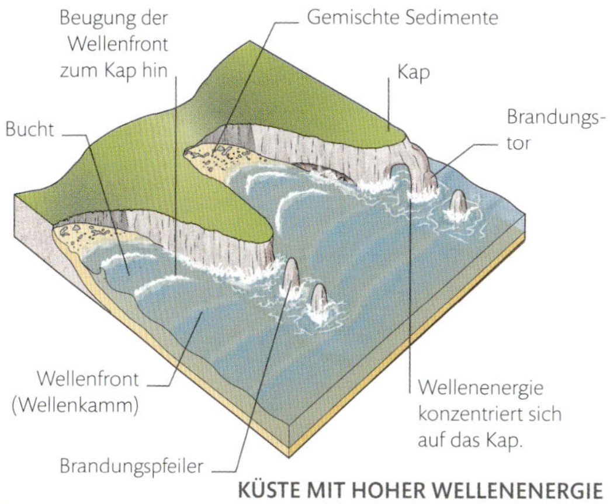

KÜSTE MIT HOHER WELLENENERGIE

Wo sich Land und Meer treffen

Ein dynamisches Duell zwischen Land und Meer spielt sich an Küsten ab. Meerwasser erschafft und zerstört: Es erodiert Kliffe, formt Felsküsten, rundet Steine und mahlt Sand, sodass lange, goldene Strände entstehen, die schließlich ins Meer gespült werden. Aber die Küsten erhalten auch jährlich etwa 20 Mrd. Tonnen Sediment aus Flüssen, dazu kommen Staub, den der Wind bringt, und Gletscherablagerungen. Küsten sind vielfältig und spektakulär, von tiefen Fjorden und brandungsumtobten Kliffen bis zu weiten schlammigen Deltas, Mangrovensümpfen und weißen Korallensanden.

Skelettküste (Namibia)
Vier der längsten Strände der Welt mit je über 100 km Länge liegen an der Skelettküste, wo die Namibwüste an den Südatlantik grenzt (links). Die Wüste ist etwa 60 Mio. Jahre alt und die Dünen, von denen einige 300 m hoch sind, reichen bis an den Strand.

Flussarme verteilen das Wasser und die Sedimente des Ganges im Golf von Bengalen.

Die Mangroven sind dunkelgrün.

Gangesdelta
Teile des enormen Deltas sind wilde Mangroven, andere Teile werden intensiv bewirtschaftet (rechts). Der Monsun schwemmt siltreiche Sedimente in ein riesiges, 2500 km langes untermeerisches Delta im Golf von Bengalen.

Gehobene Strände in Neuseeland
In Erdbebenregionen kann die Erdkruste durch tektonische Kräfte gehoben oder gesenkt werden. Dieses Bild (rechts) von Turakirae Head (Neuseeland) zeigt eine Abfolge von drei alten Stränden, die sich als Kiesrücken durch das Land hinter dem heutigen Strand winden. Die Strände wurden vor 160 Jahren (der unterste) und vor 5000 Jahren (der oberste) abgelagert. Sie zeigen die Lage früherer Sturmflutstrände, die durch größere Erdbebenaktivität gehoben wurden.

Landhebung
Eiskappen drücken durch ihr Gewicht das Land herunter, sodass es sich wieder hebt, wenn das Eis schmilzt. Dieser Vorgang, der isostatische Ausgleich, schuf diesen gehobenen Kiesstrand (links) am Loch Tarbert auf der Insel Jura in Schottland.

Meeresspiegelanstieg

Der Meeresspiegel ist die mittlere Höhe der Meeresoberfläche relativ zum Land. Er variierte in der Erdgeschichte infolge von tektonischen Bewegungen und Klimaveränderungen. In Eiszeiten war mehr Wasser in Gletschern gebunden. Daher lag der Meeresspiegel vier Mal in der letzten Jahrmillion um bis zu 120 m niedriger und weite Kontinentalschelfe fielen trocken. Noch früher führte die Rate der Ozeanbodenspreizung und der Gebirgsbildung dazu, dass der Meeresspiegel 250–350 m höher lag und Meere 85 % der Erdoberfläche bedeckten. Durch die heutige Erderwärmung dehnt sich das Meerwasser aus und Gletscher schmelzen. Der Meeresspiegel dürfte bis Ende des Jahrhunderts um 30–50 cm steigen.

HINWEISE AUF MEERESSPIEGELANSTIEG

Dieses Titelbild der neunten Auflage von 1853 der *Principles of Geology* von Charles Lyell zeigt den römischen »Serapistempel« (tatsächlich ein Marktplatz) in Pozzuoli (Süditalien). Lyell schreibt, das auffällige Band von Bohrlöchern in den Säulen, die von Muscheln der Gattung *Lithophaga* stammen, zeige, dass sie einst im Meer versunken waren und später wieder gehoben wurden: ein Beleg für Meeresspiegelschwankungen und die Aktualismustheorie der Geologie. Moderne Forschungen bestätigen das im Wesentlichen.

»SERAPISTEMPEL« IN POZZUOLI (ITALIEN)

VOM FLACHMEER ZUR TIEFSEE

Um die Kontinente liegen sanft abfallende Kontinentalschelfe und dann steilere Kontinentalhänge mit tiefen Canyons und Schluchten. Enorme untermeerische Ströme, Trübeströme genannt, und gewaltige Hangrutsche transportieren Sediment den Hang herunter. Es wird am Kontinentalfuß abgelagert und oft noch durch starke Konturströmungen (die am Hang entlangströmen) umgelagert oder als Tiefseefächer weiter ins Meeresbecken verfrachtet.

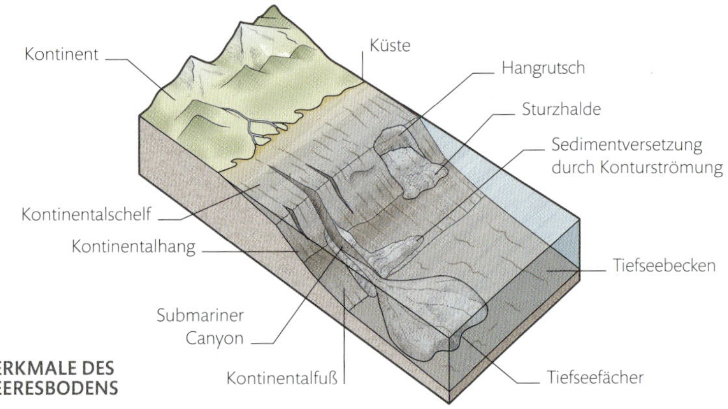

MERKMALE DES MEERESBODENS

Flachmeere

Flachmeere erstrecken sich von der Küste bis zum Rand des Kontinentalschelfs in Tiefen bis etwa 100 m. Da das Sonnenlicht in das oft nährstoffreiche Wasser eindringt, sind sie ideal für die Fotosynthese, für Korallenriffe und Tangwälder. Sie stellen die Kinderstuben für Larven und Jungtiere und sind Nahrungsquellen für unzählige Meerestiere. Flachmeere werden sowohl durch biologische Aktivität als auch durch Wellen, Gezeiten, Strömungen und den Küstenauftrieb (Aufstieg von Tiefenwasser) geformt. Rippel und Sandbänke am Boden bezeugen den Sedimenttransport vom Land über den Kontinentalschelf.

Baumeister des Meeresbodens
Die Klaffende Feilenmuschel (*Limaria hians*) verändert den Meeresboden erheblich. Sie baut Nester aus Schalen und Steinen, die sich zu einer dichten, riffartigen Struktur kombinieren. Diese stabilisiert und erhöht den Meeresboden und schafft damit einen Lebensraum, in dem eine vielfältige Tiergemeinschaft lebt.

Tangwald vor der Küste Kaliforniens
Wälder aus Riesentang (*Macrocystis pyrifera*) wachsen in dem nährstoffreichen, gemäßigten Schelfwasser, wie hier vor Kalifornien (USA). Die mit Haftplatten am Boden verankerten Tange werden von Gasblasen aufrecht gehalten und können bis zu 60 cm pro Tag wachsen. Viele Meerestiere finden hier Schutz.

Boden der Weltmeere
Marie Tharp veröffentlichte 1977 diese Karte des Meeresbodens der Weltozeane, kurz nachdem ihr Kollege Bruce Heezen auf See während einer ozeanografischen Expedition im Atlantik verstorben war.

Geschichte der Geowissenschaften

Kartierung des Meeresbodens

Marie Tharp bei der Arbeit
Marie Tharp, hier im Lamont Geological Observatory in New York (USA), schrieb mühevoll die Sonardaten um und konstruierte ihre bahnbrechende Karte des Bodens der Weltmeere.

Die wohl bedeutendste Karte des 20. Jh. war eine völlig neue Darstellung des Meeresbodens, die die US-Geologen Marie Tharp und Bruce Heezen von 1957 bis 1977 in mühevoller Kleinarbeit erstellten. Erstmals wurde der Meeresboden – der 71 % der Erdoberfläche bedeckt und zuvor fast völlig unbekannt gewesen war – für die Öffentlichkeit und die Wissenschaft sichtbar, was zu fundamentalen Einsichten in die Natur des Planeten führte.

Die Heezen-Tharp-Karten erfassten die Topografie des Meeresbodens auf Papier. Sie zeigten erstmals das größte Gebirge der Welt, das System der mittelozeanischen Rücken, die sich 3000 m über den Meeresboden erheben und über 60 000 km um den Planeten erstrecken. Sie zeigten dunkle Abgründe, die über 1 km tief abfallen. Tiefe, die Landmassen säumende Canyons, schneiden die flachen Schelfe ein und führen vom Land erodierte Sedimente zu gigantischen Tiefseefächern, die sich über flache Ebenen ausbreiten. Die Karten zeigten zahllose unterseeische Seamounts und aktive Vulkane, die die Oberfläche erreichen und von Riffen gesäumte Inseln bilden. Ihre Arbeit lieferte wichtige Beweise für die Plattentektonik, die bis in die 1960er nicht allgemein anerkannt war.

Tharp und Heezen nutzten Sonarmessungen des Meeresbodens. Ihre Karte und die wunderschöne, von Heinrich Berann gemalte Darstellung von 1977 waren ein echter Meilenstein.

Heute werden unsere Methoden immer ausgefeilter und präziser. Wir verwenden Satellitenbilder, um die globale Meereskarte zu verfeinern, und hochpräzise Tiefseesonare zur Vermessung verschiedenster Merkmale des Meeresbodens. Dazu gehören Sedimentwellen, Gasaustrittsnarben, Tiefseekorallenriffe und sogar die Verwerfung im Sumatra-Graben, die den verheerenden Tsunami von 2004 auslöste.

Die Karte, die die Welt veränderte
Die Karte von Tharp und Heezen, die den Mittelatlantischen Rücken zeigt (Mitte im Bild links), revolutionierte die Meereskunde, doch viele Forscher waren zunächst skeptisch. Jacques Cousteau erforschte den Rücken mit einem Tauchboot zunächst mit der Absicht, ihre Ergebnisse zu widerlegen, doch stattdessen bestätigte er die Existenz des zentralen Grabens, in dem die Ozeanbodenspreizung stattfindet.

»Es wurde deutlich, dass die bisherigen Erklärungen für die Entstehung der Erdoberfläche nicht mehr stimmten.«

HALI FELT, *SOUNDINGS: THE STORY OF THE REMARKABLE WOMAN WHO MAPPED THE OCEAN*, 2012

Jäger des offenen Ozeans
Albatrosse sind pelagische Räuber, die viele Monate, teils über ein Jahr, auf dem offenen Meer leben, bis sie zum Brüten zu abgelegenen Inseln zurückkehren. Diese Schwarzbrauenalbatrosse (*Thalassarche melanophris*) suchen im turbulenten, nährstoffreichen Wasser des Südpolarmeers nach Beute.

Bewohner der Tiefe
Die Tiefsee ist ein dunkler, kalter Lebensraum mit hohem Wasserdruck. Dumbo-Oktopusse (*Grimpoteuthis* spp.) leben in Tiefen bis zu 4000 m, vereinzelt auch tiefer. Sie schweben über dem Meeresboden und suchen nach Muscheln, Krebstieren und Würmern.

Der offene Ozean

Im Pelagial, dem offenen Meer, das zwei Drittel der Erde bedeckt, ist die Primärproduktivität gering und es gibt kaum Leben. Es ist nach Temperatur, Salzgehalt und Helligkeit in Zonen geteilt und durch Strömungen weiter gegliedert. Werden diese subtilen Grenzen durch Stürme, den Auftrieb von Tiefenwasser oder das Mischen von Wassermassen gestört, steigen Nährstoffe zur Oberfläche und führen zu Planktonblüten. Tiere fressen das Plankton, aber es gibt keine Verstecke, sodass sie Strategien gegen Räuber entwickelt haben: transparente Körper und Gegenschattierung, Massenwanderung des Zooplanktons von der Oberfläche in die Tiefe und riesige Fischschwärme.

OZEANISCHE SPRUNGSCHICHT (THERMOKLINE)

Die Sprungschicht oder Thermokline liegt unter der warmen Oberflächenschicht gemäßigter und warmer Meere und ist 50–1000 m dick. In den Tropen stabilisiert ruhiges Wetter die Thermokline, sodass sich das Oberflächenwasser nicht durchmischen kann und die Nährstoffe aufgebraucht werden. Stürme in den gemäßigten mittleren Breiten verstärken Mischungsvorgänge, sodass Nährstoffe zur Oberfläche steigen. Im grünen, phytoplanktonreichen Wasser gedeiht das Leben.

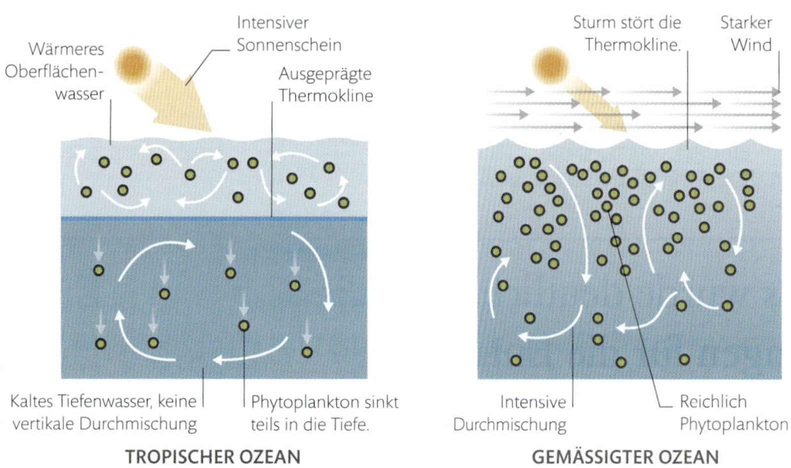

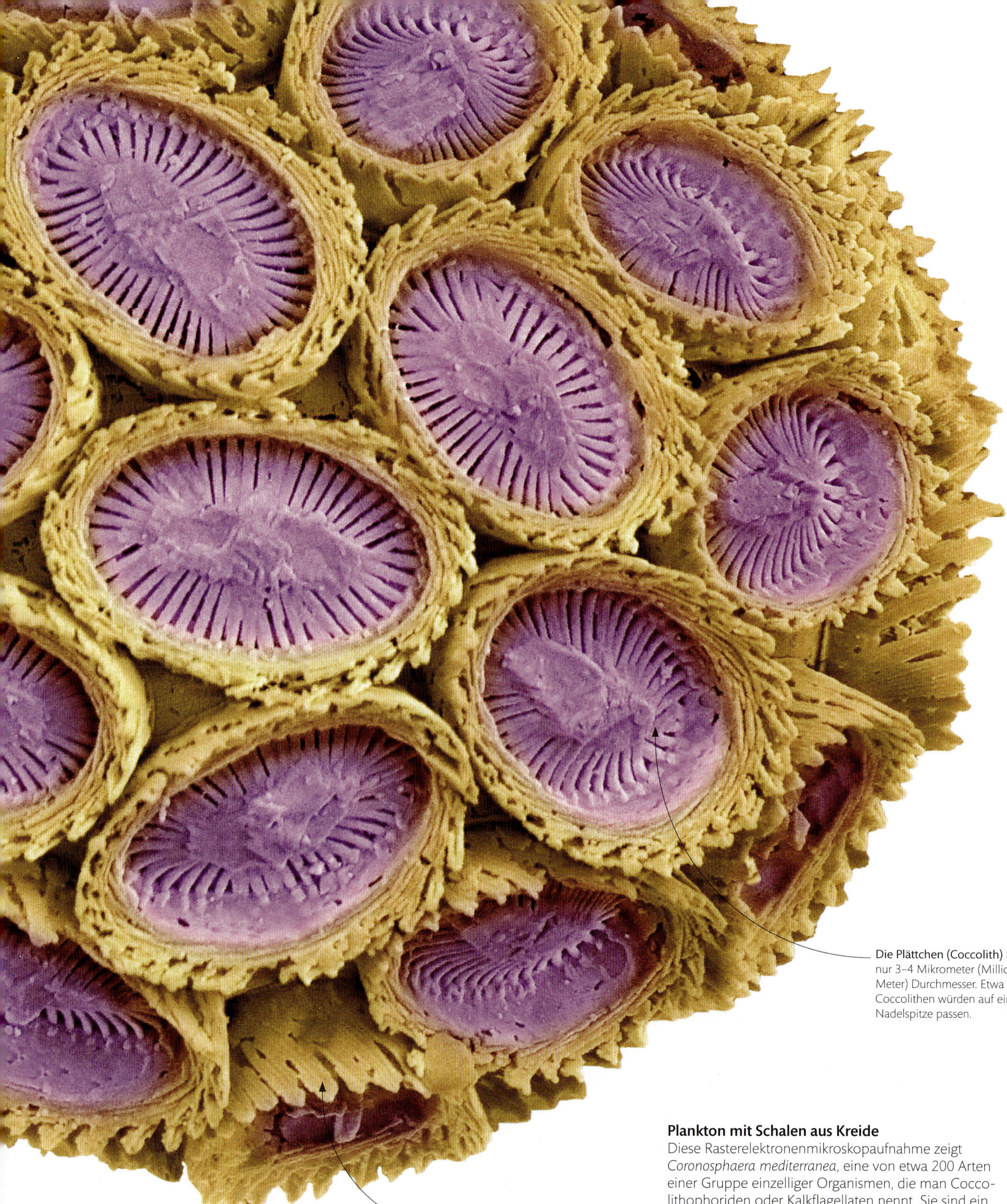

Die Plättchen (Coccolith) haben nur 3–4 Mikrometer (Millionstel Meter) Durchmesser. Etwa 40 000 Coccolithen würden auf eine Nadelspitze passen.

Stacheln und Speichen könnten Schutz vor Räubern oder Viren bieten, aber ihre Funktion verstehen wir noch nicht genau.

Plankton mit Schalen aus Kreide

Diese Rasterelektronenmikroskopaufnahme zeigt *Coronosphaera mediterranea*, eine von etwa 200 Arten einer Gruppe einzelliger Organismen, die man Coccolithophoriden oder Kalkflagellaten nennt. Sie sind ein essenzieller Teil des Fotosynthese betreibenden Planktons. Die Zelle ist von fein gemusterten Kalziumkarbonat-Plättchen umgeben, die zum Meeresboden sinken, wenn der Organismus stirbt. Die Plättchen tragen zum biogenen Kalkschlamm bei, der zu feiner Kreide wird.

Meeresbodensedimente

Der Meeresboden ist fast völlig mit Sedimenten bedeckt. An den Flanken der mittelozeanischen Rücken bilden sie nur eine dünne Decke über der ozeanischen Kruste, aber an Kontinentalrändern und in großen Flussdeltas können sie über 16 km dick sein. Jedes Sedimentkorn erzählt eine Geschichte über die Vorgänge, das Klima und die Umwelt bei der Ablagerung. Einige Sedimente werden durch Wind, Flüsse, Gletscher oder Meeresströmungen vom Land ins Meer gebracht. Andere sind biogen: Überreste von Planktonorganismen wie Foraminiferen, Coccolithophoriden, Radiolarien und Diatomeen (siehe S. 182). Zu den Sedimenten gehören auch Mineral- und Metallablagerungen, die aus konzentrierten Lösungen ausfallen oder aus Vulkanausbrüchen stammen, und sogar Weltraumstaub, der im Meer zu Boden sinkt.

Foraminiferen-Mikrofossilien
Foraminiferen haben die Größe mittlerer bis grober Sandkörner. Diese einzelligen Protozoen haben meist ein Gehäuse aus Kalziumkarbonat. Von den über 50 000 bekannten Arten leben die meisten benthisch (auf dem Meeresboden), andere sind wichtige Mitglieder des Zooplanktons.

BENTHISCH
(*Elphidium crispum*)

PLANKTONISCH
(*Orbulina universa*)

BENTHISCH
(*Cribroelphidium poeyanum*)

Radiolarien-Mikrofossilien
Wie die Foraminiferen gehören die Radiolarien (Strahlentierchen) zum Zooplankton, also zum tierähnlichen Plankton. Diese winzigen einzelligen Räuber des offenen Ozeans sind 0,03–2 mm groß. Sie haben eine glasartige Kieselschale mit Poren, durch die sie Finger (Pseudopodien) aus zellulärem Material ausstrecken.

SPHÄRISCH OFFEN
(*Theocapsa* spp.)

GLATT NUSSFÖRMIG
(*Tripospyris* spp.)

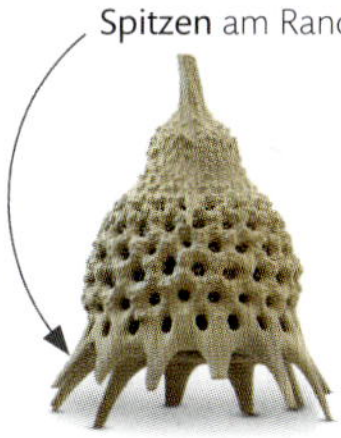

HELMFÖRMIG
(*Anthocyrtidium ligularia*)

MEERESBODENSEDIMENTE

Um das Festland und nahe der Pole ist der Meeresboden mit Sedimenten von Gletschern und anderen Landabtragungen bedeckt. Kieselschlamm (aus Siliziumdioxid) tritt in Gürteln auf, in denen der Küstenauftrieb (das Aufsteigen von Tiefenwasser) eine Blüte von kieselsäurereichem Plankton fördert. Kalkschlamm (aus Kalziumkarbonat) ist ebenfalls ein Sediment aus Planktonschalen, bleibt aber nur oberhalb von 4–5 km Tiefe erhalten. Darunter löst das saurere Wasser das Kalziumkarbonat auf und hinterlässt nur feines Material, den sogenannten roten Tiefseeton.

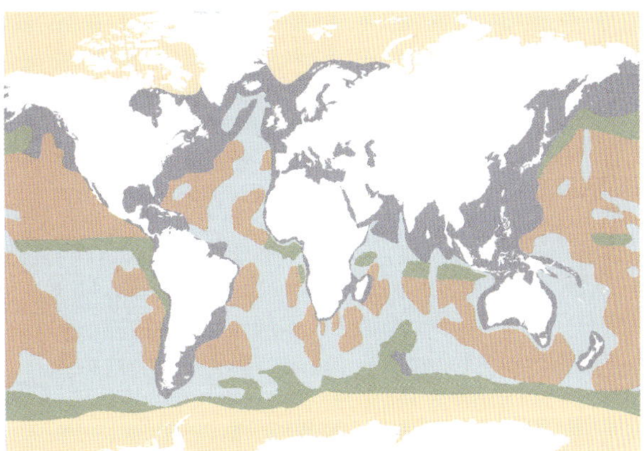

HERKUNFT DER MEERESBODENSEDIMENTE

LEGENDE
- Terrigenes Sediment (vom Land)
- Glaziales Sediment (von Gletschern)
- Kieselschlamm (biogen: Entstehung aus Plankton)
- Kalkschlamm (biogen: Entstehung aus Plankton)
- Roter Tiefseeton

Rundliche, kissenförmige Lavabrocken, typischerweise 0,5–1,5 m im Durchmesser

Kissenlava auf Hawaii
Wenn geschmolzene Lava in kaltem Meerwasser austritt, bildet sie schnell eine feste Kruste. Der Druck der nachströmenden Lava bläht diese Kruste auf, bevor sie abkühlt und zu kissenförmigen Massen auf dem Meeresboden erstarrt.

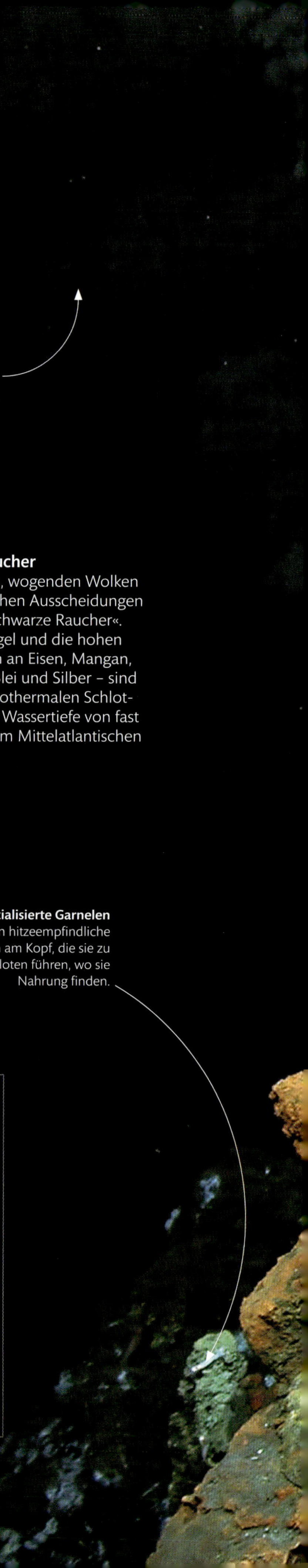

Dunkle Wolken aus Metallausfällungen, wo heißes Quellwasser auf eiskaltes Meerwasser trifft

Ozeantektonik

Mittelozeanische Rücken (siehe S. 117) sind Zentren des untermeerischen Vulkanismus. Hier treibt aufsteigendes basaltisches Magma tektonische Platten auseinander, tritt als Lava am Meeresboden aus und bildet neue ozeanische Kruste. Zusammen liegen an mittelozeanischen Rücken etwa 300 hydrothermale Schlotfelder, wo überhitztes Wasser mit 300–450 °C austritt. Minerale, die das Wasser aus dem Gestein gelöst hat, fallen beim Kontakt mit dem kalten Meerwasser aus und bilden schwarze Wolken aus Metalloxiden oder hohe Schlote aus Metallsulfiden. Mikroben gedeihen hier und gewinnen Energie durch Reaktionen von Wasserstoffsulfid aus dem Schlotwasser mit Sauerstoff aus dem Meerwasser. Diese Mikroben bilden die Basis für ein ganzes Ökosystem, dessen Lebewesen an diese extremen Verhältnisse angepasst sind.

Schwarze Raucher
Diese dunklen, wogenden Wolken aus mineralischen Ausscheidungen nennt man »schwarze Raucher«. Der felsige Kegel und die hohen Spitzen – reich an Eisen, Mangan, Kupfer, Zink, Blei und Silber – sind Teil eines hydrothermalen Schlotfeldes in einer Wassertiefe von fast 3000 m auf dem Mittelatlantischen Rücken.

Spezialisierte Garnelen haben hitzeempfindliche Stellen am Kopf, die sie zu den Schloten führen, wo sie Nahrung finden.

HYDROTHERMALE SCHLOTE

Kaltes Meerwasser dringt durch Risse und Spalten auf dem neu gebildeten Meeresboden tief in die ozeanische Kruste ein und laugt dabei einen Cocktail von Chemikalien aus dem Gestein aus. Trifft das Wasser auf heißes Magma, wird es überhitzt und zurück an die Oberfläche gedrückt, wo es als heiße Quelle austritt. Gelöste Mineralien fallen als schwarzer »Rauch« aus, lagern metallhaltige Sedimente ab und bilden eine »Stadtlandschaft« aus Schornsteinen, Türmen und Kaminen. Gemeinschaften von Muscheln, Seepocken, Seeanemonen, Napfschnecken, Krabben, Würmern, Garnelen und Fischen umgeben die Schlote. Ihr Nahrungsnetz beruht ausschließlich auf Mikroben.

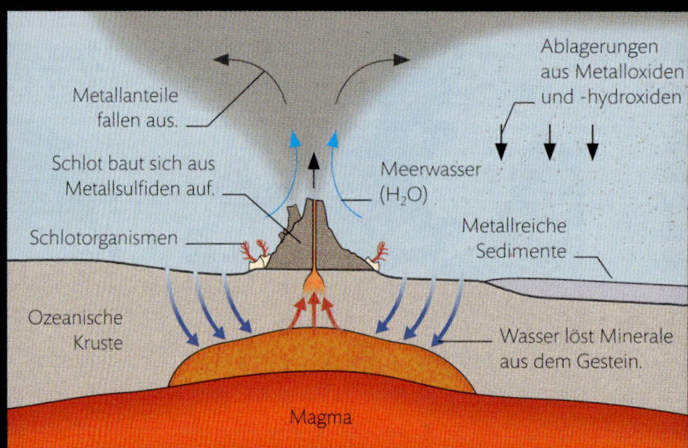

MINERALABLAGERUNGEN AN EINEM HYDROTHERMALEN SCHLOT

Inseln im Meer

Inseln sind wie Meeresoasen: Zufluchtsorte für Land- und Wasserbewohner. Sie erzählen uns auch etwas über die Vergangenheit und die Gegenwart. Die Hunderttausende von Inseln lassen sich in vier Haupttypen einteilen. Vulkanische Inseln und Korallenriffe sind oft klein und kurzlebig bedingt durch Erosion, Absinken und biotische Vorgänge. Kontinentale Inseln wurden durch einen Meeresspiegelanstieg oder die Tektonik von der Hauptlandmasse getrennt und sind nun unterschiedlich groß. Komplexe Inseln sind größer und langlebig, sie entstanden durch mehrere kombinierte Prozesse. Einige, etwa Zypern im Mittelmeer, haben einen Kern aus Tiefseekruste, einen Ophiolith, den kollidierende tektonische Platten zur Oberfläche gehoben haben.

Verschmelzende Inseln
Die Vulkaninsel Nishinoshima in Japan wuchs durch Verschmelzung mit einer neuen Insel, die bei Ausbrüchen 2013 entstand. Sie liegt an einer Subduktionszone (siehe S. 114–115), an der sich die Pazifische unter die Philippinische Platte schiebt.

ENTWICKLUNG VON VULKANINSELN

Einige Vulkaninseln, wie die Hawaii- und Galapagosinseln, entstehen über Hotspots an Mantelplumes (siehe S. 138), andere, wie Tonga oder die Marianen, über Subduktionszonen (siehe S. 114–115). Sie bilden sich aus ausgedehnten Lavaströmen am Meeresboden, die zu einem beachtlichen Kegel wachsen und die Wasseroberfläche erreichen können, was oft explosiv geschieht. In den Tropen werden Inseln bald von Korallenriffen gesäumt. Wenn der Lavastrom aufhört, sinkt die Insel ab. Versunkene Inseln heißen Seamounts. Während die Insel sinkt, wachsen die Korallen weiter nach oben in Richtung der sonnenbeschienenen Untiefen und bilden ein ringförmiges Riff an der Oberfläche, das man Atoll nennt.

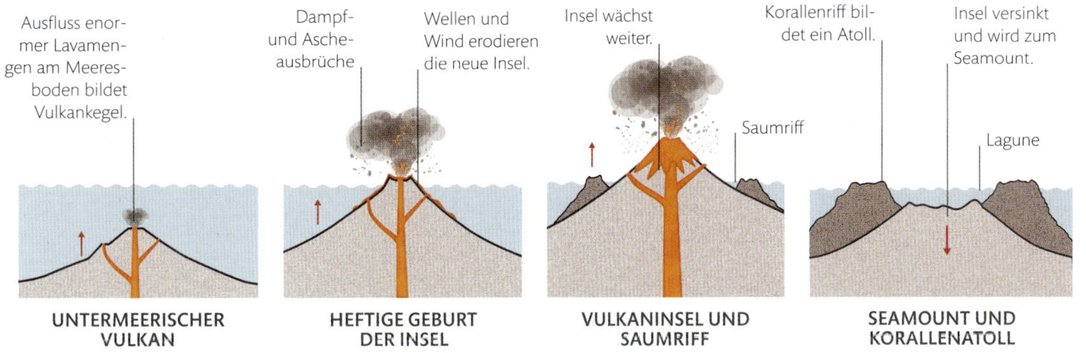

Korallenatoll in Indonesien
Die Insel Pulau Ndaa in der Bandasee ist ein Atoll: ein Korallenriff um eine Lagune. Das Atoll liegt auf einem erloschenen Vulkan, der zu einem Seamount wurde. Wenn das Korallenriff schnell genug wächst, um mit dem Absinken des Vulkans Schritt zu halten, bleibt das Atoll an der Oberfläche, wenn nicht, sinkt es mit dem Vulkan und verschwindet unter den Wellen.

SCHICHTEN DER ATMOSPHÄRE

Die Atmosphäre hat verschiedene Schichten mit eigenen Eigenschaften und Phänomenen. In der Troposphäre, der untersten Schicht, wirkt der Großteil der Wettersysteme. Hier sind die Verkehrsflugzeuge. Die Ozonkonzentration ist in der Stratosphäre am höchsten, in der Mesosphäre und der Thermosphäre gibt es dramatische Meteoritenschauer und schillernde Polarlichter. Die Kármán-Linie markiert die rechtliche Grenze des Weltraums – die offizielle Obergrenze des Luftraums eines Landes. Die darüberliegende Thermosphäre und Exosphäre sind zu dünn, um Flugzeuge zu tragen.

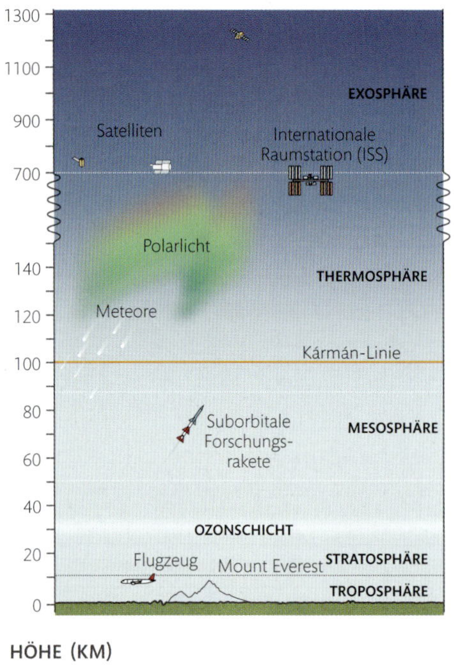

Die Leoniden sind ein jährlicher Meteorschauer, der durch Überreste des Kometen Tempel-Tuttle entsteht.

Meteorschauer
Meteoroide sind kleine steinige oder metallische Objekte im Weltraum. Wenn sie in die Erdatmosphäre eintreten, verglühen sie und erzeugen Lichtstreifen, die man Meteore nennt. Schätzungsweise 25 Mio. Meteoroiden, Weltraumstaub und andere Trümmer treten täglich in die Erdatmosphäre ein.

Der Rand des Weltraums
Die unterste Atmosphärenschicht (Troposphäre) enthält neben den normalen Luftgasen auch Wasserdampf. Hier liegen die Wettersysteme, die durch die Sonnenwärme angetrieben werden. Die Atmosphäre wird mit zunehmender Höhe immer dünner, bis sie nicht mehr vom interplanetaren Medium – dem Weltraum – zu unterscheiden ist.

Die Erdatmosphäre

Das Ozean-Atmosphäre-System unseres Planeten, das ursprünglich auf der Urerde aus vulkanischen Gasen entstand (siehe S. 28–29), ist einzigartig im Sonnensystem. Heute besteht sie zu etwa 78 % aus Stickstoff, zu 20,9 % aus Sauerstoff, zu 0,9 % aus Argon und aus 10–15 weiteren Spurengasen. In den unteren Schichten absorbiert das Gas Ozon die ultraviolette Strahlung der Sonne. Sie würde sonst die DNA von Pflanzen und Tieren schädigen und die Fotosynthese der Pflanzen behindern. Treibhausgase, vor allem Kohlendioxid und Methan, halten den Planeten auf einer bewohnbaren Temperatur, indem sie Infrarotstrahlung einfangen. Durch menschliche Aktivitäten ist ihre Menge jedoch auf ein gefährliches Niveau angestiegen, was zur globalen Erwärmung führt.

ERDMAGNETFELD

Die Erde ist wie ein riesiger Magnet. Ihr teils geschmolzener, eisenhaltiger äußerer Kern ist ständig in Bewegung und erzeugt ein Magnetfeld, das Tausende Kilometer ins All hinausreicht. Dieser magnetische Schild, die Magnetosphäre, schützt die Erde vor dem schädlichen Sonnenwind. Polarlichter entstehen, wenn Sonnenwindteilchen, die in die Magnetosphäre eindringen, zu den Magnetpolen gezogen werden.

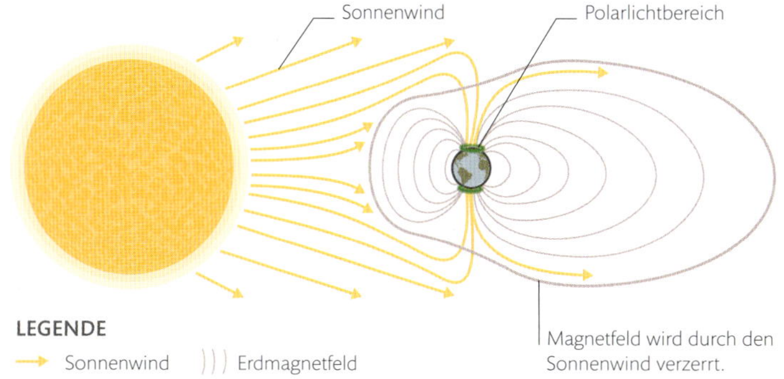

Polarlichter

Die Erdatmosphäre ist einem ständigen Bombardement durch den Sonnenwind ausgesetzt – einem Strom geladener Elektronen und Protonen, den die Sonne ausstößt. Die meisten dieser Teilchen werden vom Magnetfeld der Erde abgelenkt, aber einige durchdringen es nahe der Magnetpole. Wenn sie mit Stickstoff- und Sauerstoffatomen in der Luft kollidieren, wird Energie als Licht freigesetzt und erzeugt ein schillerndes Schauspiel tanzender Lichter am Himmel. Diese Lichtspiele nennt man Polarlichter oder Aurora, auf der Nordhalbkugel auch Nordlichter (Aurora borealis) und auf der Südhalbkugel Südlichter (Aurora australis).

Nordlichter
Die Farben eines Polarlichts hängen von der Art der Luftatome ab, die die Sonnenwindteilchen treffen, und von der Höhe, in der dies geschieht. Grün- und Rottöne, wie hier über Island, sind am häufigsten, aber gelbe, violette, blaue und rosa Farbtöne sind ebenfalls möglich.

Aurora australis (Südlichter) sieht man vom Weltraum aus als Band um den Südpol.

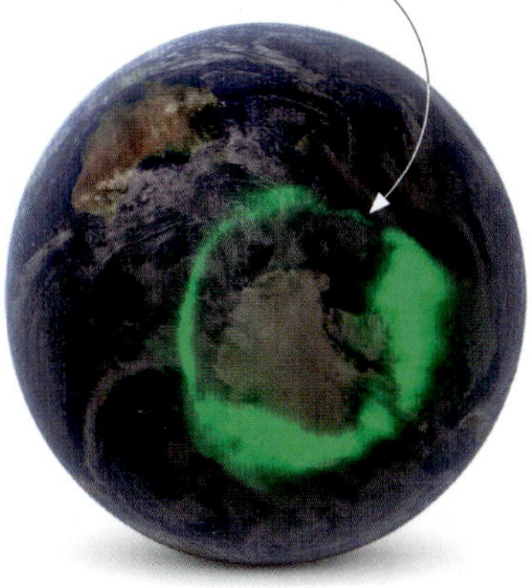

Polarlichtband
Die meisten Polarlichter wie diese um Antarktika treten in einem 3–6° breitem Band etwa 10–20° vom Nord- bzw. Südpol entfernt auf.

Wind

Von leichten Brisen bis zu Wirbelstürmen – die Luft der Troposphäre (siehe S. 210–211) ist durch Druck- und Temperaturunterschiede ständig in Bewegung. Wenn die Sonne Gebiete am Boden erwärmt, erwärmt sich auch die Luft darüber. Die warme Luft steigt auf und hinterlässt ein Gebiet mit niedrigem Druck. Kühle Luft, die dichter ist, sinkt ab und füllt den Raum aus. Diese ständige Zirkulation von Luft aus Regionen mit hohem Druck zu Regionen mit niedrigem Druck ist die Ursache für den Wind. Planetarische oder vorherrschende Winde sind Teile von drei großen Windzellen in der unteren Atmosphäre, die jede Hemisphäre beherrschen (siehe rechts). Lokale Winde über kleineren Gebieten und kürzere Zeiträume ergeben sich aus Zyklen von See- und Landbrisen in Küstenregionen.

Gnadenlose Stürme
Die vorherrschenden Westwinde, die als »Roaring Forties« bekannt sind, hemmen und formen das Wachstum dieser Bäume am Slope Point an der Südspitze Neuseelands. Die starken Winde wehen auf der Südhalbkugel zwischen 40° und 50° relativ ungestört von bremsenden Landmassen. Der ständige Strom der Luft aus der gleichen Richtung trocknet die Triebe und Knospen auf einer Seite dieser Bäume aus und hemmt neues Wachstum, während die andere Seite normal weiterwachsen kann. So entsteht die Illusion, dass sie sich im Wind biegen.

ATMOSPHÄRISCHE ZIRKULATION

Am Äquator erwärmt die Sonne die Luft, die dann aufsteigt. Beiderseits des Äquators strömt Luft nach, um diese aufsteigende Luft zu ersetzen, wodurch Winde, die Passatwinde, über die Tropen wehen. Die aufsteigende Luft strömt polwärts, kühlt ab und sinkt wieder. Diese zellenartige Zirkulation beiderseits des Äquators heißt Hadley-Zelle. Weitere Zellenpaare entstehen in den mittleren Breiten und den Polarregionen, wo sie die vorherrschenden Westwinde und polaren Ostwinde treiben.

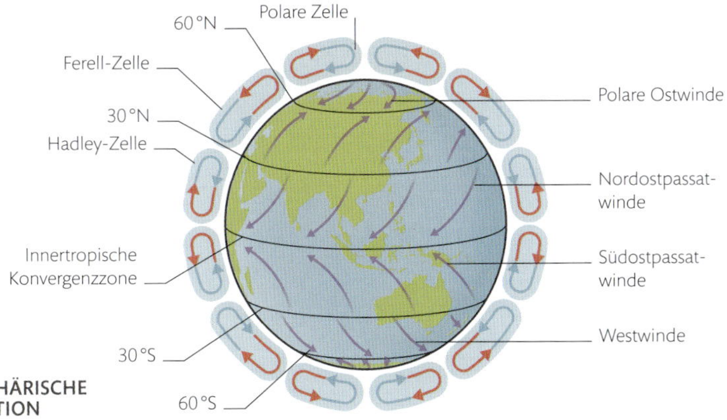

GLOBALE ATMOSPHÄRISCHE ZIRKULATION

Habub
Ein Habub, wie dieser, der sich Khartum (Sudan) nähert, ist ein intensiver Sturm, der weltweit in trockenen Regionen vorkommt. Der starke Wind kann sich ohne oder mit nur geringer Vorwarnung nähern und eine Wand aus Sand und Staub aufwirbeln, die bis 100 km breit ist.

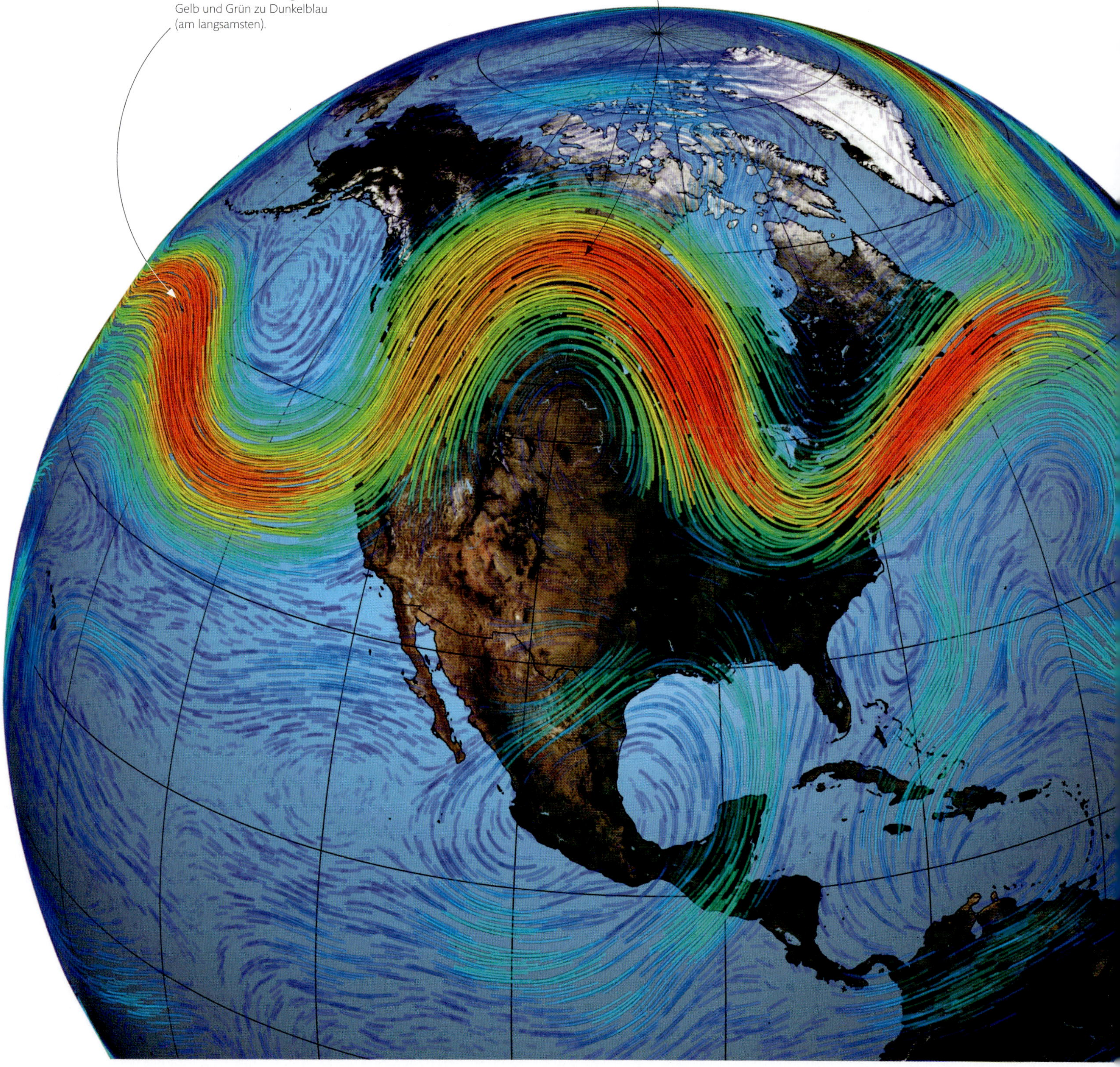

Rossby-Wellen sind großräumige Mäander im Jetstream.

Die Windgeschwindigkeit ist farbcodiert von Rot (am schnellsten) über Orange, Gelb und Grün zu Dunkelblau (am langsamsten).

Das Ozonloch
Farbige Satellitenkarten (rechts) zeigen den Ozonabbau in der Atmosphäre über der Antarktis. Die dunkelblaue Färbung zeigt die Gebiete mit dem größten Ozonabbau: das »Ozonloch«. Es wuchs nach 1987 weiter an und erreichte im Jahr 2000 eine Fläche von 28 Mio. km², stabilisierte sich dann aber und wurde wieder kleiner.

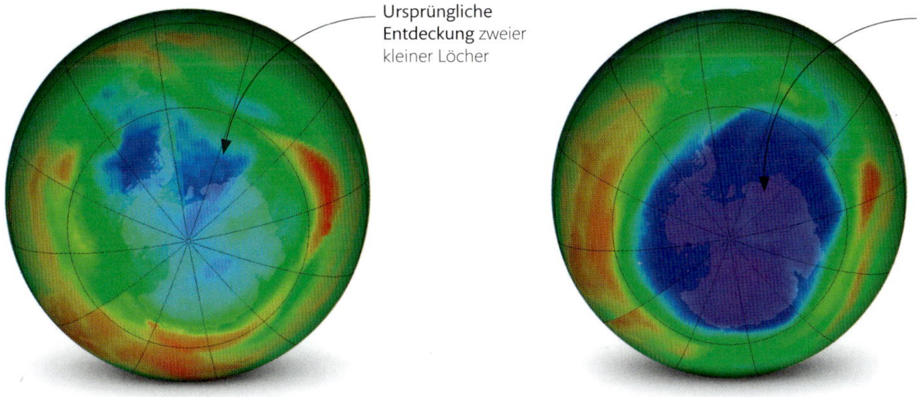

Geschichte der Geowissenschaften

Satellitenbilder der Atmosphäre

Seit den 1960er Jahren können wir mit Satelliteninstrumenten zur Fernerkundung der Erdatmosphäre große Teile der Welt gleichzeitig beobachten, aber auch bestimmte Gebiete über lange Zeiten überwachen. Mit Satelliten fand man Löcher in der Ozonschicht, wodurch Gegenmaßnahmen ergriffen werden konnten und sie helfen uns, die atmosphärischen Veränderungen zu verstehen, die sich vermutlich stark auf das Leben auf der Erde auswirken werden.

Augen im Weltraum
Sensoren an Bord des Satelliten Nimbus-7 entdeckten 1979–1980 ungewöhnlich niedrige Ozonkonzentrationen über der Antarktis und trugen dazu bei, das Ozonloch zu identifizieren.

Satelliten nutzt man routinemäßig für alle Aspekte der Meeres- und Atmosphärenforschung. Sie sind heute für die Wetterbeobachtung und -vorhersage und die Warnung vor Extremereignissen unerlässlich. Langzeitbeobachtungen verfolgen die Luftverschmutzung durch Vulkane, Waldbrände und Städte und helfen, die Natur und die Folgen natürlicher Klimaschwankungen wie El Niño zu verstehen (siehe S. 243).

Satelliten zur Wetterbeobachtung haben hohe geostationäre Umlaufbahnen – sie befinden sich in fast 36 000 km Höhe. Die meisten anderen wissenschaftlichen Fernerkundungssatelliten kreisen in 160–2000 km Höhe. Diese »niedrigen Erdumlaufbahnen« sind verschieden stark gegen die Äquatorebene geneigt. Die Satelliten umkreisen auf ihnen die Erde alle 90–120 Minuten, jedes Mal über einem anderen Gebiet. In etwa 12 Stunden wird so die ganze Erdoberfläche abgedeckt.

Seit den 1970er-Jahren beobachten Satelliten die Atmosphäre im Infrarotbereich, im sichtbaren Spektrum und im Mikrowellenbereich. Einige Instrumente scannen seitlich, um die obere Atmosphäre im Profil zu betrachten: Sie messen vertikale Variationen von Gasen, Temperatur und Druck. Andere messen die Winde in großer Höhe mithilfe der Doppler-Verschiebung.

Satelliten analysieren die Zusammensetzung der Atmosphäre mit Spektrometriesensoren, die Gase dadurch identifizieren, wie sie bestimmte Strahlungswellenlängen absorbieren oder emittieren. Spektrometriedaten von Satelliten wie Nimbus-7 trugen entscheidend zur Entdeckung der Ozonschicht-Ausdünnung bei. Dies führte 1987 zum Montrealer Protokoll zum Schutz der Ozonschicht. Satelliten messen auch die Treibhausgaskonzentration, um Maßnahmen zur Bekämpfung des Klimawandels zu überwachen.

Visualisierung des Jetstreams
Diese Darstellung des Jetstreams, des Gürtels schneller, ostwärts gerichteter Winde in der oberen Troposphäre, basiert auf Satellitenbeobachtungen des Wasserdampfgehalts. Die Position des Jetstreams ist für das Verständnis des Wetters wichtig, denn sie beeinflusst die Lage von Tiefdruckgebieten und die mit ihnen verbundenen Wetterphänomene wie etwa Stürme.

Wettersysteme

Sonnenschein oder Wolken, Regen oder Schnee, Sturm oder Windstille – das veränderliche Wetter entsteht durch die Wechselwirkung von Sonnenenergie mit den Ozeanen, der Atmosphäre und dem Land. Sonnenlicht erwärmt die Erde an manchen Orten mehr als an anderen, was zu Luftdruckunterschieden und Wind führt (siehe S. 214–215). Es treibt auch den Wasserkreislauf an (siehe S. 224–225). Je nach Region gibt es verschiedenste Wettersysteme – tropische, monsunale, gemäßigte und polare. In gemäßigten Breiten dominieren Tiefdruckgebiete (»Tiefs« oder Zyklone), die sich über mehrere Tagen bilden und wieder abklingen, wobei sie von Westen nach Osten ziehen. Tiefs entstehen durch Rossby-Wellen – riesige Mäander in den Höhenwinden des Jetstreams, die sich durch die Erdrotation entwickeln (siehe S. 216–217).

Bombenzyklone, US-Ostküste
Dieses Satellitenbild der US-Ostküste zeigt die spiralförmigen Wolken einer Bombenzyklone. Ursache ist ein dramatischer Luftdruckabfall von außen nach innen in einem Wettersystem durch den Zusammenprall kalter kontinentaler Luft mit warmen marinen Luftmassen.

Tiefs in mittleren Breiten

Angetrieben von den vorherrschenden Westwinden taucht die sich schnell bewegende kalte Polarluft unter die sich langsamer bewegende warme Tropenluft, die nach oben gedrückt wird, wodurch ein Tiefdruckgebiet (Tief) entsteht. Auf der Nordhalbkugel (links im Bild) entsteht durch die in dieses Tief strömende Luft eine Drehung gegen den Uhrzeigersinn, auf der Südhalbkugel im Uhrzeigersinn. Der ganze Vorgang der Bildung eines Tiefs heißt Zyklogenese.

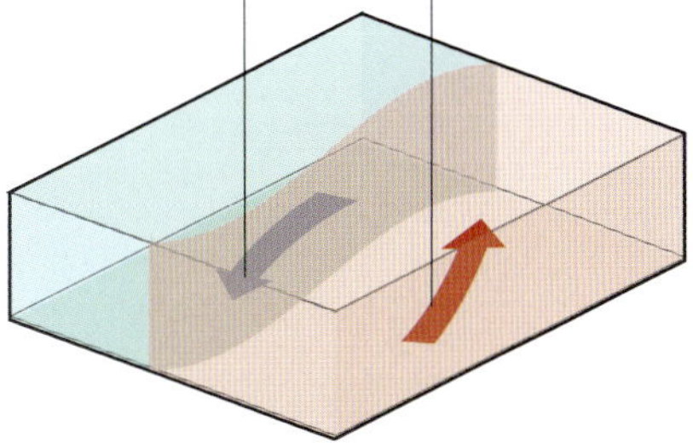

Phase 1
Wenn sich eine kalte Luftmasse auf eine warme Luftmasse zubewegt, beginnen sie zu interagieren. Dies ist die Anfangsphase der Zyklogenese.

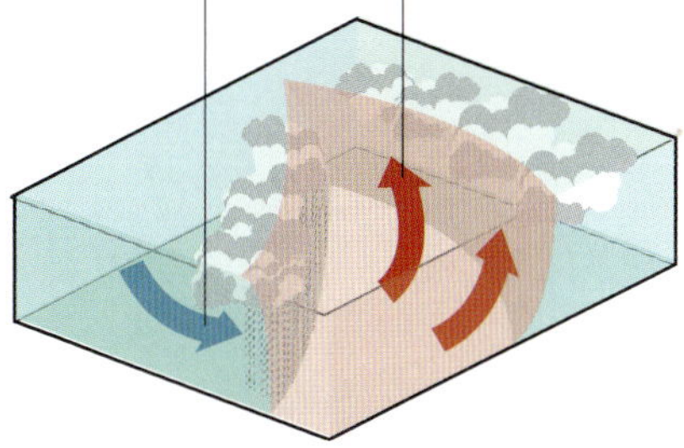

Phase 2
Kaltluft drückt warme Luft nach oben. Die resultierende Drehung ist der Beginn der spiraligen Rotation des Tiefs.

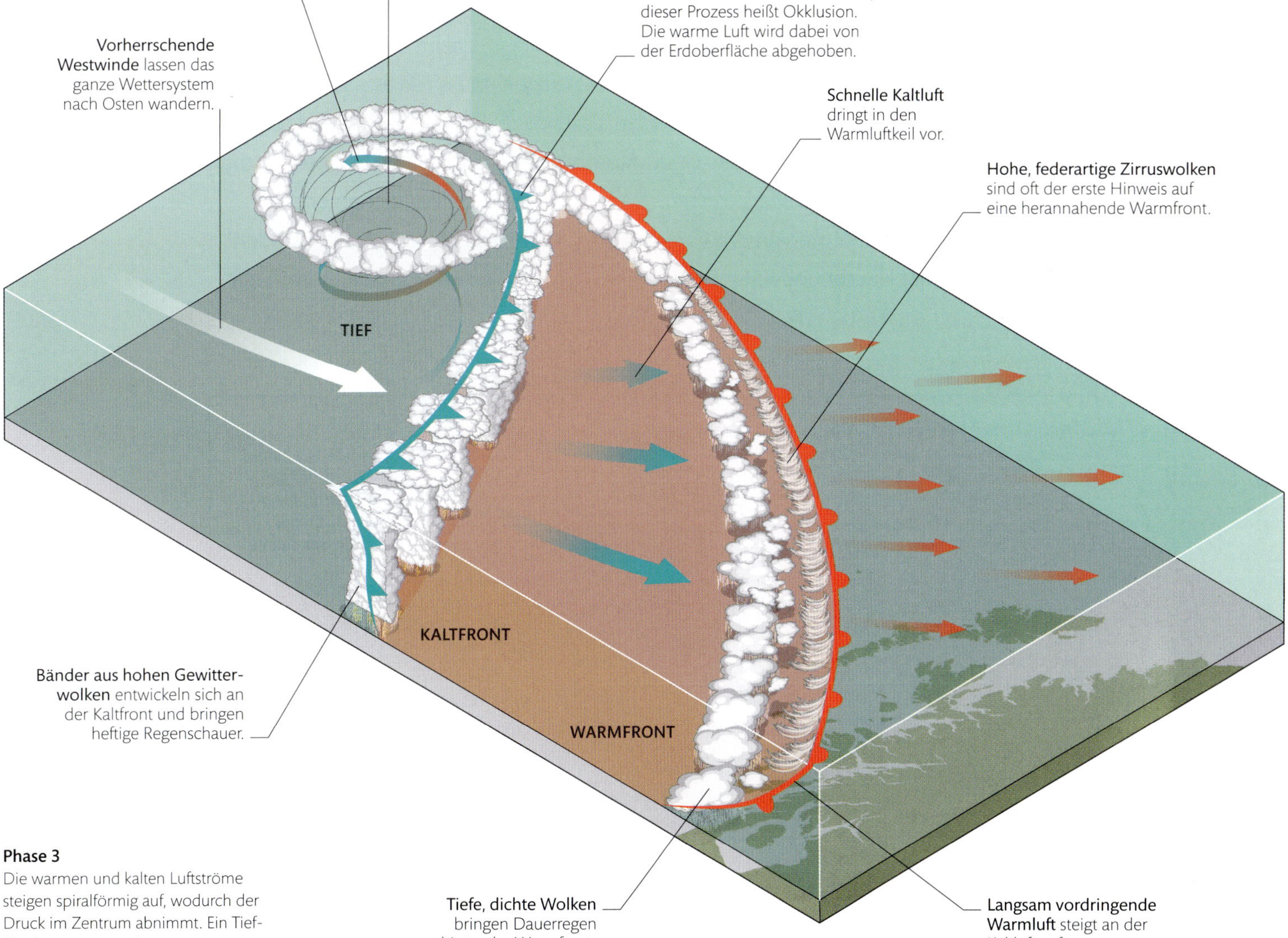

Phase 3
Die warmen und kalten Luftströme steigen spiralförmig auf, wodurch der Druck im Zentrum abnimmt. Ein Tiefdrucksystem entsteht.

Im Auge des Sturms
Während es im Zentrum eines Wirbelsturms einen ruhigen Bereich kühler Luft gibt, der als Auge bezeichnet wird (hier beim Hurrikan Florence im Jahr 2018), wehen die stärksten Winde spiralförmig durch die Augenwand nach oben. Die höchsten Gewitterwolken, kräftige Stürme und häufige Blitzeinschläge umgeben das Auge.

Die ruhige Augenregion hat typischerweise etwa 30–60 km Durchmesser.

Tropische **Wirbelstürme**

Tropische Wirbelstürme sind die größten und heftigsten Stürme der Erde mit anhaltenden Windstärken von 120–250 km/h und Rekordböen von über 400 km/h. Diejenigen, die im Nordatlantik und im Nordostpazifik entstehen, werden als Hurrikane bezeichnet, diejenigen im Nordwestpazifik als Taifune und diejenigen im Südpazifik und im Indischen Ozean als Zyklone. Die Energie eines einzigen tropischen Wirbelsturms entspricht der von etwa 10 000 Atombomben. Sie bilden sich über warmen tropischen Meeren, doch wenn diese heftigen, rotierenden Stürme die Küsten erreichen und ins Landesinnere ziehen, richten sie enorme Verwüstungen an – die Kombination aus starken Winden und heftigen Regenfällen reißt Häuser und Bäume nieder und verursacht katastrophale Sturmfluten.

ENTSTEHUNG EINES WIRBELSTURMS

Tropische Wirbelstürme entstehen, wenn die Meeresoberflächentemperaturen 27 °C übersteigen. Wasser verdunstet von der überhitzten Oberfläche, steigt auf und kondensiert zu Kumulonimbuswolken, die sich bis zur Obergrenze der Troposphäre (siehe S. 210–211) in 12–16 km Höhe auftürmen.

Kühle Luft strömt heran und ersetzt die aufsteigende, feuchte Luft. Aufgrund der Erdrotation drehen sich die Sturmwinde auf der Nordhalbkugel gegen den Uhrzeigersinn und auf der Südhalbkugel im Uhrzeigersinn. Kühle, trockene Luft sinkt durch das wolkenfreie Auge, einer ruhigen Region im Zentrum des Sturms.

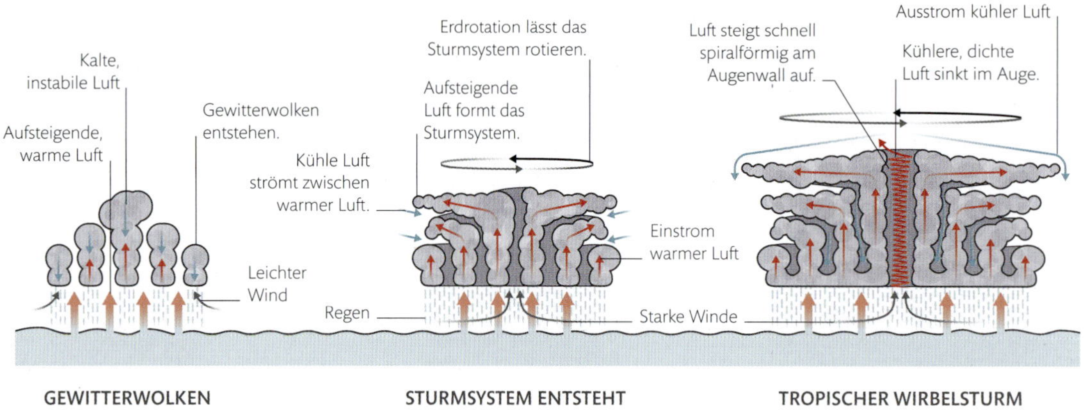

Atlantische Hurrikane
Im Laufe des Sommers steigen die Meeresoberflächentemperaturen im tropischen Nordatlantik und in der Karibik an, was eine sechsmonatige Hurrikansaison von Juni bis November zur Folge hat. Wie viele andere Hurrikane, die das Gebiet heimgesucht haben, verursachte Hurrikan Joaquin (hier zu sehen) im Oktober 2015 in der Karibik große Schäden.

Hohe bis sehr hohe Wolken

Während einige Arten von Wolken, darunter leuchtende Nachtwolken und polare Stratosphärenwolken (Perlmutterwolken), bis in die Mesosphäre und Stratosphäre reichen (siehe S. 210), bilden sich die meisten in der Troposphäre. Hier befinden sich die höchstgelegenen Wolken in einer Höhe von 7000–12 000 m über dem Boden. Es handelt sich in der Regel um kleine, bauschige Wolken, die vollständig aus Eiskristallen bestehen. Mehrstufige Kumulonimbuswolken (siehe S. 232–233) können sich über die gesamte Höhe der Troposphäre erstrecken.

Schleier und Fasern, die in der Dämmerung sichtbar sind, formen sich in extremer Höhe in der Mesosphäre.

LEUCHTENDE NACHTWOLKEN

Sehr hohe Wolken in der Stratosphäre sind nachts sichtbar. Nach dem Aussehen heißen sie auch Perlmutterwolken.

POLARE STRATOSPHÄRENWOLKEN

Mittelhohe Wolken

In einer Höhe von 2000–7000 m über dem Boden dominieren die häufigen, flächigen Altostratuswolken und die häufchen-, rollen- und wellenförmigen Altokumuluswolken. Zu den ungewöhnlicheren Arten gehören die auffälligen, linsenförmigen Lentikulariswolken (Altocumulus lenticularis), die oft bei Föhn entstehen und daher auch Föhnwolken oder Föhnfische genannt werden, und charakteristische runde Beutel, die in einem zellenförmigen Muster aus der Unterseite der Wolken herausragen und Mammatus heißen.

Schichtartige Flecken und Walzen in relativ großen Höhen am Himmel

ALTOSTRATUS

Verteilte, häufchenartige Wölkchen, die oft in parallelen Bändern angeordnet sind

ALTOKUMULUS

Niedrige Wolken

An bewölkten Tagen kann die gesamte untere Troposphäre unterhalb von 2000 m mit tief liegenden, flächigen Stratuswolken (Schichtwolken), flauschigen Kumuluswolken (auch Quell- oder Haufenwolken genannt) oder gemischten Stratokumuluswolken sowie mit den Basen von hoch aufragenden Nimbostratus- und Kumulonimbus-Regenwolken gefüllt sein. In diesen niedrigen Höhen bestehen die Wolken aus Wassertröpfchen. Andere linsen-, röhren- oder fleckenförmige Wolken können ebenfalls auftreten. Oberflächennahe Schichtwolken werden als Nebel und Dunst bezeichnet.

Diese seltene Schichtwolke mit einer wellenartigen Unterseite wurde erst 2017 in den internationalen Wolkenatlas aufgenommen.

ASPERITAS

Runde, knollige Wolken, die oft in parallelen Bändern angeordnet sind

STRATOKUMULUS

Wolkenarten

Von schillernden Strähnen bis zu bauchigen Taschen – die Formen, Farben und Größen von Wolken sind sehr verschieden. Wolken bilden sich, wenn feuchte Luft, die am Boden erwärmt wurde oder über hohe Hindernisse strömt, aufsteigt. Beim Aufsteigen kühlt sie ab und ihre Fähigkeit, Feuchtigkeit zu speichern, nimmt ab. Bei einer bestimmten Temperatur, dem Taupunkt, ist die Luft gesättigt und der Wasserdampf kondensiert um winzige Partikel, die Kondensationskerne, etwa Staub, Pollen und Sporen. Dabei entstehen winzige Tröpfchen oder Eiskristalle: die Grundlage einer Wolke. Wenn Wasser kondensiert, wird latente Wärme frei, die es der Luft ermöglicht, weiter aufzusteigen und dicke Wolkenbänke zu bilden. Die Art der entstehenden Wolken hängt von der Temperatur, der Luftfeuchtigkeit und der Stabilität der Luft ab.

Feine, faserige »Federwolken« zeigen meist schönes Wetter, können aber Vorboten einer Unwetterfront sein.

ZIRRUS

Linsenförmige Wolke, meist sehr glatt mit bauchiger Oberseite, oft bei Föhn (»Föhnwolken«).

LENTIKULARIS (ALTOCUMULUS LENTICULARIS)

Ungewöhnliche, kugelige Ausstülpungen an der Unterseite einer Wolkenschicht

MAMMATUS

Flockige, wollige »Schäfchenwolken«, die oft als kleine Flecken auftreten

KUMULUS

Niedrige, schichtartige Wolken, die sich über den ganzen Himmel erstrecken können

STRATUS

Spektakuläre, rollenförmige Wolken entstehen durch Abwinde aus Kumulonimbuswolken.

ARCUS

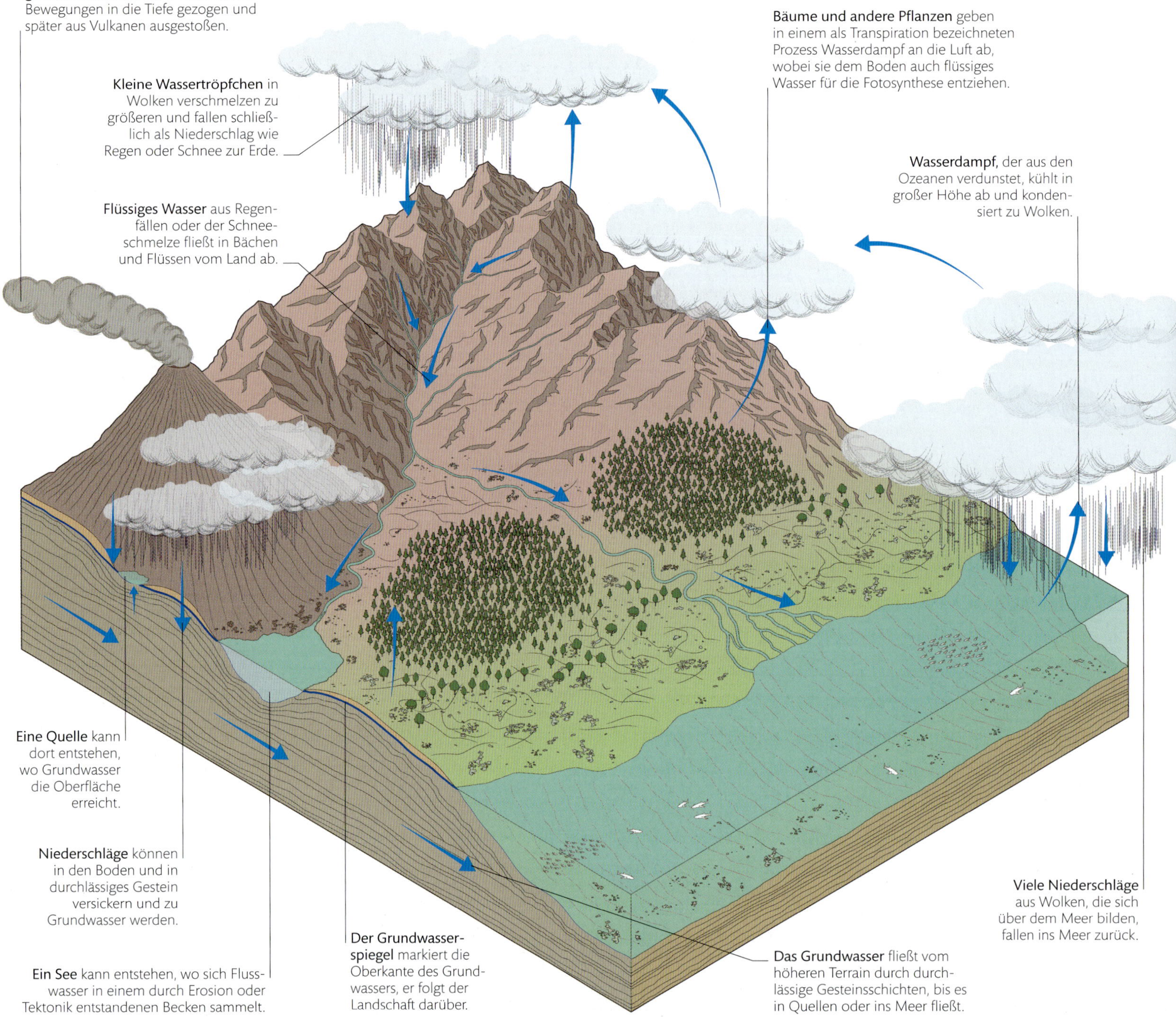

Kontinuierlicher Wassertransport

Die Sonnenwärme führt zur Verdunstung von Wasser aus den Ozeanen, vom Land und auch von Pflanzen. Wasserdampf steigt auf, kühlt ab und bildet Wolken. Schließlich kehrt das Wasser in der Atmosphäre als Niederschlag zum Boden zurück. Durch das Schmelzen von Schnee und Eis, den Oberflächenabfluss in Flüssen und die Versickerung in den Boden strömt flüssiges Wasser vom Land zurück in die Meere.

Grundwasser unter Druck

Niederschlagswasser kann durch durchlässiges Gestein in die Tiefe sickern, wo es von undurchlässigen Gesteinsschichten eingeschlossen werden kann. Der Druck des Wassers kann es an die Oberfläche drücken: Eine natürliche Quelle entsteht. Manchmal bohrt man das Wasser an, um einen artesischen Brunnen zu schaffen.

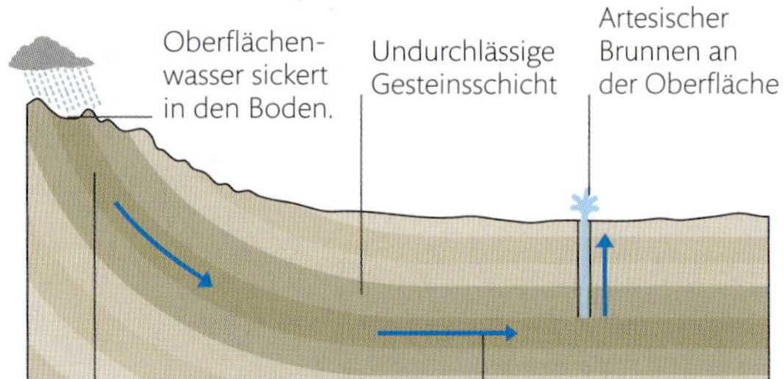

Der Wasserkreislauf

Der globale Wasserkreislauf (oder hydrologische Kreislauf) ist eines der wichtigsten Systeme, die die Erdoberfläche formen und die Atmosphäre regulieren. Er wird letztlich durch Sonnenenergie angetrieben. Er ist lebenswichtig für Pflanzen und Tiere, steuert das Wetter und transportiert Energie in den Ozeanen, der Atmosphäre und auf dem Land. Wasser schmiert auch Plattenbewegungen und kann Erdbeben auslösen. Das gesamte Wasservolumen auf und unter der Erdoberfläche beträgt etwa 1,4 Mrd. km^3. Davon entfallen fast 96 % auf die Ozeane, etwa 3 % auf Gletscher und Eisschilde sowie etwa 1 % auf das Grundwasser. Alle Flüsse, Seen, die Luft und die Biosphäre enthalten zusammen nur einen Bruchteil (unter 1 %). Ein einziges Wassermolekül verbringt wohl nur einige Tage in der Atmosphäre oder einige Wochen in einem Fluss, kann aber eine Million Jahre lang in einem Eisschild eingeschlossen sein.

Jahreszeitlicher Wasserkreislauf
Die sommerliche Schneeschmelze in Ostgrönland treibt einen steilen Strom aus Wasser und Sedimenten vom Syltoppene-Gletscher über ein felsiges Fächerdelta in den mehr als 2700 m tiefer gelegenen King Oscar Fjord. Starke Schneefälle im Winter setzen diesen Kreislauf wieder in Gang.

REGENTROPFEN

Die Form von Regentropfen hängt von ihrer Größe ab, aber sie sind nicht die birnenförmigen Tränen, die man sich vorstellt. Sehr kleine Tropfen bis zu 1 mm Durchmesser sind mehr oder weniger kugelförmig. Größere Tropfen werden durch den Luftwiderstand beim Fallen abgeflacht und sind eher eiförmig. Wenn sie auf etwa 4,5 mm anwachsen, beginnen sich die Regentropfen aufzuspalten und werden schließlich zu zwei getrennten, kugelförmigen kleinen Tröpfchen.

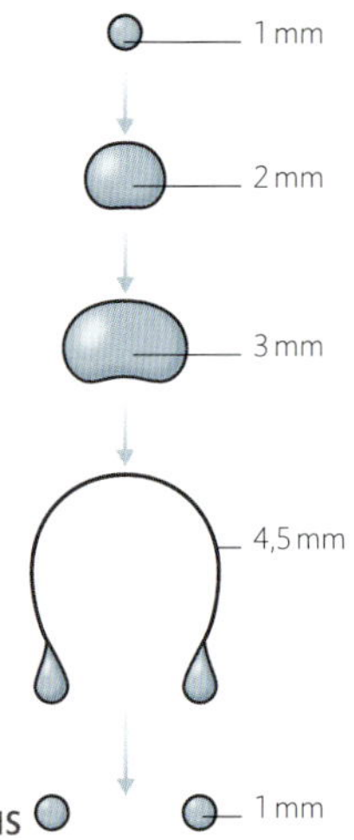

EVOLUTION EINES REGENTROPFENS

Platzregen
Ein Schiff im Schwarzen Meer entfernt sich von einer großen Regenwolke der Art Cumulus congestus. Der scheinbar undurchdringliche Vorhang unter der Wolke ist tatsächlich ein Regenschauer, der auf die Meeresoberfläche prasselt. Wo heftige Aufwinde zu stark sind oder hohe Temperaturen zur Verdunstung führen, erreicht der Regen möglicherweise nie die Oberfläche.

Regen

Wenn der Wasserdampf in der Luft um winzige Teilchen – Kondensationskerne (siehe S. 222–223) – kondensiert, sammeln sich die Tröpfchen zu Wolken. Durch die ständige Bewegung in den Wolken vereinigen sich Tröpfchen und wachsen, bis sie schwer genug sind, um zu Boden zu fallen. Als wichtigste Süßwasserquelle sind Niederschläge für das Leben essenziell, und jedes Jahr fällt eine unvorstellbare Menge – über 500 Billionen Kubikmeter – auf die Erde. Regenwasser trägt auch dazu bei, den Gehalt an Treibhausgasen in der Atmosphäre zu verringern, da sich Kohlendioxid aus der Luft im Wasser auflöst.

WINTERNIEDERSCHLÄGE

Bei niedrigen Temperaturen, in der Regel im Winter, bildet sich in der kalten Luft in den Wolken Schnee statt Regen. Die Art des Niederschlags, der auf dem Boden auftrifft, hängt jedoch von den warmen und kalten Luftmassen ab, die er beim Fallen durchquert. Die rote Farbe in dieser Grafik stellt eine warme Luftmasse dar, die sich durch kalte Luft (blau) bewegt.

Schnee
Schnee fällt bis zum Boden durch kalte Luft.

Graupel
Schnee schmilzt teils in warmer Luft und gefriert wieder, bevor er den Boden erreicht.

Gefrierender Regen
Schnee schmilzt in warmer Luft und gefriert wieder beim Kontakt mit dem kalten Boden.

Regen
Schnee schmilzt in der warmen Luft und gefriert nicht wieder, sondern fällt flüssig.

Jedes Jahr strömen Millionen Sonnenanbeter und Surfer auf die tropischen Hawaii-Inseln, doch überraschenderweise gibt es hier einen der feuchtesten Orte der Welt: den Gipfel des Wai'ale'ale auf der Insel Kaua'i. Dieser erloschene Schildvulkan erhebt sich bis in 1569 m Höhe und beherbergt aufgrund der hohen Niederschläge, die auf dem Berg fallen, in seinem tiefen Krater üppigen grünen Regenwald und Sumpfland.

Im Blick Vulkan Wai'ale'ale

Der Berg Wai'ale'ale, dessen Name »Plätscherndes Wasser« oder »Überfließendes Wasser« bedeutet, hat eine der höchsten Niederschlagsraten der Erde: normalerweise zwischen 9,5 und 11,4 m pro Jahr. An 335 bis 360 Tagen im Jahr regnet es, und allein im Jahr 1982 fielen auf dem Gipfel unglaubliche 17,3 m.

Als nördlichste der Hawaii-Inseln ist Kaua'i vom Meer umgeben und den feuchten Passatwinden aus Nordosten ausgesetzt. Die Kegelform des Wai'ale'ale treibt die einströmende feuchte Meeresluft schnell an den steilen Ostwänden hoch, sie überwindet bis zu 900 Höhenmeter auf einer Strecke von nur 800 m. Beim Aufsteigen kühlt die Luft ab und der Wasserdampf kondensiert zu Wolken. Der wohl wichtigste Faktor, der den Wai'ale'ale zu einem der feuchtesten Orte nicht nur auf Hawaii, sondern weltweit macht, ist seine Höhe. Sein Gipfel liegt knapp unterhalb der Passatwind-Inversionsschicht – der Höhe, bis zu der Passatwinde aufsteigen können. Die wasserbeladenen Wolken, die nicht weiter aufsteigen können, werden auf engem Raum zusammengedrängt und ein großer Teil des Regens konzentriert sich auf einen einzigen Punkt: den Gipfel des Wai'ale'ale.

Diese seltene Pflanze, die nur auf dem Wai'ale'ale vorkommt, gedeiht dank ihrer kompakten, kuppelförmigen Form und der dichten Blattquirle im feuchten Klima.

Dubautia waialealae

Weinende Wand
Die ergiebigen Niederschläge am Wai'ale'ale speisen viele Wasserfälle, darunter auch diese Kaskaden, die eine steile Flanke des Vulkankraters hinabstürzen. Diese üppig grüne Wand ist eine der berühmtesten Sehenswürdigkeiten des Berges, die »Weinende Wand« oder »Wand der Tränen«.

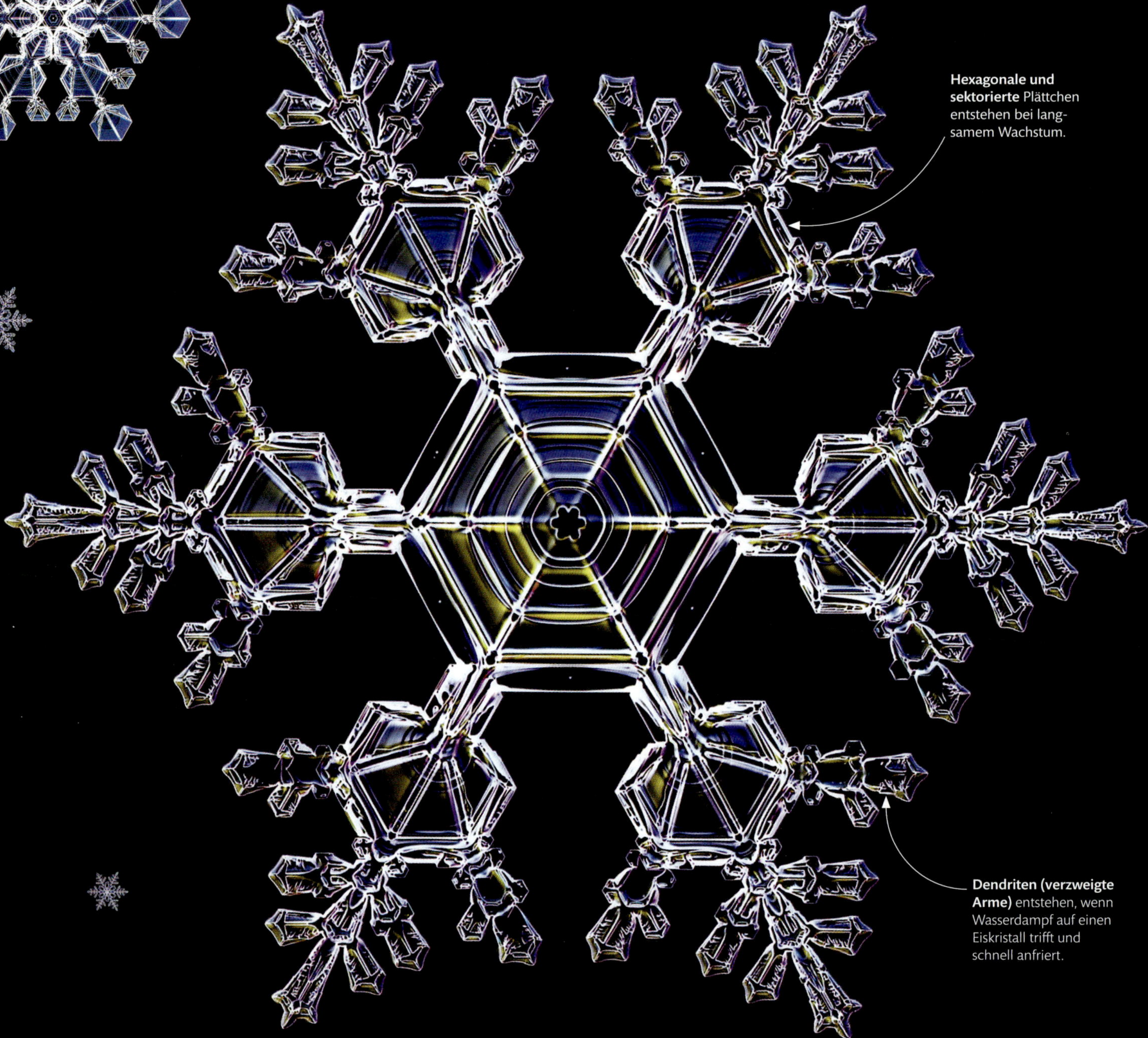

Schnee

In kalter Luft kann Wasserdampf an Staub und anderen Partikeln kondensieren und winzige Eiskristalle (Eiskeime) bilden. Schneeflocken entstehen, wenn unterkühlte Wolkentröpfchen auf diesen Eiskeimen gefrieren und sie zu einzigartigen und oft kunstvollen, meist 2–10 mm großen Kristallstrukturen formen. Die einzelnen Schneekristalle sind aufgrund der Atomstruktur des Eises stets sechsstrahlig (hexagonal). In der turbulenten Luft stoßen die Schneekristalle zusammen und lagern sich zu den flauschigen Schneeflocken zusammen, die schließlich auf dem Boden landen.

Dieser Schneekristall hat eine fast völlig dendritische Form (»Schneestern«), er ist also durchgehend sehr schnell gewachsen.

SCHNEEFLOCKEN-MORPHOLOGIE

Die Form der Schneeflocken hängt teilweise von der Temperatur und dem Feuchtigkeitsgehalt der Luft ab. Bei niedriger Luftfeuchtigkeit bilden sich feste Plättchen und Prismen, während sich bei höherer Luftfeuchtigkeit aufwendigere, dendritische und zarte nadelige Formen bilden. Die größten Flocken und der stärkste Schneefall treten zwischen 0 °C und -5 °C auf, wenn die Luft mehr Feuchtigkeit enthält. Bei viel kälteren Temperaturen ist die Luft trockener, was zu weniger Schnee und kleineren Flocken führt.

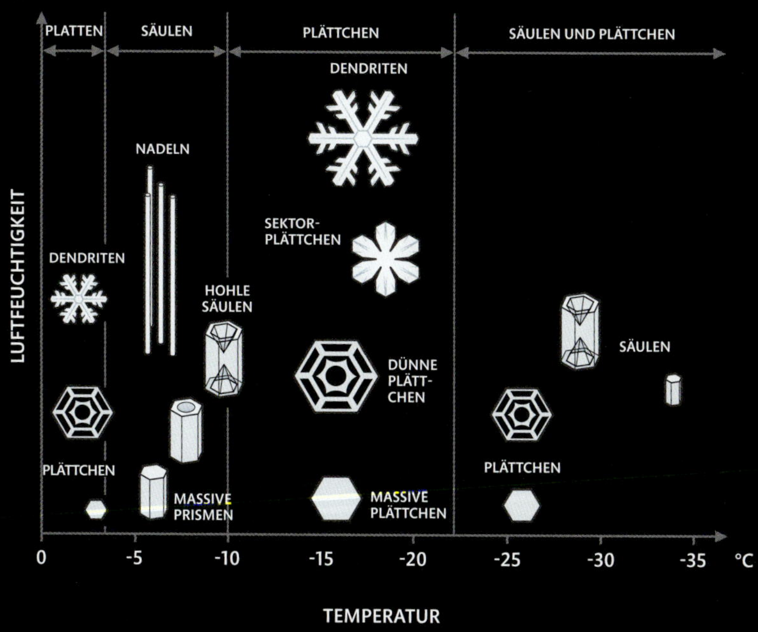

Schneekristalle

Wie diese lichtmikroskopischen Bilder zeigen, haben einfache Schneeflocken eine wunderbar filigrane Vielfalt. Langsames Wachstum kann zu sechseckigen und sektorierten Plättchen führen, schnelleres und unstetigeres Wachstum feine Verästelungen (Dendriten) erzeugen. Wenn die Wachstumsbedingungen variieren, sind die Kristalle eine Kombination mehrerer Formen.

Ein einfaches hexagonales Plättchen bildet das Zentrum dieses Schneekristalls.

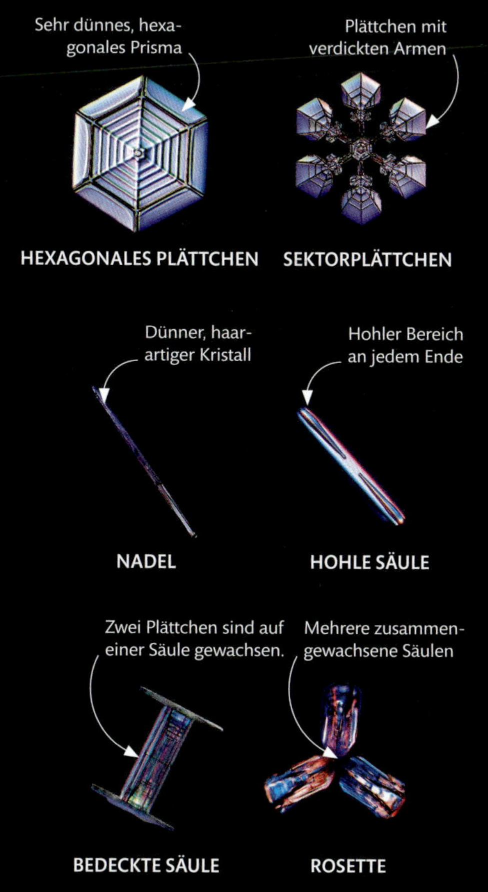

Formenvielfalt

Schneeflocken sind symmetrische, sechseckige Eiskristalle. Ihre endgültige Form hängt von den Wachstumsbedingungen ab. Während dendritische Schneesterne am bekanntesten sind, gibt es auch Plättchen, Nadeln, Säulen oder Rosetten.

Superzelle

Manchmal trennen sich die Auf- und Abwinde innerhalb eines Kumulonimbus und drehen sich umeinander, sodass eine ausgedehntere Sturmfront, eine Superzelle, entsteht. Diese Superzelle in Nebraska (USA) zeigt Blitze, einen spiralförmigen Tornado und heftige Niederschläge.

Beim feuchten Wachstum bleibt die Oberfläche der Hagelkörner teils flüssig und sie kleben leicht zusammen.

Graupel und Hagel

Graupel (unter 5 mm) und Hagel (über 5 mm) sind feste Eiskugeln, die in den starken Aufwinden von Kumulonimbuswolken durch Akkreszenz (dem schichtweise Anfrieren von unterkühltem Wasser oder Eisteilchen) entstehen.

Gewitter

Gewitter entstehen in hoch aufragenden Kumulonimbuswolken. Sie haben eine dunkle, bedrohliche Basis nur wenige Hundert Meter über dem Boden sowie mehrstufige, wogende Wolkenfahnen, die die Obergrenze der Troposphäre in 12 km Höhe erreichen können. Diese Gewitterwolken führen zu plötzlichen, kurzen Regen-, Hagel- oder Schneefällen, begleitet von Blitzen, Donner und sogar Tornados. Sie können so viel Energie speichern wie zehn Hiroshima-Atombomben und beträchtliche Schäden verursachen. Gewitter sind in der warmen, feuchten Äquatorialzone am häufigsten, kommen aber weltweit vor, außer in den Polarregionen.

ENTSTEHUNG EINES GEWITTERS

Wenn warme, feuchte Luft aufsteigt, kondensiert sie zu Wassertröpfchen. Wenn eine Luftmasse sehr instabil ist, kann ihr Aufstieg, Konvektion genannt, schnell erfolgen und zur Bildung von Kumulonimbuswolken führen. Die schnelle Konvektion setzt Wärme frei, die weitere Aufwinde warmer Luft mit bis zu 160 km/h und damit verbundene Abwinde kühler Luft antreibt. Wenn die Wolke auf die Tropopause trifft, bildet sich eine flache, ambossförmige Spitze. Manchmal durchbrechen schnelle Aufwinde die Oberseite, man spricht dann von überschießender Konvektion.

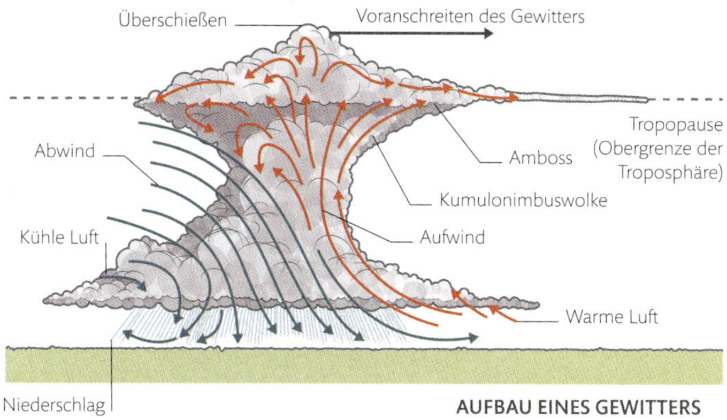

AUFBAU EINES GEWITTERS

Die Great Plains in Nordamerika erstrecken sich über einen breiten Streifen von Texas (USA) bis Kanada. Dieses Flachland ist ein Land der Wetterextreme. Hier liegt die Tornado Alley – eine Region, die für ihre hohe Anzahl an Tornados bekannt ist. Obwohl es hier mehr Tornados als irgendwo sonst auf der Welt gibt, verwüsten die intensivsten, gefährlichsten und langlebigsten Tornados oft Gebiete südlich und östlich der Great Plains.

Im Blick Tornado Alley

Ein Tornado beginnt im oberen Bereich einer Kumulonimbuswolke, wo aufsteigende warme Luft anfängt zu rotieren und einen Trichter zu bilden. Abwinde kühler Luft können diese rotierende Trichterwolke nach unten drücken, sodass sie aus der Basis der Wolke herausragt. Je kleiner ihr Radius wird, desto schneller dreht sie sich, und wenn sie den Boden erreicht, nennt man sie Tornado. Tornados dauern zwischen einigen Sekunden und über eine Stunde. Meteorologen stufen die Intensität von Tornados mit der erweiterten Fujita-Skala in Stufen von EF0 bis EF5 ein. Der schnellste jemals gemessene EF5-Tornado erreichte eine Windstärke von 480 km/h. Tornados können über 7 km breit sein und mehr als 300 km weit ziehen.

In dem grob definierten Gebiet der Tornado Alley, das sich quer durch die USA von Texas im Süden bis South Dakota im Norden zieht, registriert man jährlich rund tausend Tornados. Die Region ist ideal für schwere Gewitter, die Tornados hervorbringen, da warme, feuchte Luft, welche vom Golf von Mexiko nach Norden strömt, auf kalte, trockene Luft aus Kanada und den Rocky Mountains trifft und instabile atmosphärische Bedingungen schafft.

Völlige Zerstörung oder knappes Entkommen ist oft Glückssache für Bewohner der Tornado Alley.

Brutale Luft
Auf der Nordhalbkugel drehen sich Tornados aufgrund der Erdrotation meist gegen den Uhrzeigersinn. Tornados im Uhrzeigersinn (antizyklonale Tornados) sind selten. Dieser antizyklonale Tornado nahe Simla (Colorado, USA) hat viele Tonnen Staub und Schutt aufgewirbelt und wird gleich eine unglückliche Ranch verwüsten.

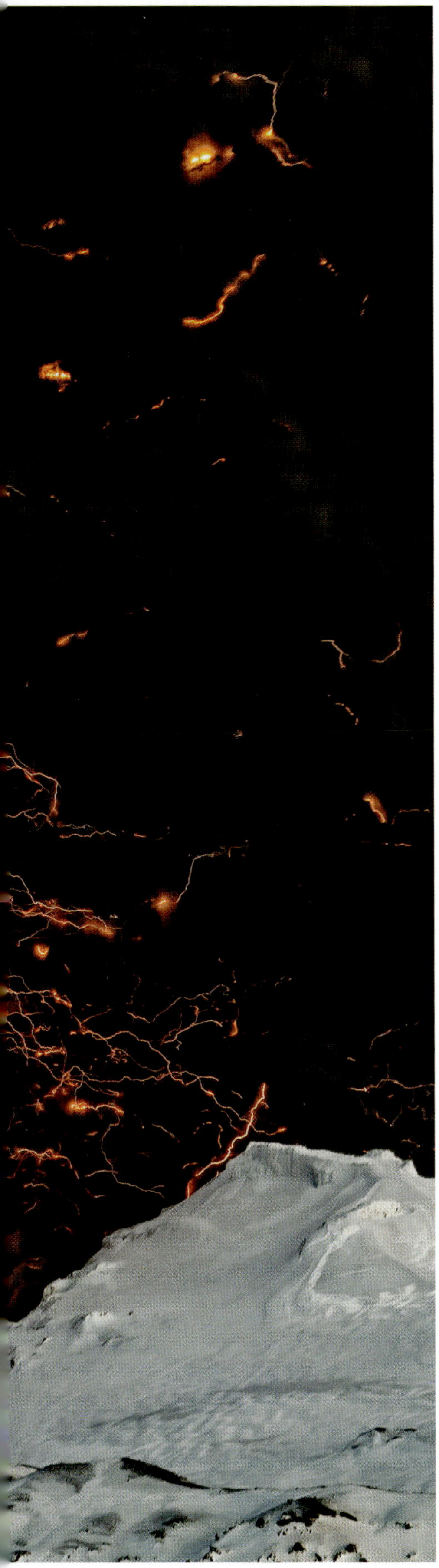

Natürliches Glas durch Elektrizität
Fulgurite sind natürliche Glasstücke, die durch die Verschmelzung von Sand und Schluff bei starker Hitze entstehen, etwa wenn ein Blitz in den Boden einschlägt. Dieser blaue Fulgurit entstand, als ein umgestürzter Baum stundenlang Strom von Stromleitungen in den Boden leitete, diesen erhitzte und Glas bildete.

Elektrizität in der Luft

Im Mittel gibt es weltweit drei Millionen Blitze pro Tag, davon etwa 70 % in den Tropen. Blitze sind das dramatische Ergebnis einer plötzlichen Entladung statischer Elektrizität aus Gewitterwolken. Wenn sich ein elektrisches Potenzial von mehreren Hundert Millionen Volt aufbaut, kann die umgebende Luft es nicht mehr isolieren, was zu Wolkenblitzen (innerhalb von Wolken) oder gezackten Bodenblitzen (zwischen einer Wolke und dem Boden) führt. Blitze sind in der Regel zwei Finger breit und 2–3 km lang und strahlen ein grelles Licht aus, das durch die Überhitzung der Luft auf 30 000 °C in weniger als einer Sekunde entsteht. Durch diese Hitze dehnt sich die Luft schnell aus, was zu einer Schalldruckwelle führt, die wir als Donnerschlag hören.

Eruptionsgewitter
Bei großen Vulkanausbrüchen – wie hier beim Eyjafjallajökull auf Island – werden Asche, Wasser und Gase hoch in die Atmosphäre geschleudert. Die turbulente Bewegung dieser Partikel in der Aschewolke führt zu statischer Elektrizität und Blitzen, genau wie bei Regenwolken.

WIE BLITZE ENTSTEHEN

Wenn sie von den Luftströmungen in einer Gewitterwolke auf- und abwärts gezogen werden, prallen Regen-, Schnee-, Eis- und Hagelteilchen aufeinander. Durch die Reibung übertragen sich positive Ladungen auf aufsteigende leichtere Partikel wie Eiskristalle und negative Ladungen auf schwerere Hagelkörner, die zur Wolkenbasis fallen. Diese Ladungstrennung innerhalb der Wolke führt schließlich zu Wolken- oder Bodenblitzen.

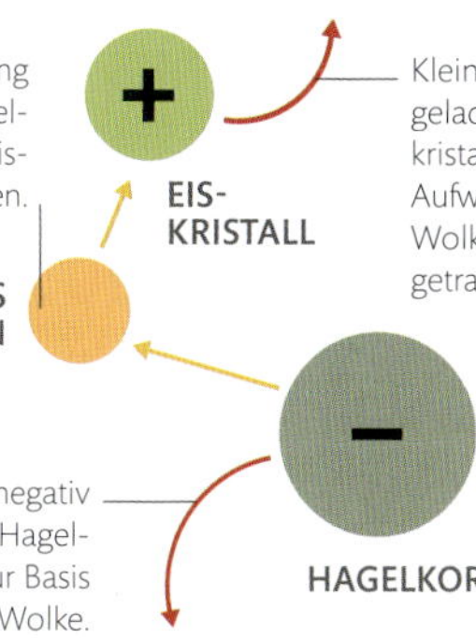

Riesenjets können sich 90 km über dem Boden erstrecken.

Red Sprites (Rote Kobolde)
Sie sind schwächer, schneller und wesentlich größer als Blitze. Rote Kobolde sind schwer fassbare, kurzlebige optische Ereignisse, die hoch über aktiven Gewittern entstehen. Ihr rotes Licht wird von elektrisch ionisiertem Stickstoff emittiert. Die Ranken können beim Herabfallen grün-blau werden. Diese Sprites (Bild rechts) wurden vom McDonald-Observatorium in Texas (USA) aufgenommen.

Riesenjet
Vom Internationalen Gemini-Observatorium auf Hawaii (USA) aus gesehen, schießen gigantische Strahlen (Jets) aus stark geladenen Gewitterwolken nach oben. Die weißen und blauen Farben am Startpunkt enden in roten Fontänen an der Thermosphäre (siehe S. 210).

Kobolde, Jets und Elfen

Augenzeugenberichte von Piloten, die diese seltsamen Lichter sahen, wurden von Meteorologen zunächst abgetan, bis sie 1989 erstmals auf Video festgehalten wurden. Als Teil einer Familie großflächiger elektrischer Entladungsphänomene hoch über großen Gewittern, die man Transiente Leuchtereignisse (TLEs) nennt, erhellen rote Kobolde (Sprites), Jets und Elfen die Atmosphäre wie ein Feuerwerk. Es gibt wohl mehrere Millionen TLEs pro Jahr, aber man sieht sie nur selten, da sie in 40–100 km Höhe auftreten und meist nur Millisekunden dauern. Sprites – zarte hängende Fäden unter einem Halo – sind die häufigsten.

TRANSIENTE LEUCHTEREIGNISSE

TLEs werden durch normale Blitzentladungen zum Boden durch die Troposphäre ausgelöst (siehe S. 210), treten aber meist in der Stratosphäre und Mesosphäre als elektrisch angeregtes, leuchtendes Plasma (geladene Teilchen) auf. Kobolde (Sprites) bewegen sich von der oberen Mesosphäre abwärts, während das sich ausbreitende rote Glühen von Elfen noch höher auftritt. Jets (blitzähnliche Entladungen zwischen Wolken und Luft) reichen Dutzende von Kilometern nach oben. Andere TLEs, die man Trolle, Geister und Gnome nennt, sind noch nicht gut erforscht.

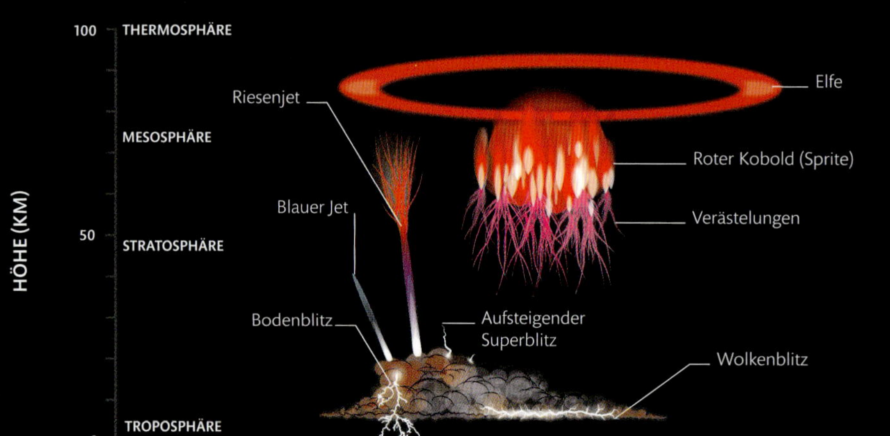

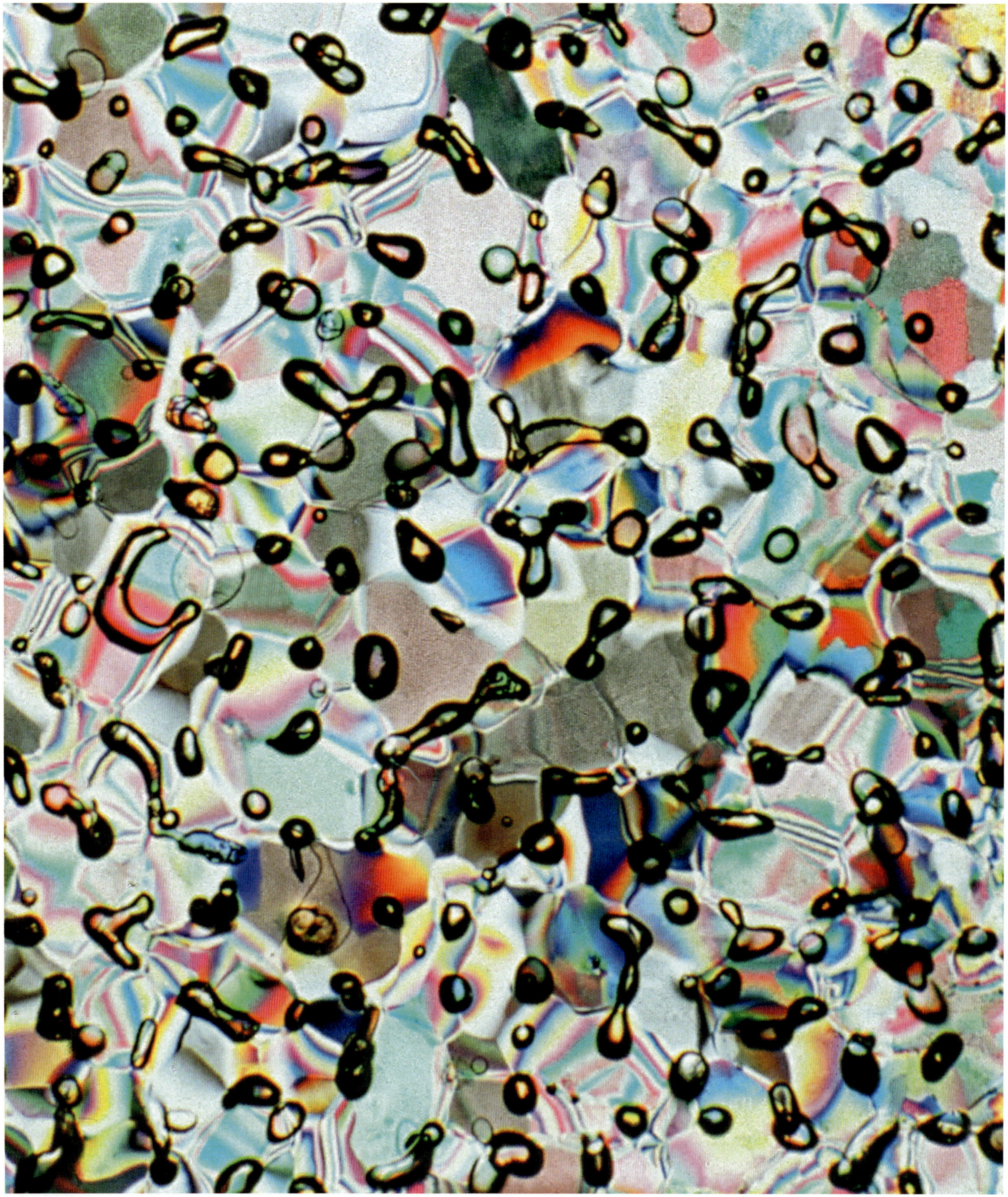

Eisbohrkerne aus Grönland
Schmale Eiszylinder werden mit rotierenden Thermalbohrern entnommen, die das Umgebungseis schmelzen. Die Kerne werden in riesigen Gefrierschränken gelagert und dann untersucht. Hier sieht man drei Abschnitte aus dem grönländischen Eisschild mit Eis aus unterschiedlicher Tiefe.

Geschichte der Geowissenschaften

Eisbohrkerne

Erforschung des grönländischen Eisschilds
Der deutsche Glaziologe Ernst Sorge (1899–1946) ist hier bei einer Expedition nach Grönland in den Jahren 1930–1931 abgebildet. Dort grub er einen 15 m tiefen Schacht, um die ersten Daten über die Dichte und die Temperatur von Eis in der Tiefe zu machen.

Eiskerne enthalten winzige Bläschen atmosphärischer Gase aus der fernen Vergangenheit, die im Eis eingeschlossen und in Gletschern und Eisschilden erhalten blieben. Sie informieren uns über das Klima der letzten 800 000 Jahre. Einzelne Bohrkerne enthalten sogar über 2 Mio. Jahre altes Eis. Die tiefsten antarktischen Bohrkerne reichen über 3000 m tief und zeigen klar den Zusammenhang zwischen Treibhausgasen und dem Klimawandel.

Wissenschaftler waren seit Langem neugierig auf die Geheimnisse unter den dicken Eisschichten der Gletscher und der Polarregionen. Louis Agassiz (1807–1873), ein in der Schweiz geborener US-amerikanischer Pionier der Theorien über Eiszeiten, bohrte mit Eisenstangen in Alpengletscher. Offene Bohrungen, vertikale Schächte und Schürfungen nutzte man Anfang des 20. Jh. zur Erforschung des antarktischen Eises. Ähnliche Methoden wandte auch Ernst Sorge (siehe Kasten oben links) in den 1930er-Jahren in Grönland an.

Die ersten tiefen Eisbohrkerne wurden in den 1950ern in Grönland und der Antarktis erbohrt. Seitdem wurden zahlreiche Eiskerne gewonnen und für Forschungszwecke gelagert. Je tiefer das Eis liegt, desto älter ist es. Wissenschaftler analysieren dann den Gehalt mehrerer Substanzen. In kalten und warmen Zeiten werden verschiedene Sauerstoffisotope verschieden stark eingelagert. So rekonstruiert man das vergangene Klima genau, etwa die Schneeakkumulation, die Temperaturschwankungen und die Variationen der Zusammensetzung der Ozeane und der Atmosphäre. Staub- und Ascheteilchen in Eisbohrkernen liefern Hinweise auf große Vulkanausbrüche und Waldbrände.

Auch Bohrkerne aus Landgletschern weltweit helfen uns, die natürlichen Klimaveränderungen der Vergangenheit besser zu verstehen.

Luftblasen aus der Vergangenheit
Diese hauchdünne Scheibe antarktischen Eises (links) zeigt Hunderte winzige Luftblasen, die zwischen Eiskristallen eingeschlossen sind. Sie enthalten Stickstoff, Sauerstoff, Argon, Kohlendioxid und Methan und liefern wichtige Daten über die Zusammensetzung der Luft zur Zeit ihres Einschlusses. Das farbige Schillern entsteht durch die polarisierte Beleuchtung.

> »Die Kälteperiode, die der heutigen Schöpfung vorausging, war also nur eine vorübergehende Temperaturschwankung der Erde.«
>
> LOUIS AGASSIZ, 1837

Das derzeitige Eiszeitalter
Während eines Eiszeitalters wechselt die Erde zwischen Kaltzeiten (Glazialen) mit ausgedehnten Polkappen und Warmzeiten (Interglazialen oder Zwischeneiszeiten) mit weniger Eis und höherem Meeresstand. Heute leben wir in einer Warmzeit des aktuellen Eiszeitalters. Das Eis hat sich seit dem letzten Glazial, das vor 22 000 Jahren seinen Höhepunkt erreichte, zurückgezogen. Dennoch ist die antarktische Eiskappe 2100 m dick. Sie begräbt die Berge, so dass nur ihre Gipfel als sogenannte »Nunataks« sichtbar sind.

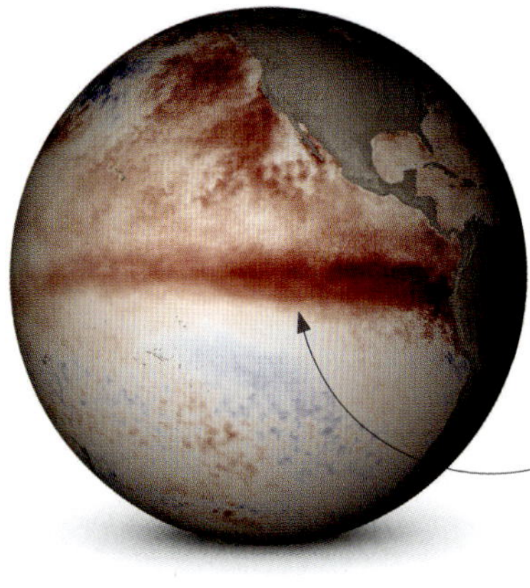

El-Niño-Ereignisse
Alle paar Jahre erwärmt eine natürliche periodische Schwingung des Ozean-Atmosphären-Systems die Oberfläche des Pazifiks. Diese El Niño genannte Phase erwärmt die Erde global um 0,7 °C und hat viele Folgen für das Klima.

Das Oberflächenwasser des östlichen Pazifiks ist übermäßig warm (rot), was zu trockenerem und heißerem Wetter in Nordamerika führt.

Natürlicher Klimawandel

Vor etwa 100 Mio. Jahren gab es nahe des Nordpols Palmen und Krokodile, heute ist die Region mit dickem Eis bedeckt. Das Klima der Erde wechselt zwischen zwei Zuständen: Warmklimaten und Eiszeitaltern. Eiszeitalter zeichnen sich durch niedrige globale Temperaturen, kontinentale Eisschilde und polare Eiskappen aus, während Warmklimaperioden durch höhere Temperaturen und den Rückzug des Eises geprägt sind. Diese natürlichen Klimaveränderungen entstehen durch Variationen der Sonneneinstrahlung, die Lage der Kontinente und Ozeane sowie durch Treibhausgase.

MILANKOVIĆ-ZYKLEN

Variationen der Erdumlaufbahn um die Sonne und der Rotation der Erde um ihre Achse führen zu zusätzlichen zyklischen Veränderungen des Klimas. Diese Zyklen, die nach dem serbischen Mathematiker Milutin Milanković benannt sind, der ihre Wirkung erstmals beschrieben hat, sind für den Wechsel von Kalt- und Warmzeiten im gegenwärtigen Eiszeitalter verantwortlich, dem Quartären Eiszeitalter, das vor etwas mehr als 2,5 Mio. Jahren begann.

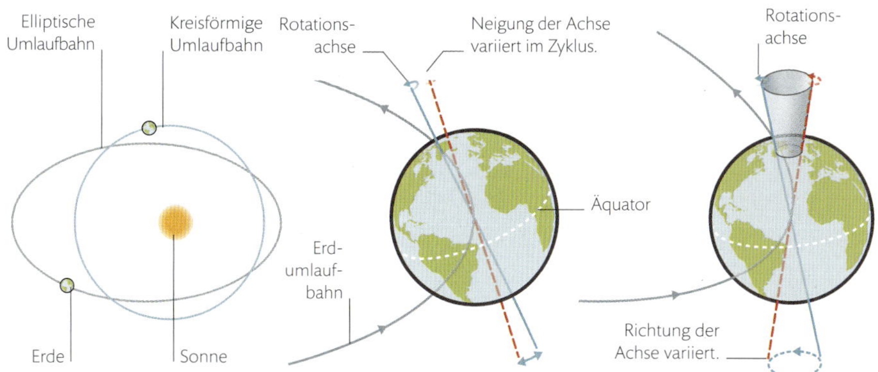

EXZENTRIZITÄT
Die Erdumlaufbahn variiert von nahezu kreisförmig zu deutlich elliptisch (exzentrisch) im Laufe von etwa 100 000 Jahren.

OBLIQUITÄT
Die Neigung (Obliquität) der Erdachse schwankt zwischen 24,5 ° und 22,1 ° über einen Zeitraum von etwa 42 000 Jahren.

PRÄZESSION
Die Erdachse taumelt leicht und ihre Ausrichtung im Raum dreht sich über einen Zeitraum von fast 26 000 Jahren.

Lebender Planet

Der lebende Teil der Erde, die Biosphäre, bildet eine dünne Schicht nur ein Zweitausendstel so dick wie der Durchmesser des Planeten. Doch sie hatte enorme Auswirkungen auf die Entwicklung des Planeten in den letzten 4 Mrd. Jahren. Lebensvorgänge transformierten die Erdatmosphäre, und Lebewesen hinterließen eine Fossilüberlieferung, mit der wir die Evolution und Erdgeschichte sehr detailliert rekonstruieren können.

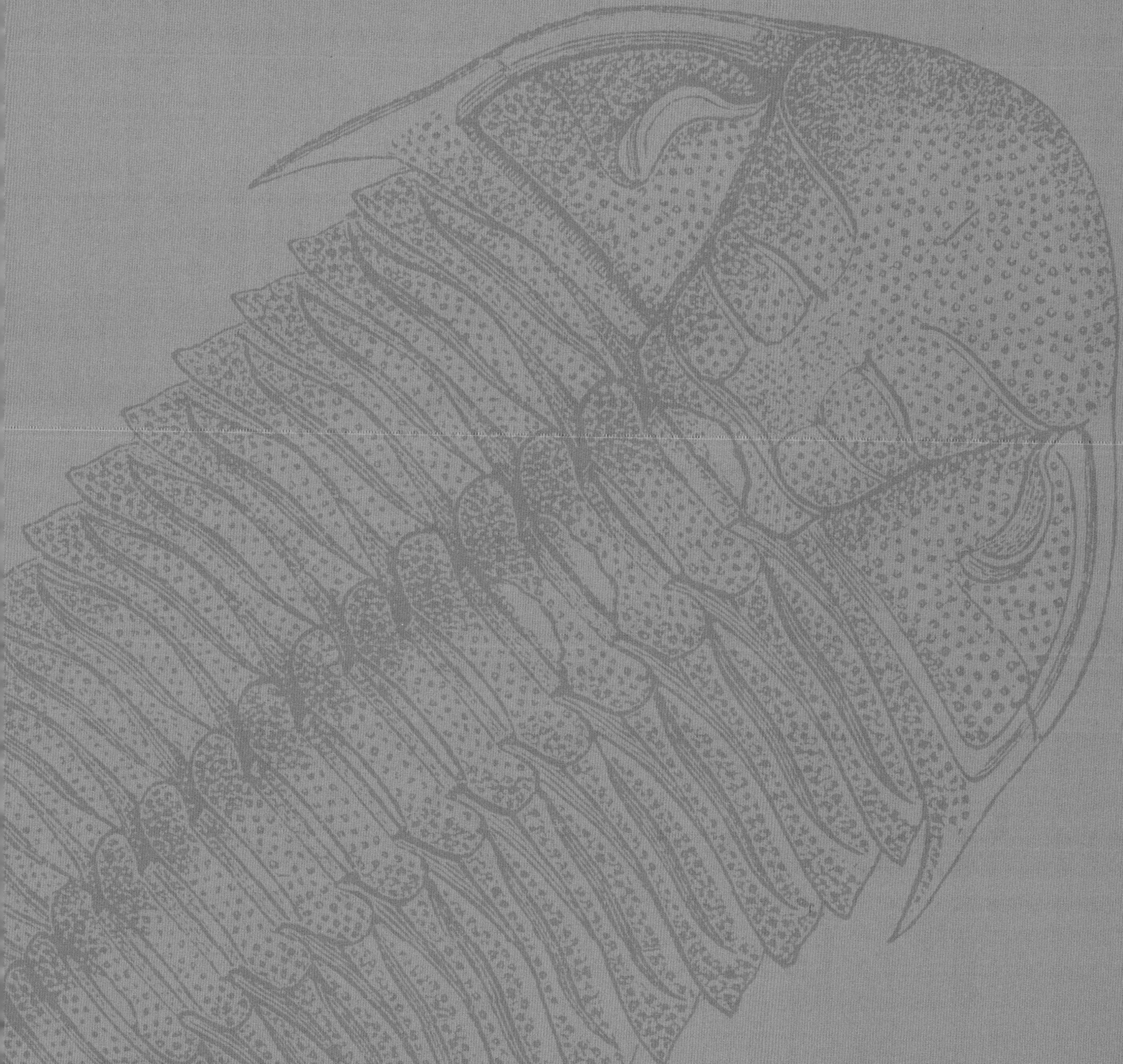

Die Biosphäre

Die für Lebewesen bewohnbaren Bereiche der Erde sind auf die Oberfläche beschränkt – eine Schicht aus Gestein, Wasser und Luft, Biosphäre genannt. Ihre Dicke beträgt weniger als 0,2 % des Durchmessers des Planeten. Bisher kennen wir nirgendwo sonst im Universum eine solche außergewöhnliche lebende Schicht um einen Himmelskörper. An ihren tiefsten Punkten folgt sie Tiefseerinnen, die so tief in die Erdkruste eindringen wie die höchsten Berge, die sich über ihr erheben. An diesen Extremen ist das Leben spärlich und auf lebensfeindliche Verhältnisse spezialisiert. Aber näher am Meeresspiegel – an Land und in den Ozeanen – wimmelt es vor Leben in Wäldern, Wüsten, Flüssen, Seen und im riesigen Meeresreich. Fast all dieses Leben beruht auf dem Sonnenlicht als Energiequelle, mit dem Pflanzen und Algen Nährstoffe produzieren, die die Basis komplexer Nahrungsnetze bilden.

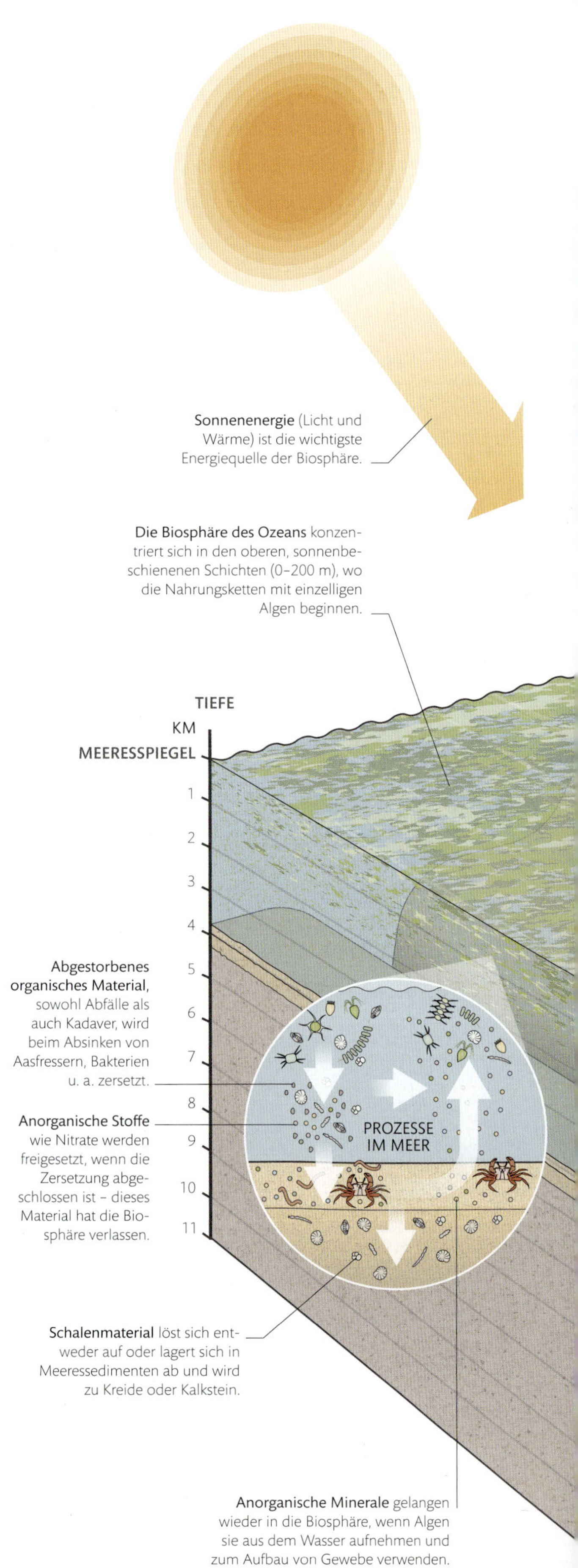

Leben, das auf Mineralen statt Sonnenlicht beruht
An manchen Stellen des Tiefseebodens gedeiht Leben auch ohne Sonnenenergie. Hier tritt aus vulkanischen hydrothermalen Schloten heißes, mineralreiches Meerwasser aus. Bakterien nutzen Energie aus den Mineralen, um Nahrung zu erzeugen. Wirbellose Tiere ernähren sich von diesen Bakterien und sind ihrerseits Nahrung für Raubtiere wie Fische.

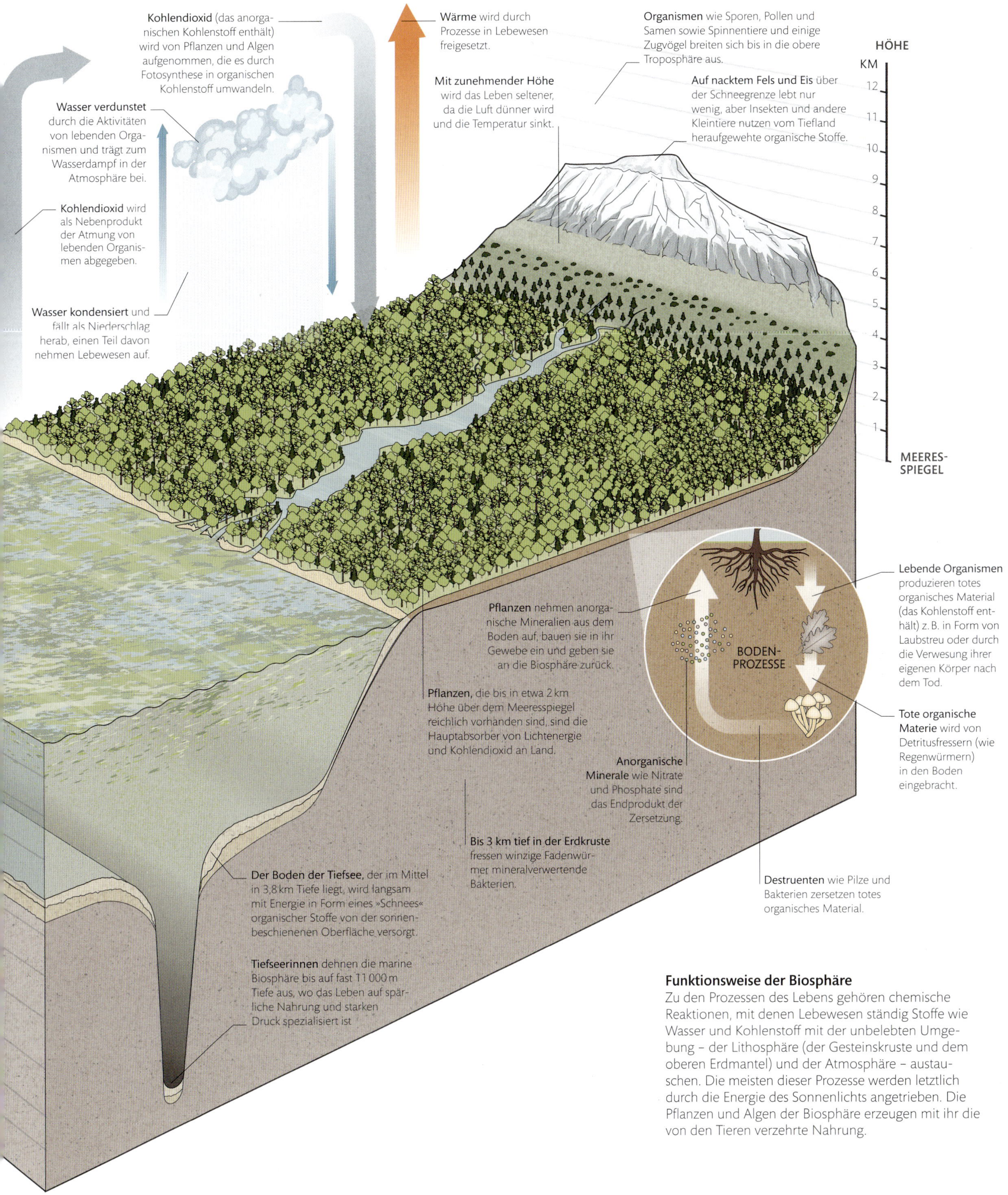

Funktionsweise der Biosphäre

Zu den Prozessen des Lebens gehören chemische Reaktionen, mit denen Lebewesen ständig Stoffe wie Wasser und Kohlenstoff mit der unbelebten Umgebung – der Lithosphäre (der Gesteinskruste und dem oberen Erdmantel) und der Atmosphäre – austauschen. Die meisten dieser Prozesse werden letztlich durch die Energie des Sonnenlichts angetrieben. Die Pflanzen und Algen der Biosphäre erzeugen mit ihr die von den Tieren verzehrte Nahrung.

Millionen Arten

Die Erde ist der einzige bekannte Planet mit Leben, und ihre Biosphäre zeigt eine atemberaubende Vielfalt an Farben, Formen und Bewegungen (siehe S. 246–247). Jede Art hat eigene Strategien des Überlebens und der Fortpflanzung entwickelt, und jede stammt vom gleichen Vorfahren ab: einem Einzeller, der vor etwa 4 Mrd. Jahren gelebt hat. Heute ist die Vielfalt an Mikroben, Pflanzen und Tieren in uralten Wäldern und sonnigen Korallenriffen am größten, aber Lebewesen gibt es überall, wo sie sich ernähren und Sauerstoff aufnehmen können, von den höchsten Bergen bis zu den tiefsten Tiefseerinnen.

Bestäubungspartner
Insekten und Blütenpflanzen sind die artenreichsten Gruppen der biologischen Vielfalt der Erde. Wenn diese Schachbrettfalter (*Melanargia galathea*) Nektar der Skabiosen-Flockenblume (*Centaurea scabiosa*) trinken und Pollen übertragen, setzen sie eine Partnerschaft zwischen Insekten und Blütenpflanzen fort, die sich vor Jahrmillionen entwickelt hat und zu der erstaunlichen Vielfalt beider Arten auf unserem Planeten führte.

Die rugose Koralle ist mit heutigen Steinkorallen (siehe S. 259) verwandt.

Fragment einer fächerförmigen Kolonie von *Fenestella* – winzige filtrierende Bryozoen (Moostierchen)

Prähistorische Artenvielfalt
Diese 420 Mio. Jahre alte Steinplatte (rechts) ist ein Schnappschuss der frühen Diversität. Sie enthält Fossilien einer Riffgemeinschaft, Vorfahren heutiger Meerestiere.

WIE SICH ARTEN DURCH GEOGRAFISCHE TRENNUNG ENTWICKELN

Im Laufe vieler Millionen Jahre verändert sich das Leben der Erde durch den Vorgang der Evolution. Wenn sich Populationen auftrennen, können ihre Merkmale nach einer Weile so stark voneinander abweichen, dass sie zu verschiedenen Arten werden. Die Artenvielfalt zu jeder Zeit ergibt sich aus dem Gleichgewicht zwischen neu entstehenden Arten und den Arten, die aussterben, weil ihre Populationen nicht überleben.

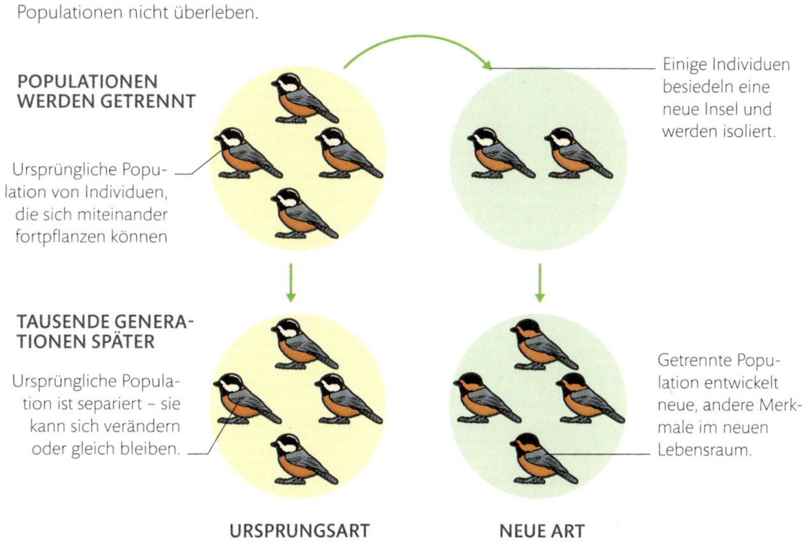

Frühes Leben

In ihren ersten Millionen Jahren war die Erde leblos. Waren chemische Reaktionen auf der mineralreichen Oberfläche zunächst eher selten, nahmen sie im Verlauf der Zeit so zu, dass sie sogar unvermeidlich wurden. Dabei entstand die erste komplexe organische Materie, und schließlich entstanden aus selbstreplizierenden, von öligen Membranen umgebenen Molekülen die ersten lebenden Zellen. Niemand weiß genau, wo das Leben entstand, aber starke Hinweise deuten auf vulkanische Schlote am Meeresboden. Doch spätestens vor 3,4 Mrd. Jahren hatte das Leben flache Meere kolonisiert und seltsame versteinerte Hügel (Stromatolithen) hinterlassen.

Lebender Stromatolith
Stromatolithen, hier in der Shark Bay in Westaustralien, wachsen auch heute noch. Sie sind auf Orte beschränkt, die für Tiere, die die Mikroben abweiden, unwirtlich sind, etwa weil das Wasser dort zu salzig ist.

Aktive Mikroben wachsen in der Oberflächenschicht.

Der untere Teil besteht aus Überresten ehemaliger mikrobieller Oberflächenfilme.

Kuppelförmige Schichten bilden sich über Resten von Algenbüscheln.

Untere Schichten bilden sich aus Algen, die absterben, während darüber neue Algen wachsen, die das Licht blockieren.

VOM BIOFILM ZUM STROMATOLITHEN

Auch heute noch produzieren viele Mikroben – etwa Bakterien- und Algenarten – klebrigen Schleim, der ihre Zellen in dünnen Kolonien, den Biofilmen, zusammenhält. Fotosynthetisierende Mikroben – Cyanobakterien – brauchen Licht und wandern daher ständig nach oben, wobei sie tote Schichten des Biofilms hinterlassen. Im Schleim fangen sich Sedimentkörner, die sich über Jahrtausende ansammeln und zu steinigen Stromatolithen verkitten.

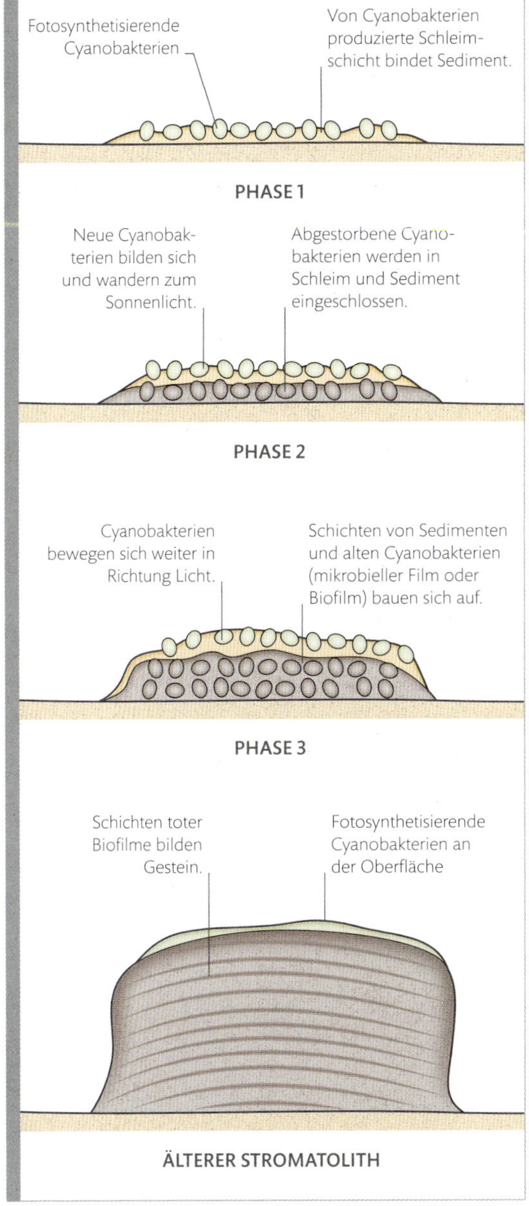

Von Mikroben zum Marmor
Diese Platte Cotham-Marmor aus der Frühzeit der Dinosaurier – Milliarden Jahre nach der Entstehung der ersten Stromatolithen – zeigt, dass Mikroben in der gesamten Erdgeschichte Gesteine geformt haben. Die dunklen, blauschwarzen, buschigen Streifen waren einst klebrige Büschel lebender Algen, die Schlammhügel begrenzten. Im Laufe der Jahrtausende verfestigten sie sich zu Kalkstein und kristallisierten dann zu Marmor.

Bändereisenerze

Eisenerz entsteht aus Eisenoxiden – den unlöslichen Produkten der Reaktion zwischen löslichen Eisensalzen und Sauerstoff. Da die sauerstoffproduzierenden Mikroben im Laufe der Zeit zu- und abnahmen, bildeten sich in den Sedimentgesteinen des Meeresbodens farbige Bänder, die den jahreszeitlichen Veränderungen in der Aktivität der Mikroben entsprechen. Tektonische Bewegungen haben die Gesteine, hier in den Eisenabbaugebieten Westaustraliens, an die Oberfläche gebracht.

DAS LEBEN MACHTE DIE WELT SAUERSTOFFREICH

Die ersten fotosynthetisierenden Organismen waren Mikroben, die in sonnenbeschienenen Flachmeeren felsige Hügel – Stromatolithen (siehe S. 250–251) – bildeten. Gelöste Eisensalze aus der Tiefsee reagierten mit dem Sauerstoff, sodass sich Bänder aus unlöslichem Eisenoxid (Rost) ablagerten. Als die Eisensalze aufgebraucht waren, gelangte der Sauerstoff aus der Fotosynthese in die Luft und reicherte sich auf den heutigen Wert von 21 % an.

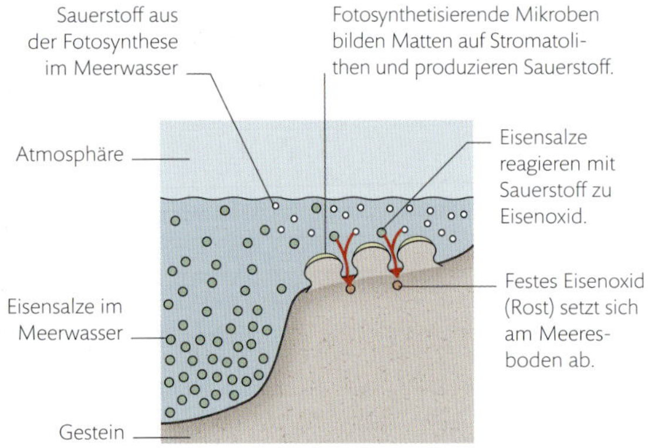

MIKROBEN ERZEUGEN SAUERSTOFF

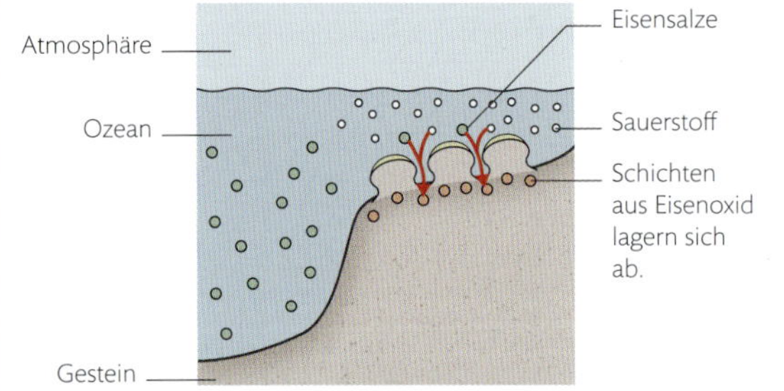

EISENOXID FÄLLT AUS

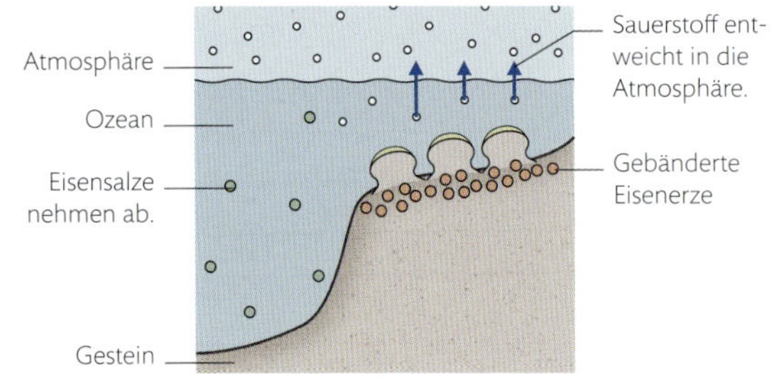

SAUERSTOFF REICHERT SICH AN

Die helleren Bänder bestehen hauptsächlich aus verstreuten Körnern von Chalcedon, einem eisenoxidhaltigen Mineral auf Siliziumbasis.

Die dunkelsten Bänder weisen die höchste Eisenkonzentration auf und bestehen aus den Eisenoxidmineralen Magnetit und Hämatit.

Goldene Bänder, die man auch »Tigerauge« nennt, haben einen mittelhohen Eisengehalt.

Winzige Zellen von *Nostoc* bilden Ketten in verzweigten Strukturen.

Sauerstoffblasen
Schleimige Unterwasserkolonien heutiger Bakterien, *Nostoc* genannt, produzieren Sauerstoffblasen. Heute sorgen diese Fotosynthese betreibenden Organismen – ebenso wie komplexere Algen und Pflanzen – dafür, dass Luft und Wasser sauerstoffreich sind.

Folgen des Lebens

Vor über 2 Mrd. Jahren sprudelten die ersten grünen, Fotosynthese betreibenden Mikroben Sauerstoff in die Luft, wodurch einige der markantesten Gesteinsstrukturen der Erde entstanden und der Lauf der Evolution für immer beeinflusst wurde. Einige der reichsten Eisenerzvorkommen entstanden bei diesem Ereignis zu Beginn des Lebens. Der Sauerstoff reagierte mit gelöstem Eisen im Meerwasser und bildete Minerale, die sich unter den prähistorischen Ozeanen als festes, rotes Erz ablagerten. Als das gelöste Eisen im Meer erschöpft war, entwich der Sauerstoff der Mikroben in die Luft – und führte zur Entstehung der atembaren Atmosphäre, die das Leben heute benötigt.

Komplexe Lebewesen

Als sich aus Einzellern größere, vielzellige Körper entwickelten, wurde der physische Einfluss des Lebens auf die Erde größer. Tiere haben Nerven und Muskeln, so dass ihre Reaktionen und Bewegungen schnell und stark genug sind, um das Sediment zu stören und das Wasser zu bewegen, wenn sie in der Wassersäule nach Nährstoffen oder am Meeresboden nach Nahrung suchen. Die ersten einfachen Tiere lebten vor etwa 600 Mio. Jahren am Meeresboden in einer Periode, die man Ediacarium nennt nach den Ediacara Hills in Südaustralien, wo ihre Fossilien sehr zahlreich sind.

Der breite Kopf hatte Sinnesorgane, die in der Bewegungsrichtung des Tieres konzentriert waren.

Vorwärtsbewegung
Mit 3–5 cm Länge war *Spriggina* ein komplexes Tier mit klar unterschiedlichen Körperenden. Es bewegte sich wohl nur in eine Richtung – mit dem Kopf voran.

WIE ORGANISMEN DEN MEERESBODEN VERÄNDERN

Die Bewegungen der ersten muskelgetriebenen Tiere veränderten die Bedingungen jenseits des flachen Meeresbodens und machten andere Teile des Ozeans für das Leben bewohnbarer. Einige Tiere wirbelten die Oberfläche auf, während andere sich in die Tiefe gruben. Gemeinsam lockerten sie das Meeressediment auf, was dazu beitrug, den Schlamm unten mit Sauerstoff anzureichern und das Wasser oben zu nähren.

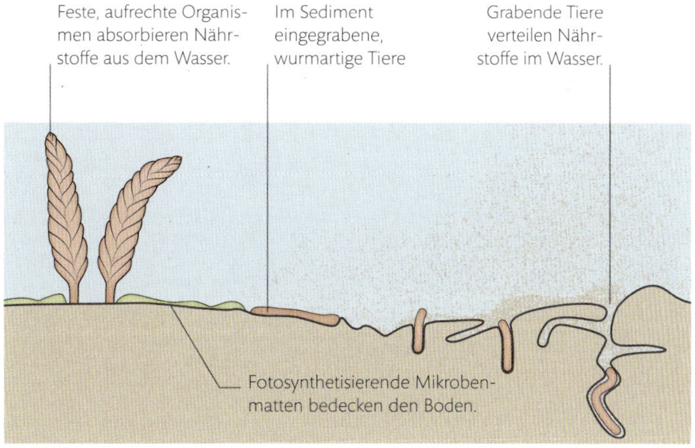

QUERSCHNITT DES MEERESBODENS

Leben am Meeresboden
Die gerippten, blattähnlichen Fossilien von *Dickinsonia* waren wohl Organismen, die auf dem Meeresboden lebten. Die hervorstehenden Rippen deuten darauf hin, dass ihre Körper von einem zähen, hornartigen Material getragen wurden. Spurenfossilien auf der Gesteinsplatte sind Fährten, die belegen, dass es Tiere gab, die sie sich von Ort zu Ort bewegten.

SEELILIE (CRINOIDE)
Ordnung Comatulida

ARMFÜSSER (BRACHIOPODE)
Lingula hians

Kambrische Ursprünge
Die kambrische Explosion war eine Zeit intensiver Evolution, in der viele tierische Körperformen entstanden sind. Die heutigen Seelilien – Verwandte der Seesterne – ähneln ihren kambrischen Vorfahren sehr. Einige Tiere, etwa Armfüßer, haben sich in einer halben Milliarde Jahren so wenig verändert, dass man sie »lebende Fossilien« nennt.

Kambrische Explosion

Als die ersten zappelnden Tiere Schlamm aufwirbelten und aus den Mineralen des Meeres Schalen bildeten, begann das Leben, auch den Sediment- und Gesteinszyklus über die Biosphäre hinaus zu beeinflussen. Schalen- und riffbildende Tiere sammelten Kalzium und Kieselsäure im Körper an, und viele nutzten Muskelkraft, um in der Wassersäule nach oben zu schwimmen. Zu Beginn des Kambriums, vor etwa 539–520 Mio. Jahren, kam es zu einer explosionsartigen Entwicklung dieser hartschaligen Tiere, und die damaligen Meere wimmelten von Vorfahren heutiger Meeresbewohner, etwa garnelenähnliche Arthropoden, Schnecken und Seeigel.

Schalentiere
Exoskelette und Schalen erhalten sich besser als weiche Körper, und die Vorherrschaft der Schalenfauna aus dem Kambrium trägt dazu bei, die reiche Vielfalt seiner Fossilien zu erklären. Hier sind die kegelförmigen Röhren von *Archotuba* (Mitte) zu sehen – die wohl eine weiche, tentakelartige Seeanemone umschlossen – und ein Vertreter der Arthropoden (Gliederfüßer, oben): ein Trilobit (siehe S. 278–279).

KAMBRISCHE MEERESVIELFALT

Fossilien von Meerestieren aus dem Kambrium zeigen Körperteile wie Mundwerkzeuge und Gliedmaßen, die nicht nur Hinweise auf ihre Ernährung, sondern auch auf ihre Fortbewegung liefern. Sie zeigen eine Gemeinschaft von schwimmenden und kriechenden Tieren, Aasfressern und Räubern, die in den ersten komplexen Nahrungsketten miteinander verbunden waren. Sie hatten sich vom Meeresboden, wo die allerersten Tiere gelebt haben, in die freie Wassersäule ausgebreitet – einige trieben passiv als erstes Plankton in den Strömungen, während andere aktiv unabhängig von Strömungen schwammen. So dehnte das tierische Leben die Biosphäre auf drei Dimensionen des Ozeans aus.

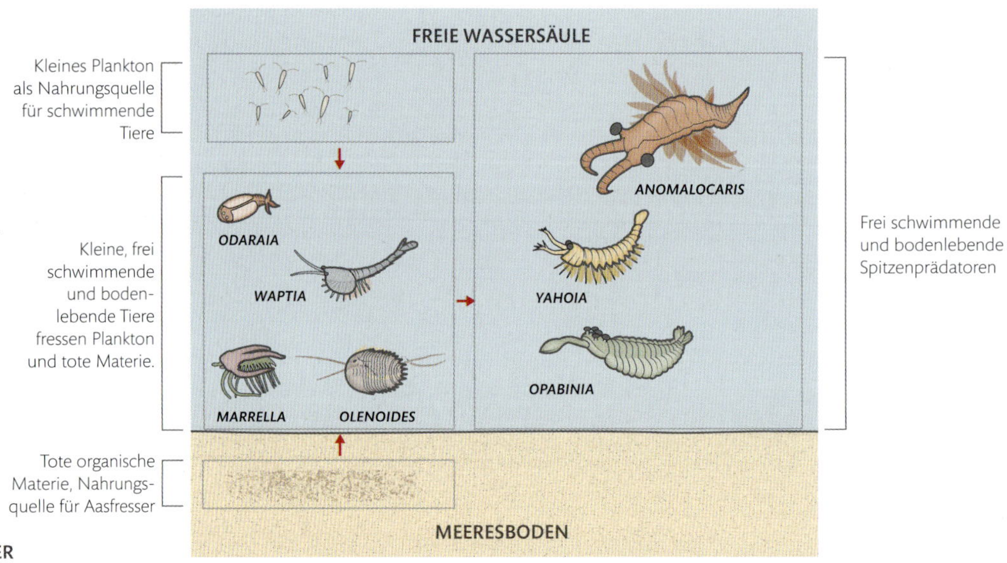

KAMBRISCHE NAHRUNGSKETTE IM MEER

Bildung von Riffen

Riffe sind die größten von Lebewesen geschaffenen Strukturen, einige sieht man sogar aus dem All. Sie wurden von Organismen aufgebaut, die über Jahrtausende Sedimente ablagerten. Die wichtigsten heutigen Riffbildner sind Korallenpolypen: Koloniale, mit Seeanemonen und Quallen verwandte Tiere – ihre Vorfahren reichen eine halbe Milliarde Jahre zurück. Doch die Geschichte der Riffe ist weitaus vielfältiger: Als die Stromatolithen (siehe S. 250–251) fast überall abgeweidet waren, traten so unterschiedliche Gruppen wie Mikroben, Schwämme und später Steinkorallen ihre Nachfolge als wichtigste Riffbildner an.

Great Barrier Reef
Das Great Barrier Reef (oben) erstreckt sich entlang der halben Ostküste Australiens und ist heute das größte Riffsystem der Erde. Seine komplexe Geografie aus Unterwasserrücken und Inseln bildet ein Mosaik aus Lebensräumen. Wie die Riffe der Erdgeschichte ist es ein Hotspot der marinen Artenvielfalt: ein Ort, an dem sich eine große Anzahl von Arten ansiedelt und weiterentwickelt.

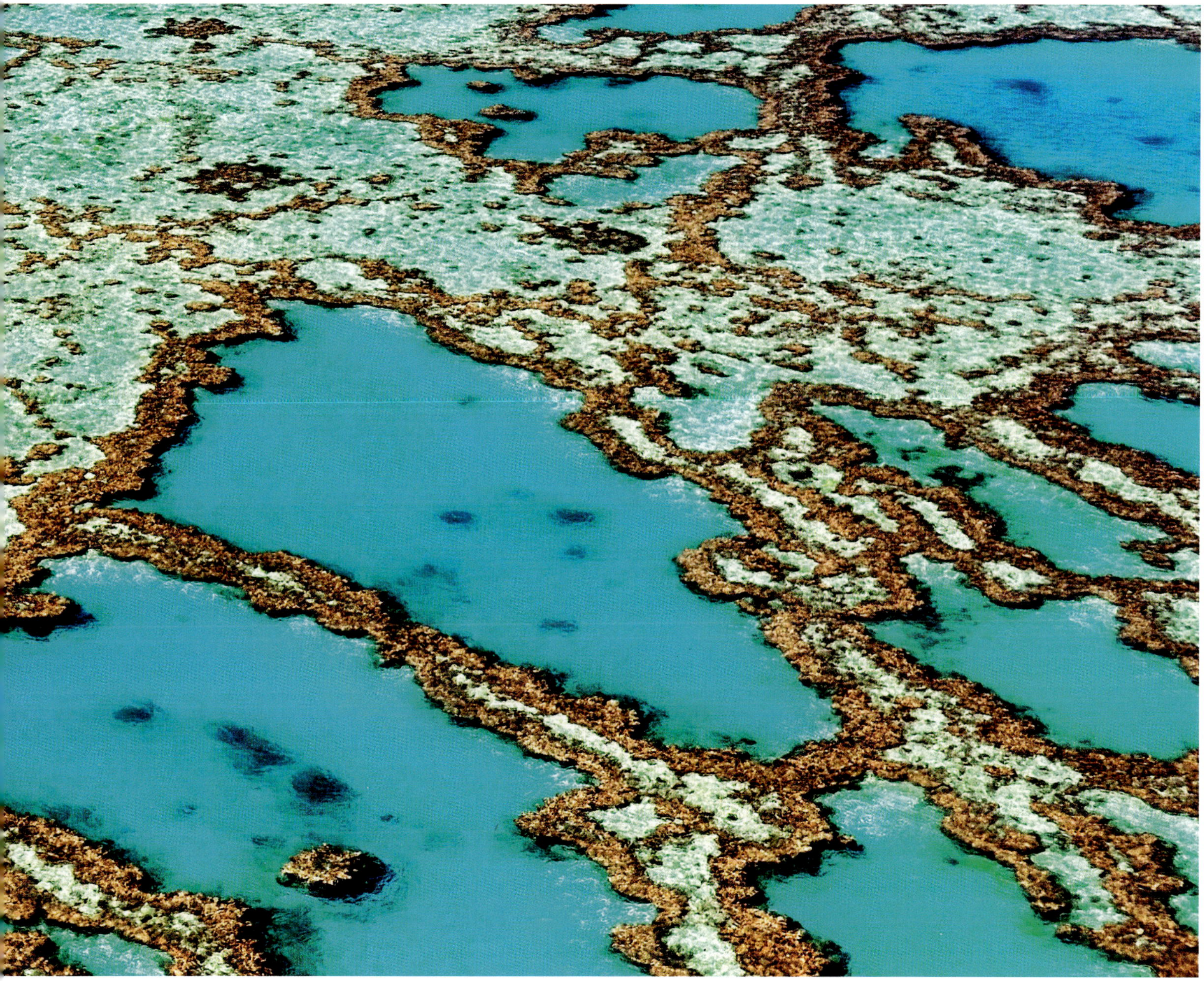

Fossiles Riff
Einige der frühesten Riffe der Erde wurden während des Kambriums von Archaeocyathiden gebildet, die mit Schwämmen verwandt sind. Die Kolonien bestehen aus hohlkegelförmigen Kalkgehäusen.

Kegel umschlossen das Weichgewebe der Filtrierer.

Ringformen sind Querschnitte durch die fossilen Kegel.

RIFFBILDNER FRÜHER UND HEUTE

Moderne riffbildende Korallen gibt es seit der Zeit der Dinosaurier, aber frühere Riffe wurden von verschiedenen Organismengruppen gebildet. Die frühesten Riffbildner waren Mikroben und schwammähnliche Tiere. Die meisten wurden später durch Hornkorallen und dann durch moderne Steinkorallen ersetzt.

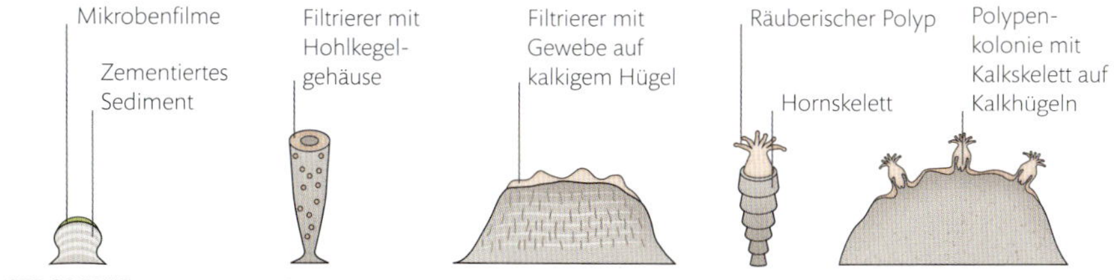

ENTWICKLUNG DER FISCHE

Wirbeltiere haben ein Skelett aus Knorpeln und Knochen. Ihre fischähnlichen, wirbellosen Vorfahren vor mehr als 500 Mio. Jahren hatten weder das eine noch das andere – aber einen gummiartigen Stab, die Chorda dorsalis, die durch den Rücken verlief und beitrug, die seitlichen Schwimmbewegungen kräftiger zu machen. Im Laufe der Zeit wurde die Chorda dorsalis durch Knorpel und Knochen versteift, die auch das Gehirn und das Rückenmark umschlossen und schützten sowie die Kiemen stützten. Die knorpeligen Kiemenbögen hielten die Kiemen zur Sauerstoffaufnahme offen. Später entwickelten sich die vorderen Kiemenbögen zu Kiefern, die das Zubeißen und Zerkleinern von Nahrung erleichterten.

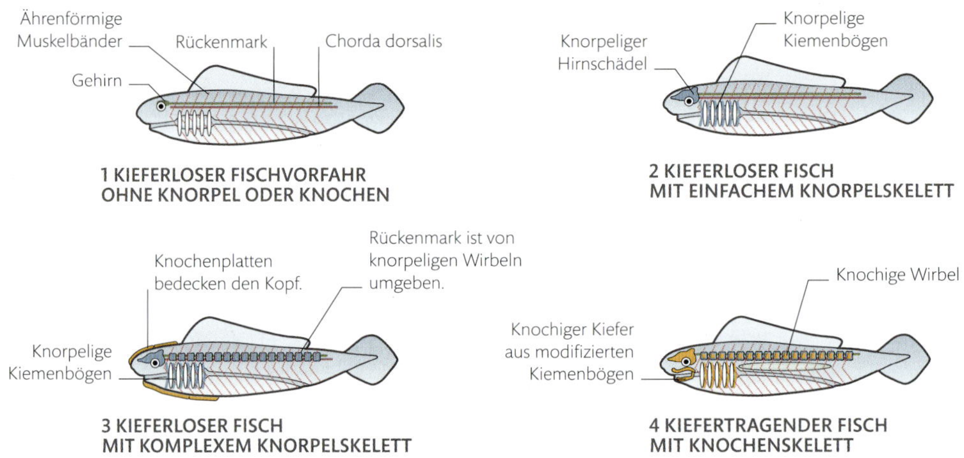

Kieferloser
Die frühesten Fische – wie die Ostrakodermen – hatten keine Kiefer und bewegten sich wohl auf dem Meeresboden. Dieser *Zenaspis* aus dem frühen Devon lebte in flachen Meeren und Flussmündungen.

Riesiger Räuber
Dieses Fossil von *Dunkleosteus* (rechts), einem riesigen gepanzerten Fisch aus dem späten Devon, zeigt, dass sich vor etwa 400 Mio. Jahren die Wirbeltiere zu den größten Beißern der damaligen Zeit entwickelt hatten, was sie zu Spitzenprädatoren in immer komplexeren Nahrungsketten machte. *Dunkleosteus* gehört zu den Placodermen oder Panzerfischen, die die frühesten Wirbeltiere mit Kiefer waren.

Zeitalter der Fische

Als Lebewesen die Gewässer der Erde füllten, wurden die Tiere immer größer, schneller und stärker, vor allem die ersten Wirbeltiere: die Fische im Meer. Ihre Skelette stützten wachsende Körper und wurden bei einigen Gruppen zu Schutzpanzern. Fische stammen von kleinen wirbellosen Tieren mit Weichkörper ab, die Kiemen zum Filtern der Nahrung nutzten, nun aber mit dem muskulösen Rachen größere Nahrungsbrocken ins Maul saugten. So konnten sich die Kiemen auf die Aufnahme von Sauerstoff aus dem Wasser spezialisieren. Im Devon, vor 400 Mio. Jahren, wimmelten die Ozeane von zahlreichen Fischgruppen. Bei einigen hatten sich die Stützstäbe der Kiemen zu einer weiteren wichtigen Innovation entwickelt: beißenden Kiefern.

Kiefertragender Fleischflosser
Der Fisch *Tristichopterus* aus dem Oberdevon war enger mit heutigen kiefertragenden Wirbeltieren als mit Panzerfischen verwandt. Spätere Verwandte entwickelten Beine und wurden Landwirbeltiere.

Durch das Scharniergelenk konnte der Kopf nach oben geschwenkt werden, um den Mund vor dem Biss zu weiten.
Die gezackte Kante des Kiefers bot eine ähnliche Schneidefläche wie die Zähne, die spätere Kieferfische wie Haie ausbildeten.
Das Gelenk zwischen Ober- und Unterkiefer wurde von kräftigen Muskeln bewegt, die eine starke Bisskraft erzeugen konnten.

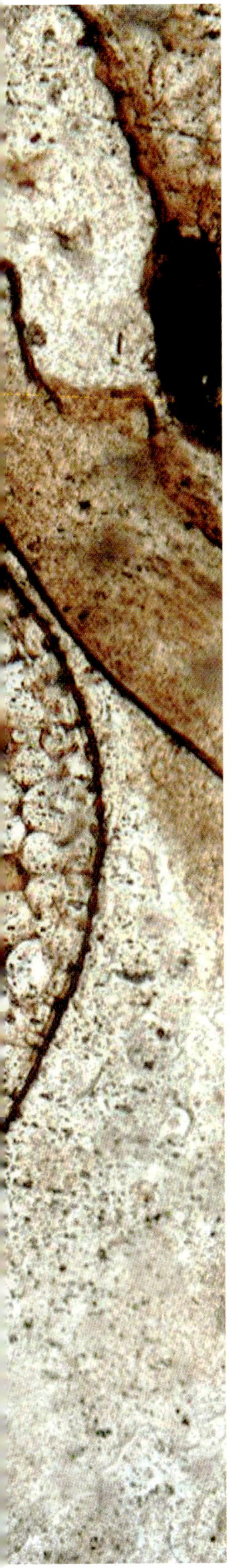

Pionniervegetation

Dieses versteinerte *Thursophyton* (rechts), eine der frühesten Landpflanzen, hatte verzweigte Stängel so lang wie eine menschliche Hand. Bodenständige Pflanzen wie diese boten Schutz und Nahrung für die ersten Landtiere und ebneten den Weg für die ersten komplexen Nahrungsketten an Land.

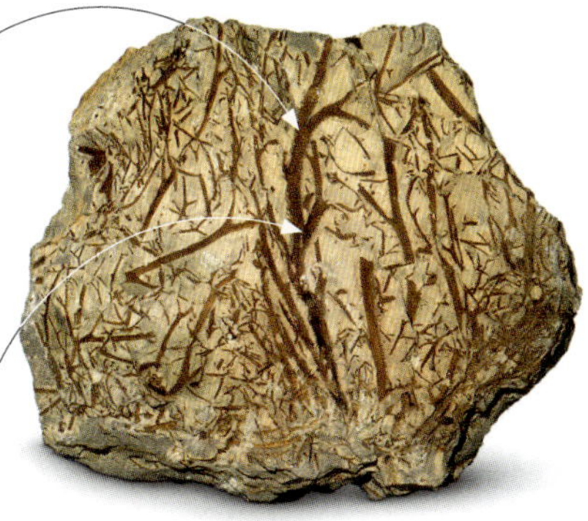

Besiedlung des Landes

Land und Luft waren für das frühe Leben, das sich im Wasser entwickelte, unwirtlich. Da Lebewesen zu mindestens 70 % aus Wasser bestehen, muss jeder Organismus, der sich an Land wagt, den Wasserverlust durch Verdunstung verhindern. Die ersten, die dies taten – Bakterien – wuchsen wohl vor über 3 Mrd. Jahren auf Gestein. Doch größere Lebensformen wie Pflanzen und Tiere brauchten stärkendes Gewebe, um aufrecht stehen zu können. Die ersten Landpflanzen – die von Wasseralgen abstammten – erschienen vor über 400 Mio. Jahren und hatten wachsartige, wasserfeste Triebe und Blätter, steife Leitbündel und Wurzeln, die ihnen Halt gaben.

Wasserleitung in Pflanzen

Dieser fossile Querschnitt (links) einer frühen moosartigen Pflanze, *Rhynia major*, zeigt ein einfaches Leitbündel – ein Xylemgefäß – im Zentrum eines markhaltigen Stängels. Wie bei modernen Landpflanzen führte es Wasser von den Wurzeln nach oben und stärkte den aufrechten Stamm.

GESCHICHTETE PFLANZENGESELLSCHAFT: STOCKWERKBAU

Durch die Entwicklung der verzweigten, aufrechten Landvegetation konnten Pflanzen wie *Cooksonia* mehr Lichtenergie für die Fotosynthese aufnehmen und reproduktive Sporen mit dem Wind verbreiten. *Cooksonia* trug jedoch nur zur untersten Ebene der neuen, mehrschichtigen Landgesellschaften bei. Größere Pioniere, die Nematophyten (unter anderem *Germanophyton*, *Mosellophyton* und *Prototaxites*), ragten über sie hinaus. Sie sind nur fossil bekannt und waren vielleicht eher mit nicht fotosynthetisierenden Pilzen als mit Pflanzen verwandt.

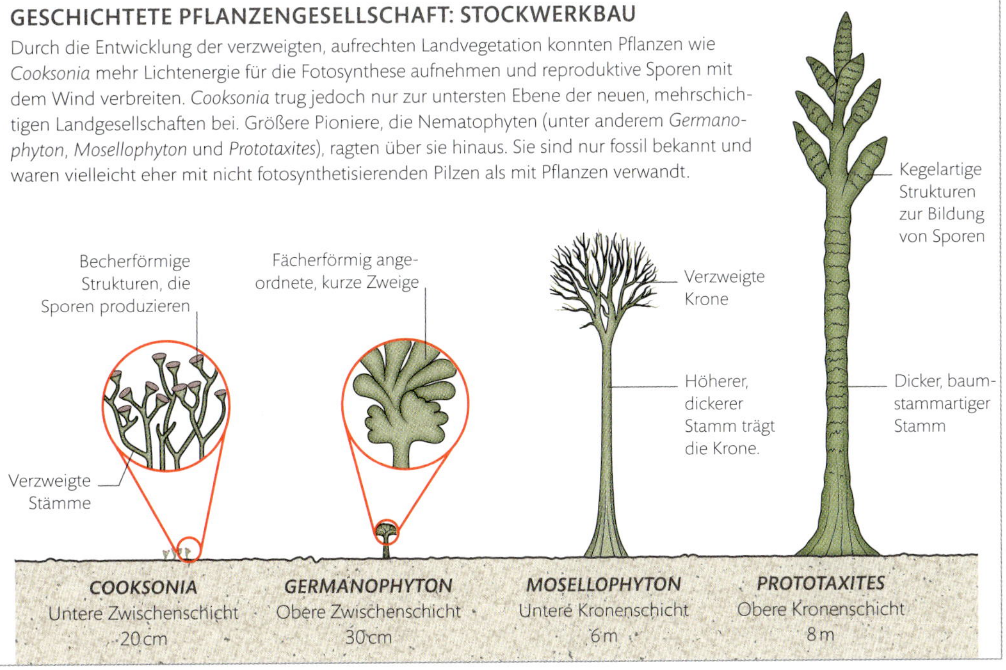

Primäre Sukzession in Aktion
Anak Krakatau, eine Vulkaninsel vor den indonesischen Inseln Java und Sumatra, tauchte erstmals 1927 auf. Wiederholte Eruptionen haben das Wachstum der Vegetation eingeschränkt, aber wie man auf diesem Satellitenbild sieht, etabliert sich allmählich wieder Pflanzenleben.

Sukzession

Organismen besiedeln neu verfügbare Lebensräume in einer vorhersagbaren Abfolge, die man Sukzession nennt. Wo zuvor kein Leben existierte, wie bei Lavaströmen oder zurückweichenden Gletschern, ist die Sukzession primär. Eine sekundäre Sukzession erfolgt dagegen nach Störungen der Vegetation, die den Boden nicht zerstören, etwa nach Waldbränden. Bei beiden Sukzessionstypen sind die ersten Arten (Pionierarten) schnell wachsende, sich rasch vermehrende Arten, die die neuen Nährstoffe und Ressourcen schnell nutzen können. Spätere Arten wachsen langsamer, sind aber widerstandsfähiger. Frühe Arten erleichtern die Ansiedlung späterer Arten, indem sie die Umwelt verändern, oder sie können Eindringlinge hemmen, bis sie verdrängt werden.

DIE PHASEN DER PRIMÄREN SUKZESSION

Primäre Sukzession tritt auf, wenn völlig neue Lebensräume entstehen, wie etwa auf einem erkalteten Lavastrom. Karges Gestein wird von Mikroorganismen, Flechten und Algen zersetzt und bildet Boden, auf dem schnell wachsende Pflanzen wachsen. Komplexere Ökosysteme bilden sich, wenn Generationen von verrottenden Pflanzen den Boden auffüllen, sodass andere Pflanzen wachsen können. Schließlich kann sich ein relativ stabiles und komplexes Ökosystem bilden, das man Klimaxgesellschaft nennt.

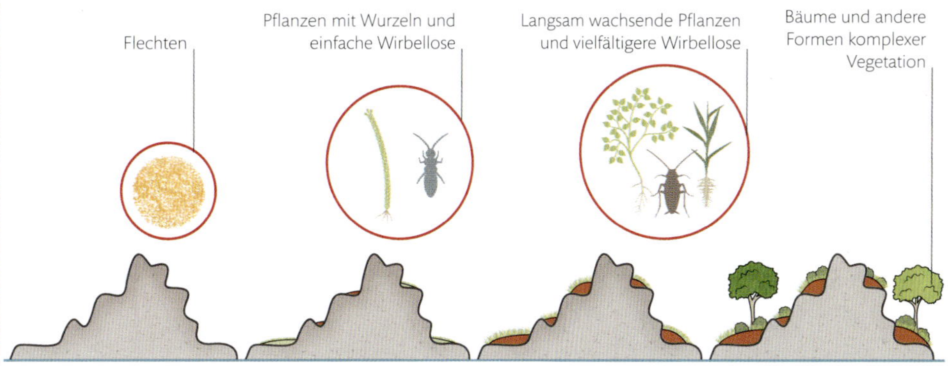

Nacktes Gestein
Zu den Organismen, die den nackten Fels besiedeln, gehören Mikroben, Algen und Flechten.

Dünner Boden
Schnellwüchsige Gefäßpflanzen wurzeln in dünnem Boden. Es gibt Populationen wirbelloser Tiere.

Entstehende Gesellschaft
Boden baut sich auf, langsam wachsende Pflanzen erscheinen und bilden ein komplexeres Ökosystem.

Klimaxgesellschaft
Eine komplexe Vegetation hat sich etabliert und bildet ein stabiles Ökosystem mit einer Vielzahl von Tieren.

REKONSTRUKTION EINES CLADOXYLOPSIDENWALDS

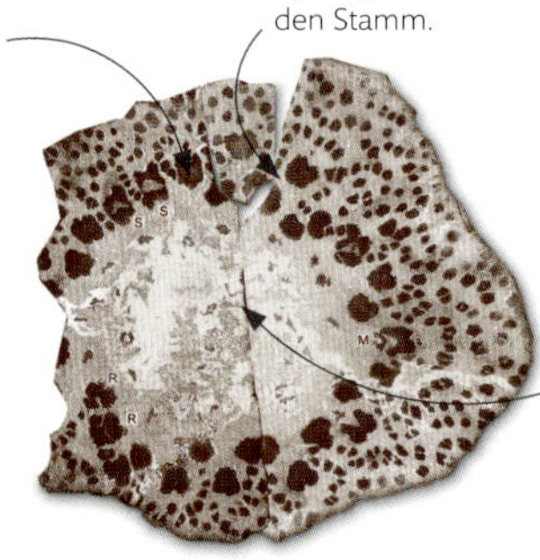

FOSSILER QUERSCHNITT EINES CLADOXYLOPSIDENSTAMMS

Wälder im Devon
Fossilien zeigen, dass die ersten Wälder vor fast 400 Mio. im Devon entstanden. Sie wurden von entfernten Verwandten der Farne, den Cladoxylopsiden, gebildet, die zu den ersten Pflanzen gehörten, die dicke Stämme mit stabilen Wasserleitgefäßen entwickelten.

Wälder entstehen

Pflanzen erzeugen durch Fotosynthese umso mehr Nährstoffe für das Wachstum, je besser die Blätter der Sonne ausgesetzt sind. Die ersten Landpflanzen breiteten sich am Boden aus – aber als sie um Licht konkurrierten, entwickelten einige höhere Stämme, um dem Schatten der Nachbarn zu entkommen. Im Wettlauf nach oben zum Licht verstärkten sie die Stämme mit Holz und entwickelten sich zu den ersten Bäumen. Heute sind einige Bäume die größten einzelnen (nicht kolonialen) Organismen der Welt. Gemeinsam bilden sie die komplexesten Landlebensräume: Wälder, deren Dach höher als 15-stöckige Gebäude sein kann.

Tropische Regenwälder
In den warmen, feuchten Tropen ist es im Kronendach des Waldes durch die häufigen Niederschläge stets feucht, sodass kleinere Aufsitzerpflanzen – Epiphyten – auf den Ästen der Bäume wurzeln und wachsen (rechts). Hier, jenseits des schattigen Bodens, gedeiht eine riesige Artenvielfalt – darunter Bromelien, Orchideen und Farne –, die einen üppigen Lebensraum für baumbewohnende Regenwaldtiere wie Insekten, Spinnen, Frösche und Vögel bietet.

STOCKWERKBAU
Bäume werfen Schatten und schaffen dunkle, feuchte Mikroklimata in Bodennähe. Bäume und Sträucher und die von ihnen getragenen Lianen und Epiphyten bilden Schichten, vor allem in Regenwäldern mit ihren vielen, an verschiedene Verhältnisse angepassten Arten. Bäume im Unterholz vertragen Schatten und viele vollenden dort ihren Lebenszyklus, während Bäume in der Baumkrone und Übersteher die volle Sonnenstrahlung benötigen.

STOCKWERKE IM REGENWALD

Fossilisation

Der Prozess, der ehemals lebende Organismen in dauerhafte Fossilien verwandelt, umfasst in der Regel den Ersatz des ursprünglichen Gewebes durch haltbarere Minerale. Dies kann auf viele verschiedene Arten geschehen, je nach der Umgebung, in der das Tier oder die Pflanze begraben wurde, und es kann Millionen Jahre dauern, bis die Minerale im Skelett ersetzt sind. Die so entstandenen Fossilien können den Kräften in der Tiefe und der Erosion widerstehen und ihre ursprünglichen Formen und Gewebemerkmale bis hin zu den Zellstrukturen beibehalten, was Wissenschaftlern eine Fülle von Informationen liefert.

Fossilbildung
Die beiden wichtigsten Arten von Fossilien sind Körperfossilien (Teile der Lebensform selbst) und Spurenfossilien (Belege für ihr Verhalten). Bei Körperfossilien wie Knochen oder Zähnen wird meist das Gewebe durch Minerale ersetzt (Umkristallisation). Spurenfossilien sind Zeichen der Aktivität wie Fußabdrücke oder Erdbauten.

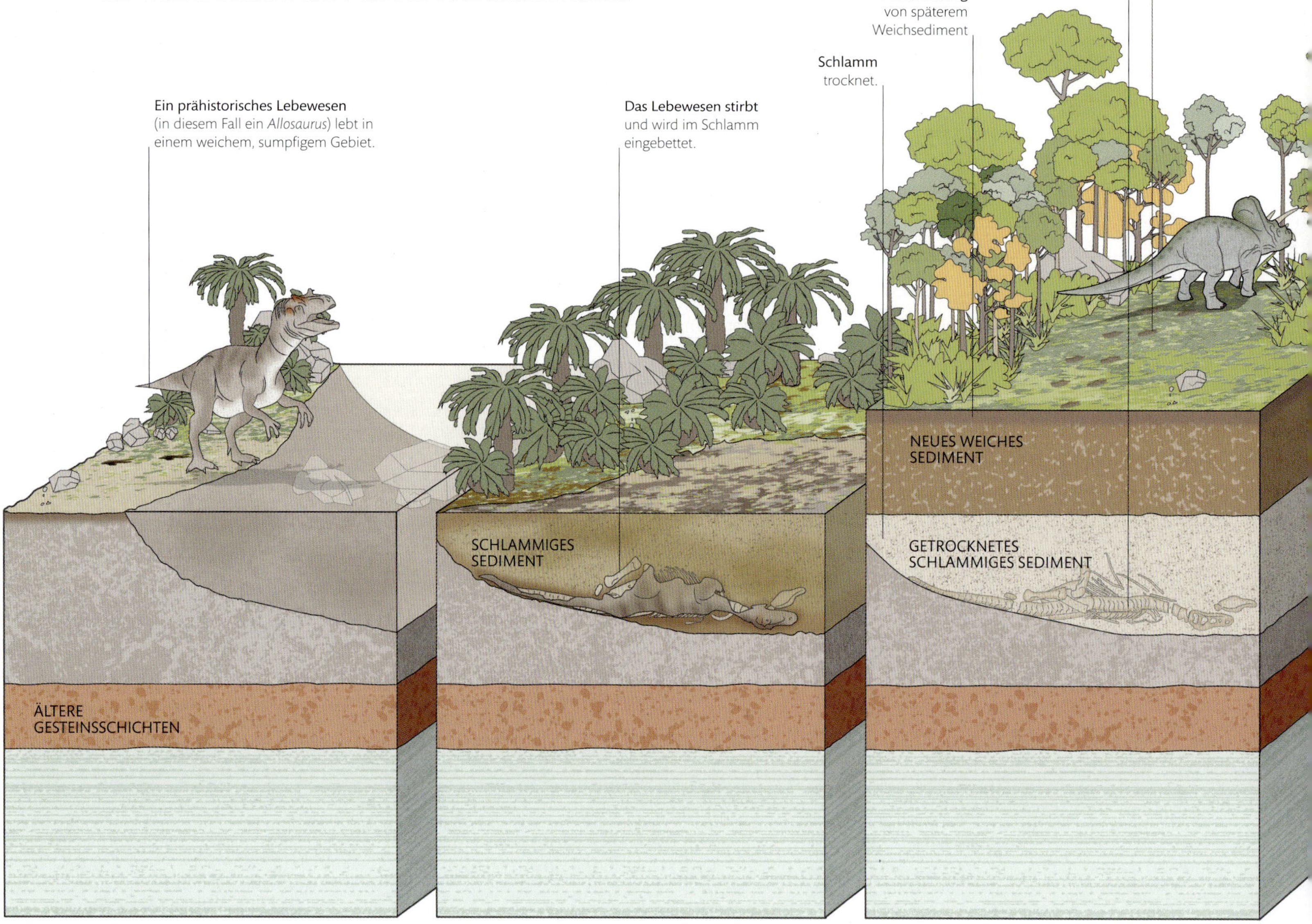

Vorzeitliches Leben
Lebewesen, die am ehesten als Fossilien erhalten sind, lebten an Orten, an denen sich Sedimente ablagerten. In ihnen wurden sie nach ihrem Tod eingebettet.

Tod und Einbettung
Wenn die Überreste des Lebewesens nach dem Tod durch die darüberliegenden Sedimente für längere Zeit vor Aasfressern und weiterem Zerfall geschützt sind, können sie versteinert werden.

Sedimentablagerung
Im Laufe der Zeit lagern sich Sedimente ab und beginnen sich in Gestein zu verwandeln. Bei diesem Prozess werden organische Reste durch Minerale ersetzt.

In Bernstein konserviert
Organismen können in Bernstein (gehärtetes Baumharz) eingebettet und erhalten werden. Bernstein verhindert den Zerfall der empfindlichen Strukturen und bietet einen Einblick in die Entwicklung vieler kleiner Pflanzen und Tiere, die zu zerbrechlich waren, um in Gestein versteinert zu werden.

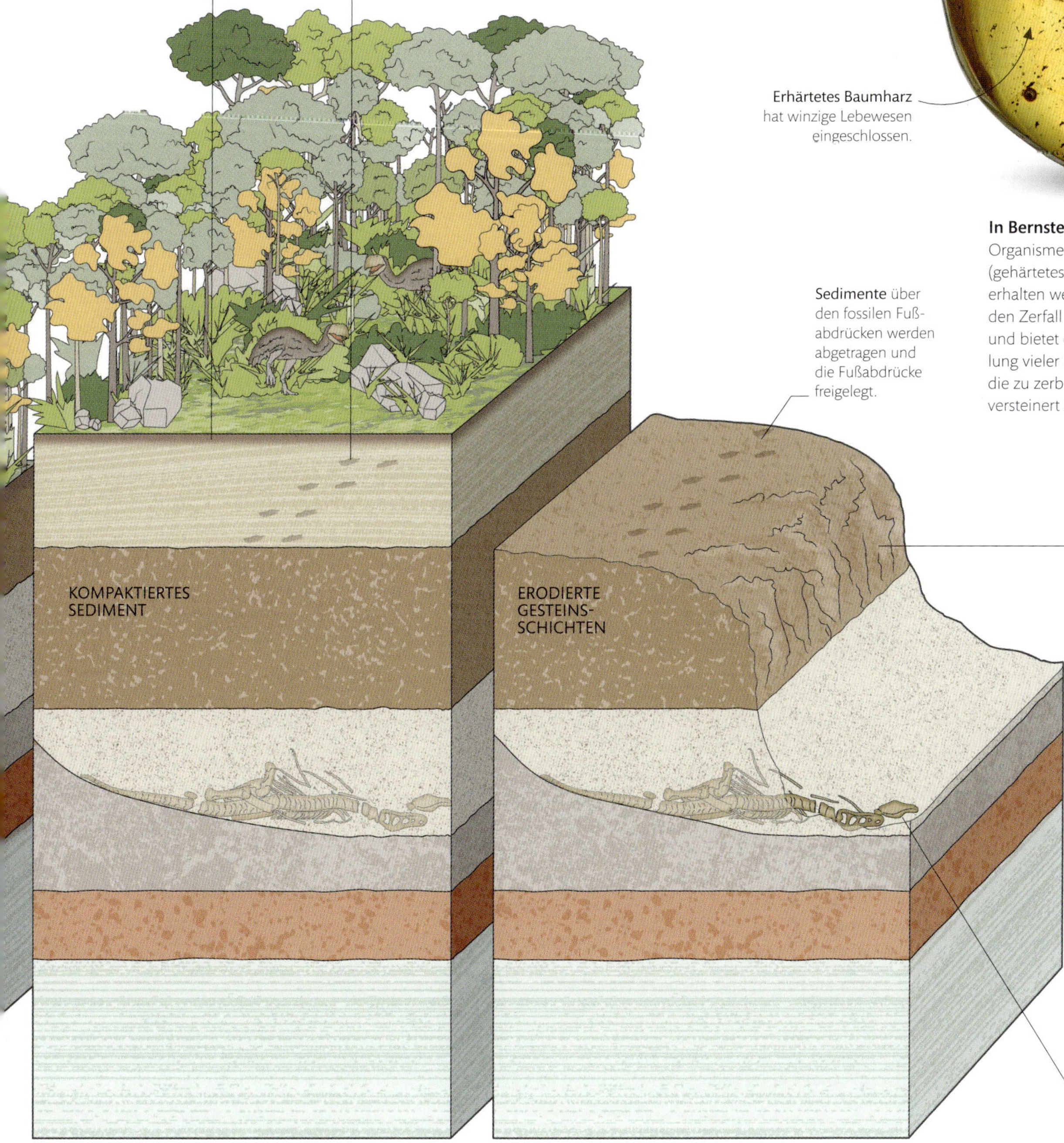

Spätere Fossilien
Fossilien späterer Lebewesen oder fossile Fußabdrücke können in neueren Gesteinsschichten erhalten sein. Fußabdrücke werden je nach Art des Gesteins als Abdrücke oder Abgüsse erhalten.

Aufschluss und Entdeckung
Fossilien werden gewöhnlich dort freigelegt und gefunden, wo die Erosion die an der Oberfläche liegenden Sediment- und Gesteinsschichten abgetragen hat.

Kohle entsteht

Schwarze Kohleflöze zeugen von der engen Verbindung zwischen der lebenden Biosphäre und dem Gestein unter ihr. Alle Lebewesen sind Teil eines Stoffkreislaufs, der noch lange nach ihrem Tod und ihrem Zerfall fortbesteht. Die meisten verrotten vollständig zu Mineralen, die das Wachstum neuer Organismen nähren. Doch unter bestimmten Umständen kommt die Zersetzung fast zum Stillstand. Vor 360 Mio. Jahren entwickelten Pflanzen das holzartige Material Lignin, das ihnen half, zu hohen Wäldern heranzuwachsen. Allerdings besaßen Destruenten wie Pilze noch nicht die Fähigkeit, das Lignin abzubauen. Daher sammelten sich die holzigen Stämme an und wurden über viele Jahrmillionen zu Kohle.

Narben am Stamm von abgefallenen Blättern

Fossile Baumrinde
In den kohlebildenden Sumpfwäldern wuchsen vor allem sporenbildende Bäume wie dieser *Lepidodendron* – ein Verwandter der heutigen Farne.

Kohleflöz
Kohle ist ein Sedimentgestein, das fast vollständig aus Kohlenstoff besteht. Der größte Anteil wurde mindestens 100 Mio. Jahre vor der Zeit der Dinosaurier abgelagert, in einer Periode, die passenderweise Karbon genannt wird. Flöze – wie dieser, der an einem Strand in New South Wales (Australien) zu sehen ist – sind die organischen Überreste von Sumpfwäldern aus dem Karbon.

GROSSER KREISLAUF

Kohle entsteht aus abgestorbener Vegetation. Sie wird von Bakterien zu Torf verrottet. Wenn er unter Sedimenten vergraben und erwärmt wird, werden Wasser und Gase herausgepresst und es entsteht zunächst Braunkohle und dann Steinkohle (Anthrazit) mit viel elementarem Kohlenstoff, der nur noch durch Verbrennen Kohlendioxid (CO_2) bildet. Die Kohleverbrennung durch Menschen erhöht den CO_2-Gehalt der Luft.

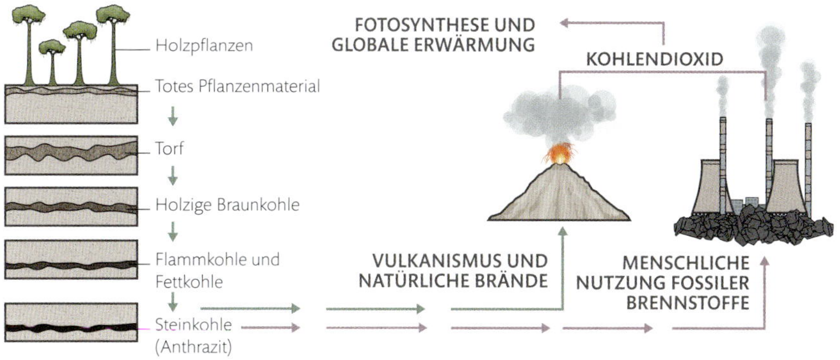

Giganten durch Sauerstoff

Nachdem Mikroben die Luft vor über 2 Mrd. Jahren mit Sauerstoff überschwemmt hatten (siehe S. 252), blieb der Sauerstoffgehalt der Atmosphäre relativ konstant. Doch im Karbon verdoppelte sich der Sauerstoffgehalt fast. Dass dies zu einer Zeit geschah, als sich Kohleflöze bildeten, ist kein Zufall. Da der Kohlenstoff unter der Erde eingeschlossen war, reagierte weniger davon mit Sauerstoff, so dass sich das Sauerstoffgas in der Luft anreicherte. Eine derart sauerstoffreiche Atmosphäre führte zu mehr Waldbränden und zur Entwicklung riesiger Gliederfüßer, etwa Tausendfüßler von der Länge eines Autos.

Feuer verbraucht Sauerstoff und hinterlässt Asche, erzeugt aber auch Wasserdampf und Kohlendioxid.

Spontane Waldbrände
Fossile Daten zeigen, dass Waldbrände im Karbon häufig waren. Heute sind einige Pflanzen in heißen, trockenen Klimaten feuerresistent, andere brauchen sogar das Feuer für ihre Keimung.

ATMOSPHÄRISCHER SAUERSTOFFGEHALT

Die Fotosynthese erzeugt Sauerstoff, aber andere Prozesse verbrauchen ihn, etwa Brände und die Atmung von Lebewesen. Ein Gleichgewicht beider Prozesse stabilisierte den Sauerstoffgehalt im Verlauf der Erdgeschichte. Er stieg jedoch auf ein Maximum im Karbon, als holzige Bäume entstanden, die zunächst von Destruenten nicht zersetzt werden konnten. Destruenten verbrauchten also weniger Sauerstoff und die Werte stiegen.

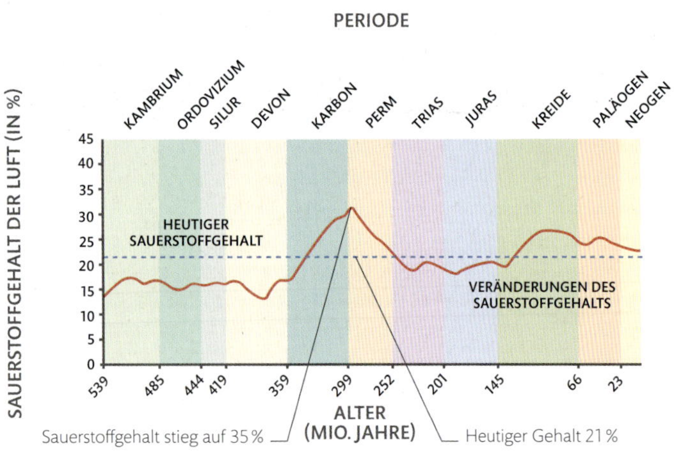

Größtes fliegendes Insekt
Bei Insekten dringt der Sauerstoff durch Luftkanäle (Tracheen) direkt in das Gewebe ein. Der hohe Sauerstoffgehalt des Karbons konnte tiefer in das Gewebe diffundieren, sodass er auch einen größerer Körper versorgen konnte. Das Ergebnis waren Giganten wie dieses libellenähnliche Insekt, *Meganeura*, mit einer Flügelspannweite von 70 cm.

Schritte an Land

Nachdem Pflanzen aus den Ozeanen, wo das Leben seinen Anfang nahm, das Land besiedelt hatten, folgten Tiere – die Vegetation bot Schutz und Nahrung. Die ersten Tiere wagten sich vermutlich nur kurzzeitig und nachts aus dem Wasser, wie einige Meeresschnecken heute. Spurenfossilien deuten darauf hin, dass garnelenartige Tiere vor über einer halben Milliarde Jahren den Schritt vom Wasser zum Land vollzogen. Ihr Exoskelett schützte sie wohl vor den austrocknenden Sonnenstrahlen. Aber die Evolution brauchte Millionen Jahre, bis aus zaghaften Pionieren dauerhaft luftatmende Insekten und Spinnen wurden. Zur Zeit der kohlebildenden Sumpfwälder (siehe S. 270–271) hatten Wirbeltiere das Land besiedelt, und aus Fischen mit fleischigen Flossen waren frühe gehende Tetrapoden geworden.

Gehendes Wirbeltier
Vor 295–272 Mio. Jahren lebte *Seymouria*, ein 60 cm langes Tier, das einem heutigen Riesensalamander ähnelte und Gliedmaßen hatte, die stark genug waren, um den Körper vom Boden abzuheben. Wie alle landlebenden Wirbeltiere entwickelte es sich aus einer Gruppe von Fischen, deren dicke Flossen knöcherne Stützen hatten, die später zu den Zehen der Lauffüße wurden.

Die Brustflossen werden als Vorderbeine benutzt, um an Land zu klettern.

Erneute Pionierschritte auf das Land
Auch heute noch entwickeln viele Fischgruppen neue Wege, um das Land zu erobern. *Periophthalmus chrysospilos* stammt von den ozeanischen Grundeln ab und hat nach vorne gerichtete Brustflossen, die stark genug sind, um ihn über den Schlamm zu ziehen.

MEHRERE LANDGÄNGE

Im Laufe ihrer Entwicklungsgeschichte haben Tiere mehrmals das Land erobert – in unabhängigen Gruppen. Durch die Analyse der DNA lebender Tiere zur Klärung ihrer Verwandtschaftsverhältnisse und die Fossilüberlieferung können Wissenschaftler abschätzen, wann sich verschiedene Gruppen von Landtieren aus ihren aquatischen Vorfahren entwickelt haben. Die ältesten Landtiere – Gliederfüßer (Arthropoden, darunter Insekten, Krebstiere und Spinnen) und Fadenwürmer – hatten bereits die Wälder bevölkert, bevor die ersten vierbeinigen Wirbeltiere, die Tetrapoden, das Land betraten. Alle diese Pioniere lebten anfangs teilweise im Wasser, entwickelten aber schließlich die Fähigkeit, sich außerhalb des Wassers aufzuhalten. Schnecken, Nacktschnecken und Regenwürmer wandten sich erst viel später dem Land zu – etwa zur Zeit der Dinosaurier.

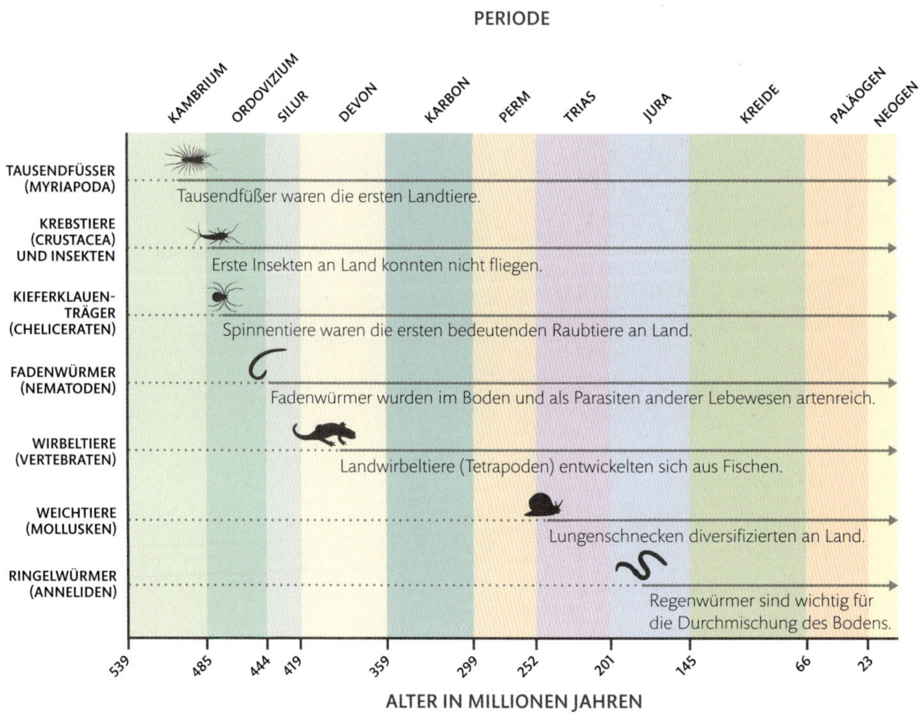

Der zahnlose Schnabel und die Stoßzähne deuten darauf hin, dass das Tier Vegetation abgraste.

Der große Überlebende im Perm
Lystrosaurus, ein entfernter reptilienartiger Säugetiervorfahr, macht nach dem Ereignis bis zu 95 % der Wirbeltierfossilien aus. Seine grabende Lebensweise hat ihn wohl geschützt.

Hinweise auf das Aussterbeereignis
Die dunklen Schichten im sibirischen Putorana-Gebirge entstanden, als Lava aus Spaltenausbrüchen, bei denen die Erdkruste über weite Gebiete zerbrach, das Land flutete. Sie erstarrte schichtweise zu einem riesigen Plateau, dies ist nur ein kleiner Teil. Dieses gewaltige vulkanische Ereignis hätte wie kein anderes im Verlauf der Erdgeschichte komplexes Leben auslöschen können.

Das große Sterben

Generell herrschten auf der Erde stets die richtigen Bedingungen für die Entwicklung von Lebewesen. Dennoch gab es mehrere Massenaussterben mit kolossalem Artenverlust. Eines davon hatte eine außerirdische Ursache – ein Asteroideneinschlag, der die Dinosaurier tötete (siehe S. 295) –, aber die meisten Ereignisse wurden durch die gewaltige Geologie der Erde selbst ausgelöst. Das größte Sterben ereignete sich vor 250 Mio. Jahren am Ende des Perms – vor den Dinosauriern. Die durch gewaltige Vulkanausbrüche bedingten Klimaveränderungen löschten mehr als drei Viertel aller Arten aus. Aber es gibt immer neben Verlierern auch Gewinner und aus den Überlebenden entstanden neue Arten, die die Biosphäre eroberten.

ERUPTION IM PERM

Das Ende des Perm ist durch ein Ereignis gekennzeichnet, bei dem ein riesiger Mantelplume (Magmablase) unter Sibirien aufstieg und gewaltige Lavaströme bildete, die zu Plateaus aus dunklem, feinkörnigem Gestein erstarrten, dem Sibirischen Trapp. Nach dem Ausbruch führten Treibhausgase, saurer Regen und in die Ozeane gespülte Asche zur globalen Erwärmung.

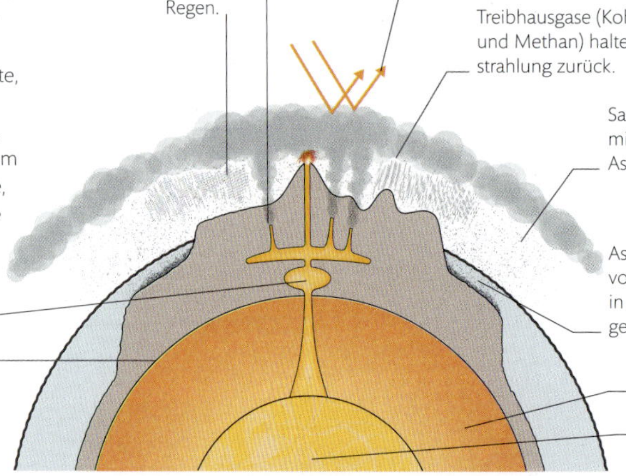

FOLGEN DER AUSBRÜCHE DES SIBIRISCHEN TRAPPS

Der blinde Trilobit hatte ein Cephalon ohne Augen.

CONOCORYPHE

Zentraler Spindellappen zwischen abgegrenzten Pleurallappen

ELRATHIA

Lange, sichelförmige Augen

OLENELLUS

Der Körper war vom Kopf zum Schwanz bis zu 50 cm lang.

PARADOXIDES

Aufstieg der Trilobiten
Trilobiten entstanden früh im Paläozoikum in der kambrischen Explosion vor 539–520 Mio. Jahren (siehe S. 256–257), und ihre widerstandsfähigen Exoskelette bilden einen Großteil des Fossilbestands. Die Vielfalt der erfolgreichen Gliederfüßer erreichte zwischen dem Ende des Kambriums (vor 485 Mio. Jahren) und dem Ordovizium ihren Höhepunkt.

Frontstachel

MOROCCONITES

Randstacheln am Pygidium (Schwanzschild)

ZLICHOVASPIS

Großes, leicht erhöht stehendes Auge

HUNTONIATONIA

Paar nach hinten gebogener, hornartiger Stacheln

DICRANURUS

Abstieg der Trilobiten
Im Silur und Devon, die auf das Massenaussterben im späten Ordovizium folgten, nahm die Zahl der Trilobitenfamilien weiter ab, wobei viele Gruppen immer noch reich verziert waren. Nur eine einzige Trilobitenordnung, die Proetida, überlebte das Devon, starb aber schließlich mit dem Massenaussterben im Perm auch aus (siehe S. 276–277).

Trilobitenvielfalt

Trilobiten waren marine Gliederfüßer (Artrhropoden: Tiere mit Exoskelett, segmentiertem Körper und paarigen, gelenkigen Gliedmaßen). Zu dieser Gruppe gehören auch die heutigen Krebse, Spinnen und Insekten. Der Körper war in drei Segmente unterteilt: Cephalon (Kopf), Thorax (Brust) und Pygidium (Schwanz). Der Mund lag an der Unterseite des Cephalons. Sie heißen Trilobiten (»Dreilapper«), weil der Thorax in drei Lappen unterteilt ist: Den zentralen Spindel- oder Axislappen und zwei Pleurallappen an den Seiten, wobei jeder Pleurallappen Beine mit Kiemen trägt. Die Trilobiten lebten 270 Mio. Jahre lang, wobei sie eine reiche Fossilüberlieferung mit über 20 000 Arten hinterließen.

Dreizackförmiges Horn ging von der Front des Cephalons aus.

ONNIA

TRIARTHRUS

SELENOPELTIS

ENCRINURUS

Wandel der Trilobiten
Während des Ordoviziums entwickelten sich weiterhin neue Trilobiten mit auffälligem Körperbau, aber die Zahl der Familien nahm stetig ab. Bei dem Massenaussterben im späten Ordovizium, vor etwa 445 Mio. Jahren, starben viele der aus dem Kambrium stammenden Gruppen aus, wurden aber durch solche ersetzt, die sich im Ordovizium entwickelt hatten.

Dreizackiger Trilobit
Zwar gingen die Trilobiten im Devon, aber einige, wie dieser *Walliserops*, waren prächtig. Die Funktion des markanten Cephalonhorns ist unklar – vielleicht diente es der sexuellen Zurschaustellung, dem Kampf gegen Rivalen oder als Signal für ein gesundes Individuum – alles Funktionen, die heute Hirschgeweihe erfüllen.

Trockenheit überleben

Alle Lebewesen brauchen Wasser, aber viele sind an trockenste Habitate angepasst. Durch den Kontinentaldrift wurden Gebiete aus vielen Gründen zur Wüste, zum Beispiel weil sie weit im Landesinneren liegen, wo wenig Regen fällt. Vor etwa 250 Mio. Jahren – kurz vor der Zeit der Dinosaurier – vereinigten sich die meisten Landmassen zum Superkontinent Pangäa mit einem riesigen Wüstengebiet im Inneren, und es wurde global wärmer. Amphibien, die schalenlose Eier im Wasser ablegten, gingen zurück. Reptilien jedoch, deren hartschalige Eier sich an Land entwickeln, gediehen in Trockenregionen.

Trockene Mongolei
Im Zentrum des asiatischen Kontinents liegt die Wüste Gobi im Regenschatten des tibetischen Hochlands, das feuchtigkeitsreiche Winde blockiert. Aufgrund der extremen Temperaturen – bitterkalte Winter und heiße, trockene Sommer – ist die Vegetation spärlich und nur spezialisierte Wüstentiere überleben.

Hartschaliges Ei
Erst die Entwicklung von Eiern mit Schale – hier ein 66 Mio. Jahre altes Fossil – ermöglichte es den Reptilien, sich unabhängig von Gewässern fortzupflanzen.

TROCKENANPASSUNGEN

Das Verhältnis von Niederschlag und Verdunstung bestimmt die Trockenheit. In subhumiden Wüsten verdunstet höchstens das Doppelte der jährlichen Niederschlagsmenge. In den trockensten (hyperariden) Wüsten kann jedoch 200-mal mehr Wasser verdunsten. Lebewesen brauchen dann extreme Anpassungsmechanismen zur Wassergewinnung.

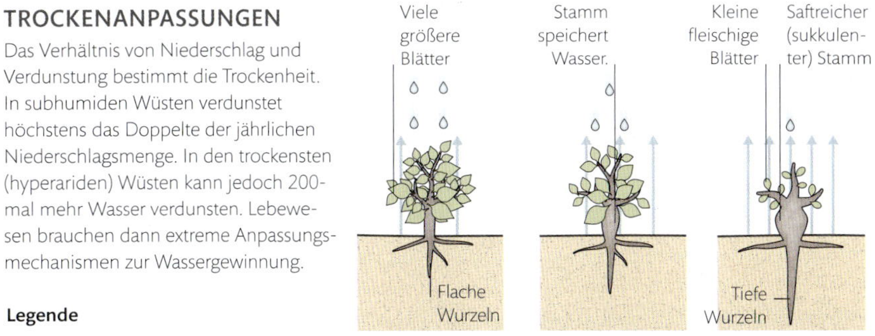

Der Cynodont *Thrinaxodon* war wohl der Bewohner des Grabbaus.

Auf dem Kopf stehender Schädel von *Broomistega*

Brillant erhaltene Schuppen von *Broomistega*

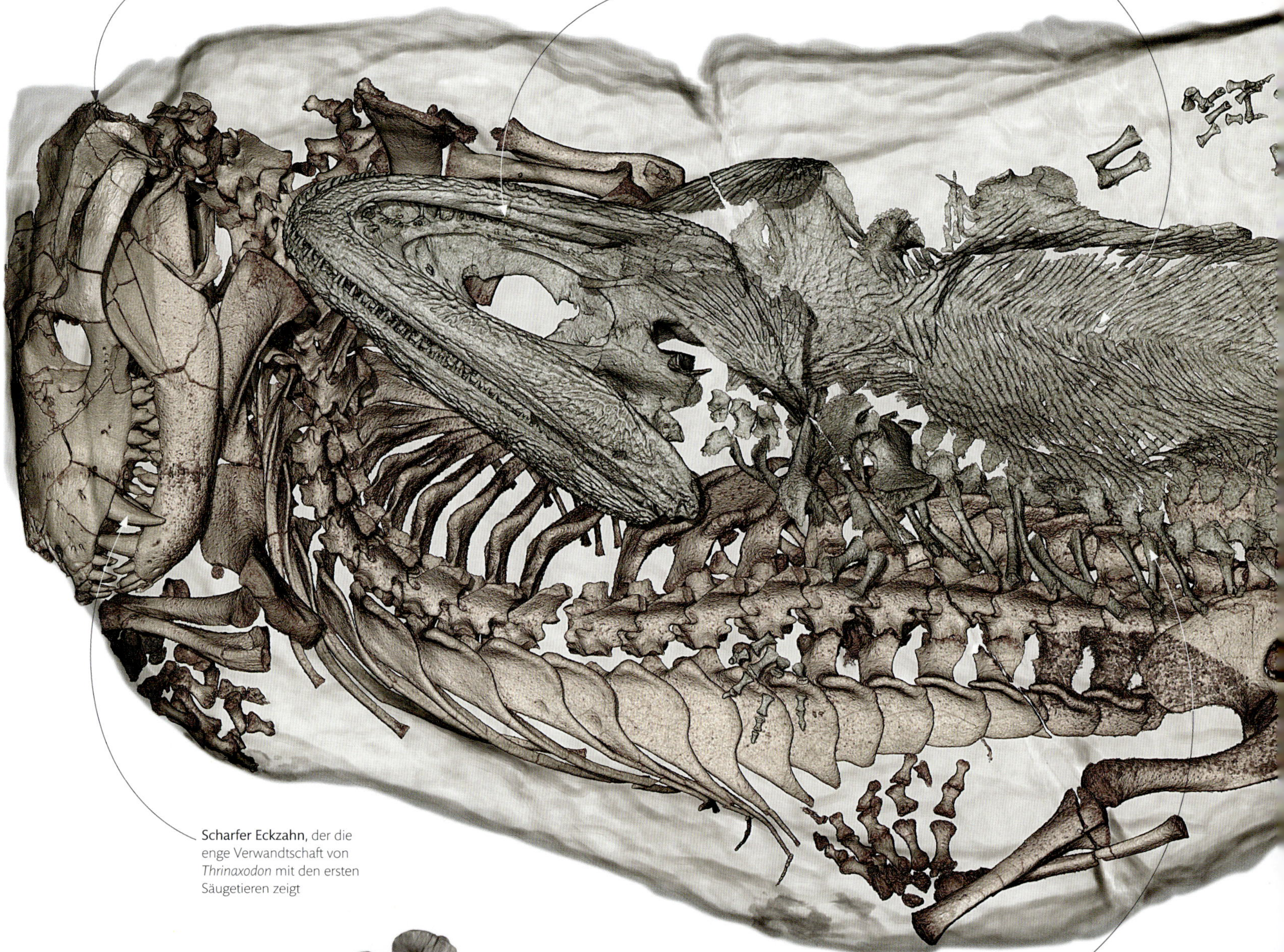

Scharfer Eckzahn, der die enge Verwandtschaft von *Thrinaxodon* mit den ersten Säugetieren zeigt

Teilweise verheilte Rippen zeigen, dass *Broomistega* verletzt war, bevor er verschüttet wurde, und möglicherweise in die Höhle des *Thrinaxodon* gekrochen ist, um sich in Sicherheit zu bringen.

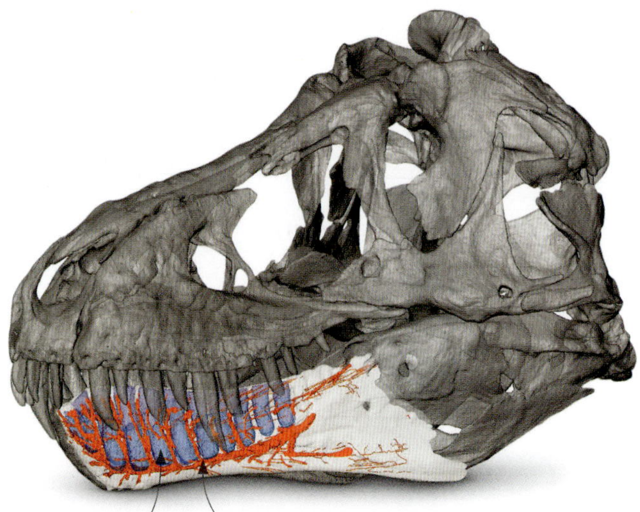

Zahnstellung im Unterkiefer

Dichtes Netz von Nerven und Gefäßen

Darstellung von Nervenbahnen
Diese Comptertomografie von Schädel und Unterkiefer eines *Tyrannosaurus rex* zeigt ein dichtes Netz von Nerven und Blutgefäßen, das auf eine hochsensible Schnauze schließen lässt.

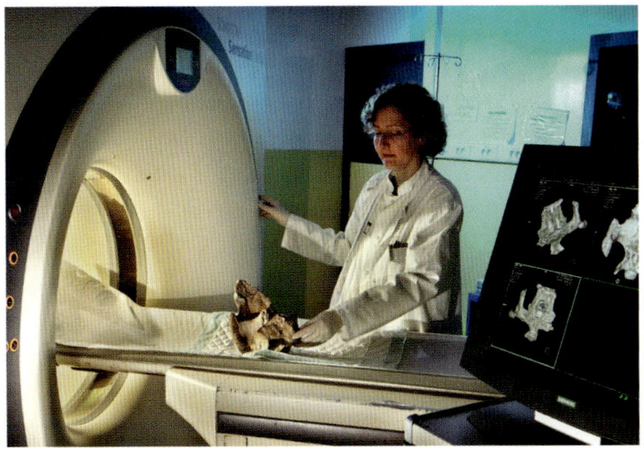

Blick in den Dinosaurier
Den inneren Aufbau des versteinerten Schädels eines *Arcovenators*, eines theropoden Dinosauriers aus Frankreich, zeigt ein Computertomograf sehr detailliert.

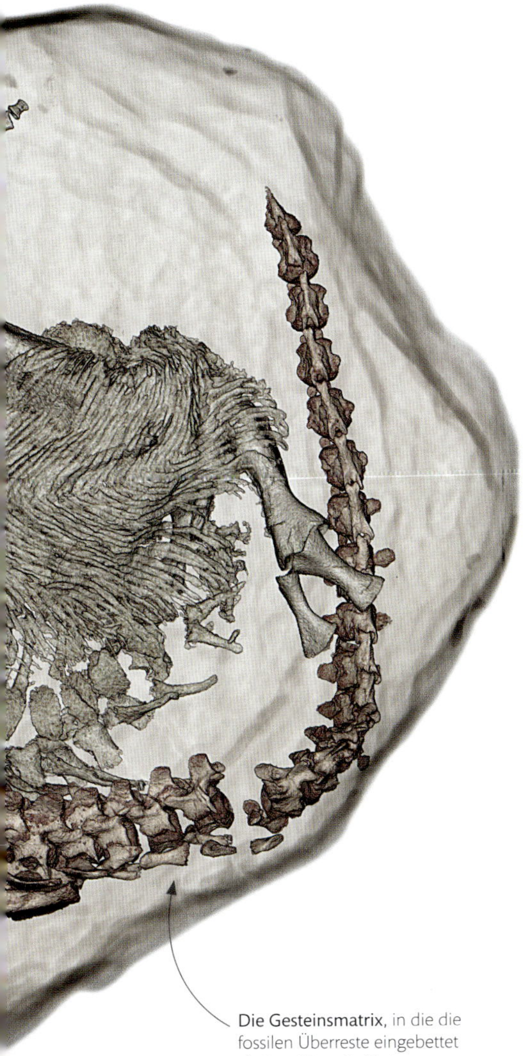

Die Gesteinsmatrix, in die die fossilen Überreste eingebettet sind, verbirgt die Skelette vor dem bloßen Auge.

Seltsame Bettgenossen
Thrinaxodon (grau-rosa), ein Cynodont (eine ausgestorbene Gruppe säugetierähnlicher Tiere), und *Broomistega* (dunkelgrau), ein Amphibium, wurden im Trias zusammen in einer Höhle verschüttet, in der *Thrinaxodon* wohl während einer sommerlichen Dürre schlief. Dieses erstaunliche Doppelfossil wurde erst entdeckt, als man das Gestein mit einem leistungsstarken Synchrotron-Teilchenbeschleuniger untersuchte, weil man hier eine Cynodont-Grabhöhle vermutete.

Geschichte der Geowissenschaften

Fossilien scannen

Die äußeren Merkmale von Knochen und Zähnen verraten nur einige Aspekte der Biologie ausgestorbener Tiere. Für weitere Erkenntnisse müssen Forscher ins Innere schauen, wo sich einst die Weichteile befanden. Früher musste man dazu Teile des Fossils zerstören. Mit modernen Bildgebungsverfahren ist das nicht nötig und man kann auch Fossilien untersuchen, die man nicht aus dem umgebenden Gestein entfernen kann.

Seit den 1970ern nutzen Wissenschaftler die Röntgentechnik, um Fossilien zu durchleuchten. Energiereiche Röntgenstrahlen durchdringen das Gestein mit dem Fossil und zeigen die unterschiedliche Dichte der inneren Strukturen. Dank leistungsfähigerer Computer ab den 1980ern und 1990ern konnten Paläontologen vermehrt Computertomografie (CT-Scans) einsetzen. Dazu werden Hunderte Röntgenbilder aus verschiedenen Winkeln zu einem dreidimensionalen Abbild des Inneren des Fossils zusammengesetzt.

Die Computertomografie wurde ständig verbessert und ermöglicht es Wissenschaftlern, die innere Anatomie fossiler Lebewesen in nie dagewesener Detailtreue digital zu rekonstruieren. Forscher haben nun Gehirne längst ausgestorbener Tiere, darunter Dinosaurier, Meeresreptilien und frühe Säugetiere, sichtbar gemacht. Durch den Vergleich der Größe verschiedener Gehirnteile kann man mit digitalen Modellen die Bedeutung von Sinnen wie dem Sehsinn oder dem Geruchssinn für das Lebewesen verstehen.

Die Computertomografie zeigt auch andere Strukturen, wie die feinen Kammern des Innenohrs, Nervennetze und sogar tägliche Wachstumsschichten in Zähnen. Neue, leistungsfähigere Bildgebungsgeräte, etwa Synchrotron-Teilchenbeschleuniger, zeigen immer mehr Details, bis auf die mikroskopische Ebene.

»Fast alle traditionellen Probleme der Gewinnung von Fossildaten aus Gesteinen lassen sich mit moderner 3-D-Bildgebung überwinden.«

JOHN CUNNINGHAM *ET AL. A VIRTUAL WORLD OF PALEONTOLOGY*, 2014

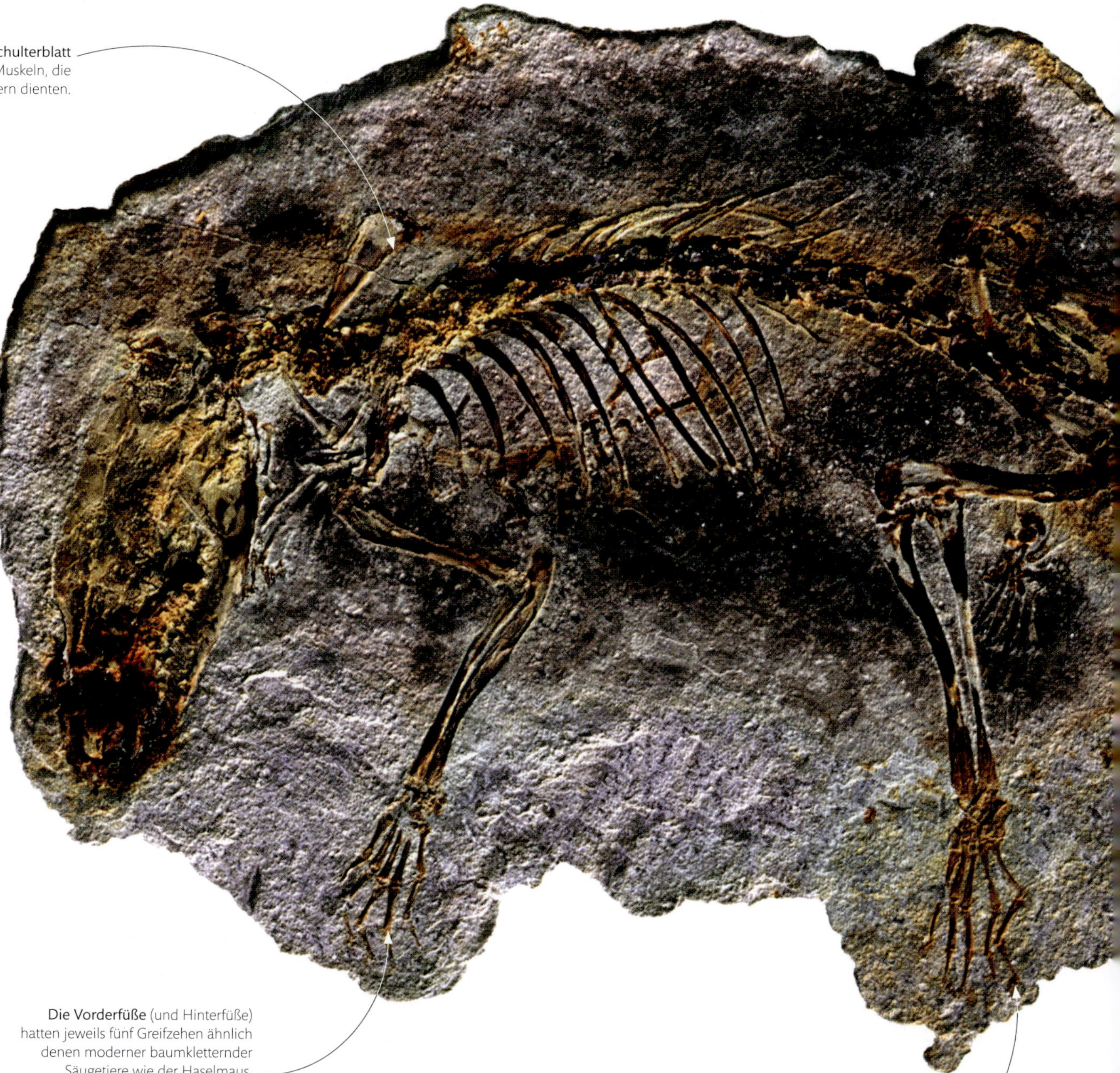

Ein breites Schulterblatt stützte starke Muskeln, die wohl zum Klettern dienten.

Die Vorderfüße (und Hinterfüße) hatten jeweils fünf Greifzehen ähnlich denen moderner baumkletternder Säugetiere wie der Haselmaus.

Gebogene Krallen an allen Zehen dienten wohl dem Halt beim Klettern.

WÄRMEQUELLEN

Alle Tiere erzeugen durch ihren Stoffwechsel etwas Wärme. Kaltblütige oder wechselwarme (ektotherme) Reptilien brauchen die Wärme der Sonne, aber warmblütige oder gleichwarme (endotherme) Tiere wie Säugetiere produzieren genug Wärme, um ihre Körpertemperatur auch in kalter Umgebung hoch halten zu können. Dazu verbrennen sie spezielles braunes Fett. Sie regulieren die Körpertemperatur Tag und Nacht über eine Drüse im Gehirn, den Hypothalamus.

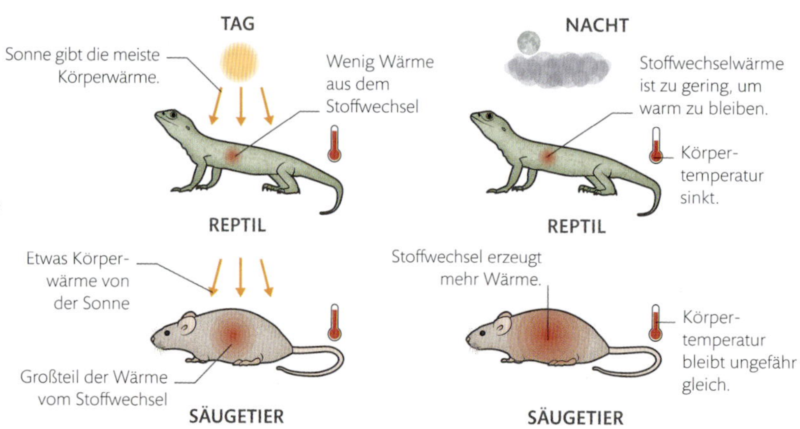

Pelziges Fossil
Das Gestein um die versteinerten Knochen dieser spitzmausgroßen *Eomaia* (»Mutter der Morgendämmerung«) zeigt den Eindruck eines Fells: ein klarer Beweis dafür, dass es ein Säugetier war. *Eomaia* lebte vor 125 Mio. Jahren in China – in der Kreide, zum Höhepunkts der Dinosaurier – und war eine frühe »Schwester« der heutigen Beuteltiere und Plazentasäugetiere (siehe S. 298–299), aber zu früh, um einer dieser beiden Gruppen klar zugeordnet zu werden.

Der dunkle Schatten ist ein Abdruck des haarigen Fells, das den Körper dieses Tieres bedeckte.

Die Schwanzwirbel waren verlängert – der gesamte Schwanz war bei einem vollständigen Exemplar doppelt so lang wie der Rest der Wirbelsäule.

Igel leben auf Wiesen, in Hecken und Wäldern und suchen nach Insekten, Käfern und Würmern.

Räuberisches Säugetier
Die meisten heutigen Säugetiere, wie dieser Europäische Igel (*Erinaceus europaeus*), sind nachtaktiv – demnach entstand die nächtliche Nahrungssuche wohl schon früh in ihrer Evolution. Spätere Gruppen, wie Eichhörnchen und Affen, haben sich an das Leben am Tag gewöhnt.

Warmblütige Säugetiere

Während kaltblütige Reptilien das Land bevölkerten und von den Sonnenstrahlen gewärmt wurden, fanden einige ihrer Nachkommen andere Wege, um zu überleben: die warmblütigen Säugetiere. Sie führten ein hektischeres Leben: Fossilien mit scharfen Zähnen deuten darauf hin, dass sie Insekten jagten, und ihre Skelette zeigen, dass sie schnell heranreiften. Einige Fossilien zeigen sogar Abdrücke einer weiteren Innovation: behaarte Haut. Dank einer fett- und eiweißreichen Ernährung blieb ihr Körper auch in kalten Nächten warm, was ihnen half, den Wettbewerb mit den hauptsächlich tagaktiven Reptilien zu vermeiden. Isoliert durch ein pelziges Fell konnten ihre Nachkommen in dauerhaft kalten Lebensräumen wie der arktischen Tundra überleben, die für ihre kaltblütigen Vettern unwirtlich waren.

Rekonstruktion von *Eomaia*
Lange Krallen und ein langer Schwanz für das Gleichgewicht deuten darauf hin, dass *Eomaia* ein wendiges kleines Tier war, das vielleicht auf Bäume kletterte.

Der dicke Pelz hielt die Körperwärme zurück.

Das Tal des Red Deer River schneidet sich in die Prärien von Alberta (Kanada) ein und zählt zu den reichsten Dinosaurier-Fossilienlagern der Welt. Die gestreiften Hügel zeugen vom Leben in der Oberkreide (vor 78–66 Mio. Jahren) am Ufer eines interkontinentalen Meeres. Das Tal wurde durch die Entwässerung von Gletscherseen nach der letzten Eiszeit (vor 11 700 Jahren) geformt, die die weichen Sedimente der Kreide freilegte.

Im Blick Red Deer River Valley

Das Tal ist die Heimat indigener Völker, die die ersten Fossiliensammler waren. In einem Gebiet namens Badlands findet man Iniskim – büffelförmige Steine, die den Niitsitapi (Blackfoot) heilig sind und aus Ammonitenfossilien bestehen.

In den 1880er-Jahren zeigten geologische Begehungen den unglaublichen geologischen Reichtum des Tals, darunter dicke Kohleflöze und eine Fülle von Dinosaurierfossilien. Einige Gebiete, wie der Dinosaur Provincial Park oder der Horsethief Canyon, sind so reich an Fossilien, dass Paläontologen über fossile Skelette laufen und nur die wissenschaftlich wichtigsten Exemplare beachten. Sie zeigen berühmte Dinosaurier-Ökosysteme über 12 Mio. Jahre hinweg mit Gruppen wie den bekannten Tyrannosauriern, den entenschnabeligen Hadrosauriern, den Nackenschild tragenden Ceratopsiern und den furchterregenden Dromaeosauriern. Neben Dinosauriern lebte in diesem üppigen subtropischen Klima eine Vielzahl von Fischen, Eidechsen, Schildkröten, Krokodilen und frühen Säugetieren.

Das Fossil ist in der »Todesstellung« zusammengerollt, die bei den dort gefundenen Dinosaurierskeletten häufig ist.

Vollständiger Gorgosaurus

Buntes Tal
Die Farben der Hügel im Horsethief Canyon gehen auf unterschiedliche Gesteinsarten zurück und spiegeln verschiedene Umgebungen wider. Die Tonsteine (braun), Sandsteine (weiß), Eisensteine (orange) und Kohleflöze (schwarz) enthalten Millionen Fossilien, die Paläontologen ein klares Bild der Ökosysteme der späten Kreide geben.

DIE ENTWICKLUNG DES AKTIVEN FLUGS

Die ersten Tiere, die die Lüfte eroberten, waren Insekten. Ihre Flügel sind segelartige Erweiterungen des Exoskeletts. Die fliegenen Wirbeltiere wandelten ihre Vorderbeine in Flügel um. Vögel entwickelten dann einen Saum steifer Flugfedern als Tragfläche. Andere Wirbeltiere nutzten stattdessen ein Stück Haut – bei den Fledermäusen zwischen den Fingern und bei den Flugsauriern zwischen Fingern und Knöcheln.

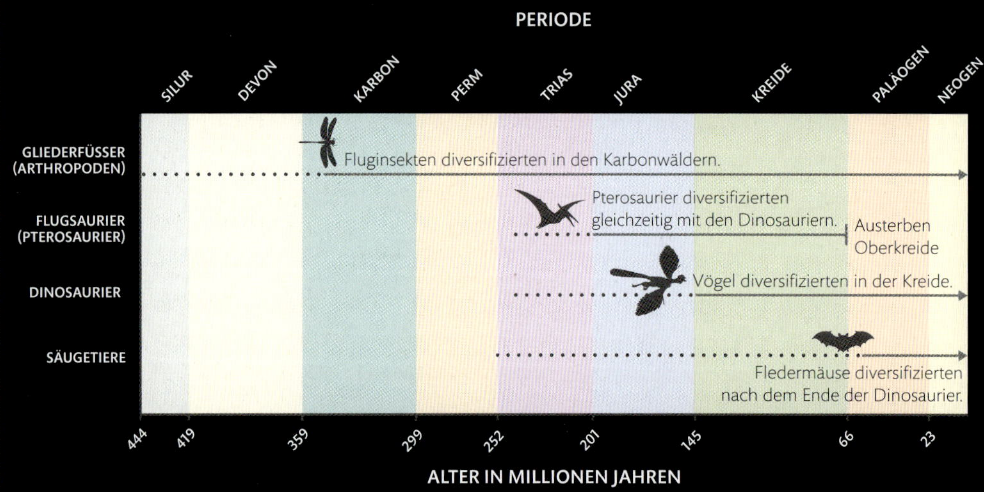

Leben in der Luft

Viele Lebewesen überwinden die Schwerkraft und erheben sich in die Luft, wo sie Entfernungen schnell und weitgehend reibungsfrei überwinden können, und wo sie teils auch fliegende Nahrung finden. Pflanzen und Pilze verbreiten Samen, Pollen und Sporen, während fliegende Tiere Flügel entwickelt haben – Tragflächen, die breit genug sind, um Auftrieb zu erzeugen, aber dünn genug, um leicht zu bleiben. Einige Tiere – wie etwa Gleithörnchen – benutzen statische Flügel nur zum Gleiten (siehe S. 299). Andere Tiere erzeugen dagegen mit Flügelschlägen einen Vorwärtsschub, sodass sie die Luft in viel größerem Umfang nutzen können. Einige heutige Vögel bleiben monatelang in der Luft.

Libelle aus dem Jura
Zur Zeit der ersten fliegenden Vögel waren Insekten wie diese versteinerte *Cymatophlebia* (links) bereits seit 200 Mio. Jahren in der Luft.

Flügel wurden aus dem Exoskelett geformt und sind völlig unabhängig von den Gliedmaßen.

Finger trugen reptilientypische Krallen.

Frühestes vogelähnliches Tier
Alle fliegenden Tiere entstanden aus bodenlebenden Vorfahren. Vögel stammen von zweibeinigen Raubdinosauriern ab. Doch *Archaeopteryx*, mit 150 Mio. Jahren einer der ältesten fliegenden Dinosaurier, weist Übergangsmerkmale auf. Zähne und Schwanz sind reptilienähnlich, aber Schnabel und Federn vogelähnlich. Man weiß nicht, ob er mit den Flügeln schlug oder ein Gleiter war.
Abdrücke langer, steifer Flugfedern sind sichtbar, die Flügel erzeugen im Flug durch ihre Form Auftrieb im Luftstrom.
Kleine, scharfe Zähne lassen als Beute kleine Tiere, etwa Insekten, vermuten.
Vogelartiger, spitzer Schnabel
Die Schwanzfedern wurden von einem langen, knöchernem Reptilienschwanz getragen. Bei heutigen Vögeln sind sie an einem knöchernen Stumpf verwurzelt.

Riesen des Landes

Dinosaurier lebten im Mesozoikum (vor 252–66 Mio. Jahren) und waren die größten Landtiere aller Zeiten. Tiere werden groß, indem sie Nahrung in Körpermasse umwandeln. Dinosaurier schafften dies wohl durch die Kombination von Appetit und effizienter Physiologie. Ihr Atmungssystem hatte zusätzliche Luftsäcke, die den Lungen halfen, mehr Sauerstoff aus der Luft zu gewinnen. Bei heutigen Vögeln – Nachfahren der Dinosaurier (siehe S. 288) – machen Luftsäcke den Körper leichter: Das hilft beim Fliegen. Bei Dinosauriern schonte das verringerte Gewicht die Muskeln beim Laufen. Ein sauerstoffangereicherter, schneller Stoffwechsel ermöglichte auch das schnelle Wachstum: Man schätzt, dass die Riesen jedes Jahr 2 t Körpergewicht zulegen konnten.

Die kleinen Kiefer hatten kleine, stiftförmige Zähne, mit denen das Tier Blätter abschneiden, aber nicht kauen konnte.

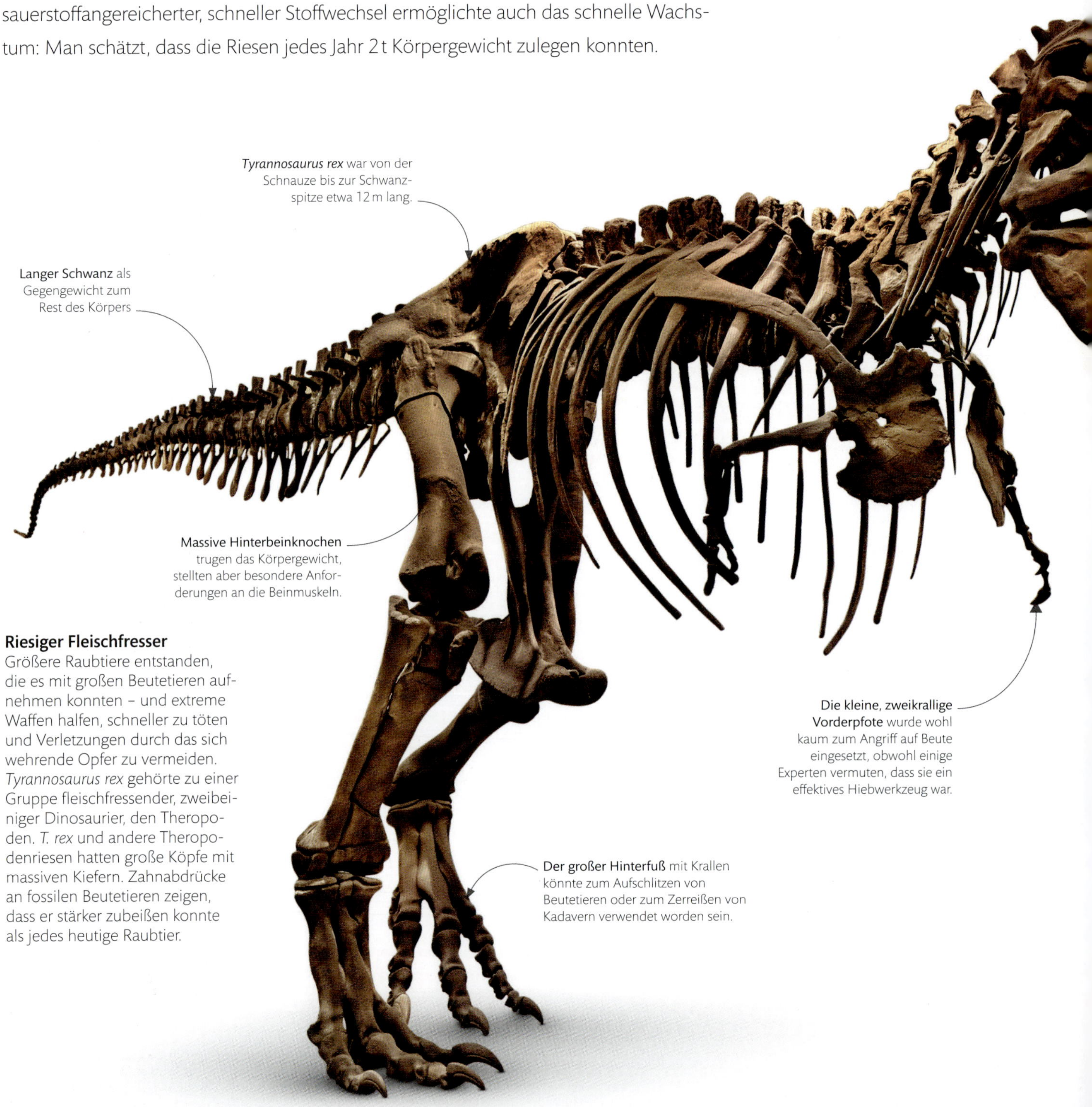

Tyrannosaurus rex war von der Schnauze bis zur Schwanzspitze etwa 12 m lang.

Langer Schwanz als Gegengewicht zum Rest des Körpers

Massive Hinterbeinknochen trugen das Körpergewicht, stellten aber besondere Anforderungen an die Beinmuskeln.

Die kleine, zweikrallige Vorderpfote wurde wohl kaum zum Angriff auf Beute eingesetzt, obwohl einige Experten vermuten, dass sie ein effektives Hiebwerkzeug war.

Der großer Hinterfuß mit Krallen könnte zum Aufschlitzen von Beutetieren oder zum Zerreißen von Kadavern verwendet worden sein.

Riesiger Fleischfresser
Größere Raubtiere entstanden, die es mit großen Beutetieren aufnehmen konnten – und extreme Waffen halfen, schneller zu töten und Verletzungen durch das sich wehrende Opfer zu vermeiden. *Tyrannosaurus rex* gehörte zu einer Gruppe fleischfressender, zweibeiniger Dinosaurier, den Theropoden. *T. rex* und andere Theropodenriesen hatten große Köpfe mit massiven Kiefern. Zahnabdrücke an fossilen Beutetieren zeigen, dass er stärker zubeißen konnte als jedes heutige Raubtier.

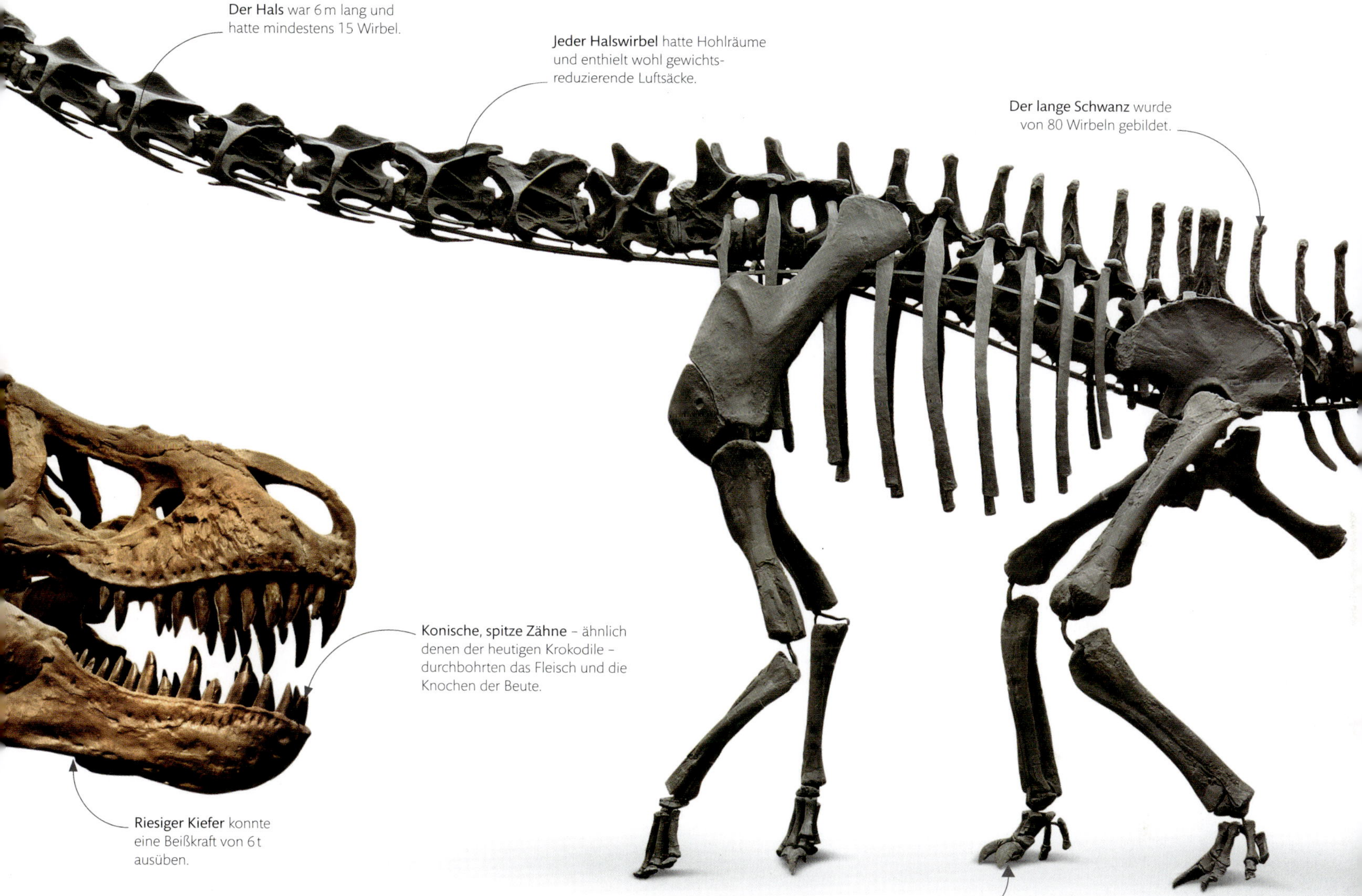

LEBENSWEISE AUS FÄHRTEN

Mit fossilen Fährten lässt sich die Laufgeschwindigkeit von Dinosauriern abschätzen. Der Abstand zwischen aufeinanderfolgenden Abdrücken von Vorder- und Hinterfüßen ergibt die Schrittlänge eines Tieres. Kombiniert man dies mit der Schulter-Hüft-Länge, die man von ausgegrabenen Skeletten kennt, können Wissenschaftler auch die wahrscheinliche Geschwindigkeit des Dinosauriers berechnen. Die Spuren eines großen Sauropoden namens *Titanopodus* deuten auf eine langsame, schwerfällige Gangart hin – weniger als 5 km/h – was zu einem großen Pflanzenfresser passt, der viel Zeit mit der Verdauung der Nahrung verbrachte.

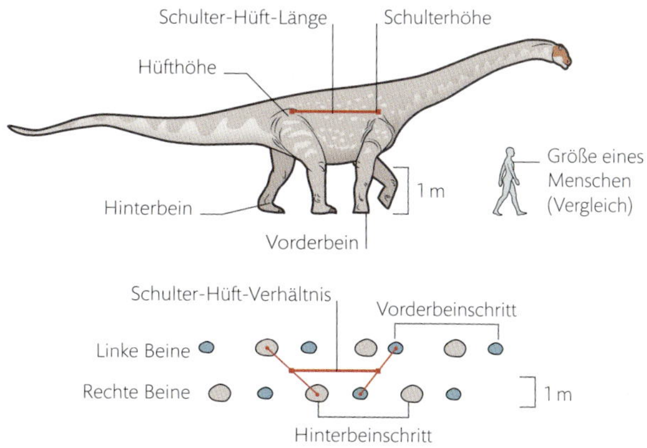

BERECHNUNG DER SCHRITTLÄNGE VON *TITANOPODUS*

Riesiger Pflanzenfresser

Die größten Dinosaurier waren die pflanzenfressenden, langhalsigen Sauropoden wie *Diplodocus*, der im Mittel 27 m lang wurde. Die Zähne deuten darauf hin, dass sie ganze Blätter verschluckten, die dann im riesigen Darm über einen langen Zeitraum verdaut wurden. Mit dem langen Hals konnten sie den Kopf in einem weiten Bogen schwenken und so ein großes Gebiet abweiden, ohne sich von der Stelle zu bewegen.

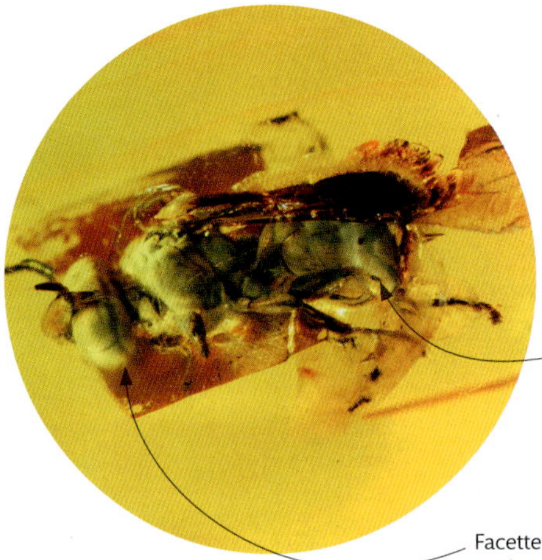

Fossile Biene
Zu den Insektengruppen, die nach dem Aussterben der Dinosaurier wichtig wurden, gehörten auch die Bienen, die sich mit den Blütenpflanzen ausbreiteten. Diese 50 Mio. Jahre alte Biene ist in baltischem Bernstein eingebettet – dem verfestigten, klebrigen Harz von Bäumen, in dem sich viele kleine Tiere, etwa Fluginsekten, verfingen.

Haarige Tasche am Hinterbein zum Tragen von Pollen.

Facettenaugen waren größer und hatten wohl mehr Farbrezeptoren als die Augen von Käfern.

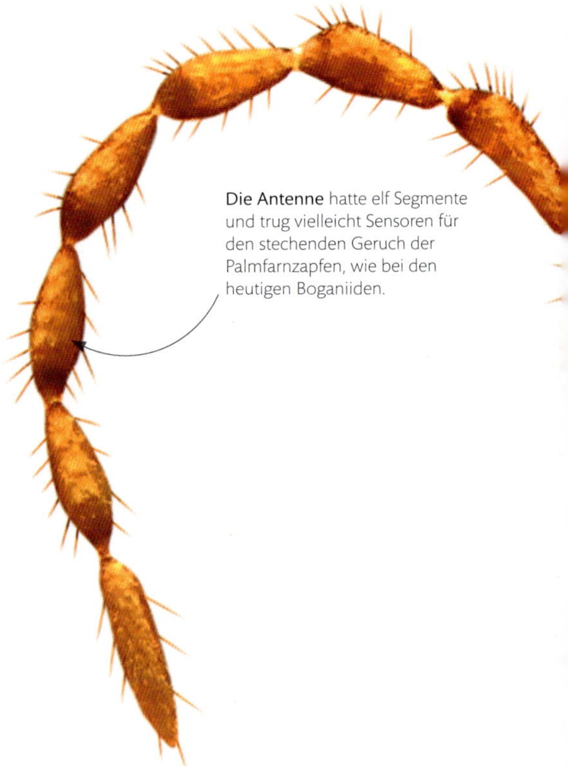

Die Antenne hatte elf Segmente und trug vielleicht Sensoren für den stechenden Geruch der Palmfarnzapfen, wie bei den heutigen Boganiiden.

DIE FRÜHEN BESTÄUBER

Die Kreidezeit (vor 145–66 Mio. Jahren) kennt man als die letzte Periode der Dinosaurier. Es war aber auch eine Zeit des Wandels der Vegetation und der Insekten: Die zapfentragenden Samenpflanzen wie die Palmfarne gingen zurück, Blütenpflanzen diversifizierten sich und damit änderten sich auch die Bestäuber. Die Zapfenträger waren auf Käfer und Fliegen angewiesen, und die ersten Blüten wurden wohl auch von ihnen bestäubt, aber die auffälligen, süß duftenden Blüten zogen Hautflügler wie Bienen an und lieferten Nektar für ihre speziellen saugenden Mundwerkzeuge.

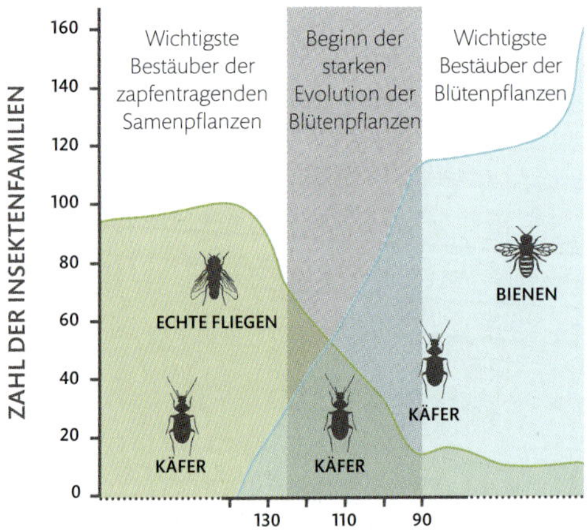

BESTÄUBER IN DER KREIDEZEIT

ALTER IN MILLIONEN JAHREN

DIE ERSTE BLÜTE

Durch den Vergleich von Blüten einer Reihe heutiger Pflanzenfamilien mit Fossilien haben Biologen das wahrscheinlichste Aussehen einer Blume der frühen Kreidezeit rekonstruiert. Die robuste, dickblättrige Blüte ähnelte einer Magnolie. Wie die Magnolien – und die zuvor vorherrschenden Palmfarne – wurde sie wohl von Käfern mit schlechtem Farbsehvermögen und kauenden Mundwerkzeugen bestäubt. Pollen, Nektar und Teile der Blüte könnten ebenfalls Nahrungsquellen für die Insekten gewesen sein.

Quirle der Staubgefäße (männliche Teile) im mittleren Ring bilden Pollen, der sich auf Käfer überträgt.

Innere Spirale der Fruchtblätter (weibliche Teile) hat Eizellen, die vom Pollen anderer Pflanzen befruchtet werden.

Die äußeren Quirle der dicken Blütenblätter widerstanden den Kauwerkzeugen der Käfer.

REKONSTRUKTION EINER URSPRÜNGLICHEN BLÜTE

Bestäuber von Palmfarnen
Dieser etwa 100 Mio. Jahre alte Käfer, *Cretoparacucujus*, ist in versteinertem Bernstein so gut erhalten, dass man ihn sicher der Käferfamilie der Boganiiden zuordnen kann, die noch heute Palmfarne bestäubt. Bezeichnenderweise fand man im gleichen Bernsteinstück auch Pollenkörner von Palmfarnen. Sie produzieren eine große Menge Pollen – ein Teil wird geopfert, um die Käfer zu füttern, und ein Teil wird von den Käfern zur Befruchtung der Nachbarpflanzen getragen.

Insekten als Bestäuber

Pflanzen hatten unterschiedlich viel Glück mit der Tierwelt. Pflanzenfresser brachten viele Pflanzen dazu, ungenießbare Chemikalien zu produzieren, während Tiere dann Wege entwickelten, diese zu entgiften. Doch zur Zeit der Dinosaurier entwickelten Insekten eine für beide Seiten vorteilhafte Beziehung zu Samenpflanzen: Insekten sorgten durch Pollenübertragung für die sexuelle Fortpflanzung der Pflanzen und ließen sich dafür mit einer Mahlzeit belohnen. Es begann mit zapfentragenden Palmfarnen – entfernten Verwandten der windbestäubten Nadelbäume (siehe S. 309) –, aber die Vereinbarung war so erfolgreich, dass sie die Biosphäre veränderte. Es entwickelte sich eine neue Art von Samenpflanzen mit Blüten anstelle von Zapfen, und die Erde erblühte.

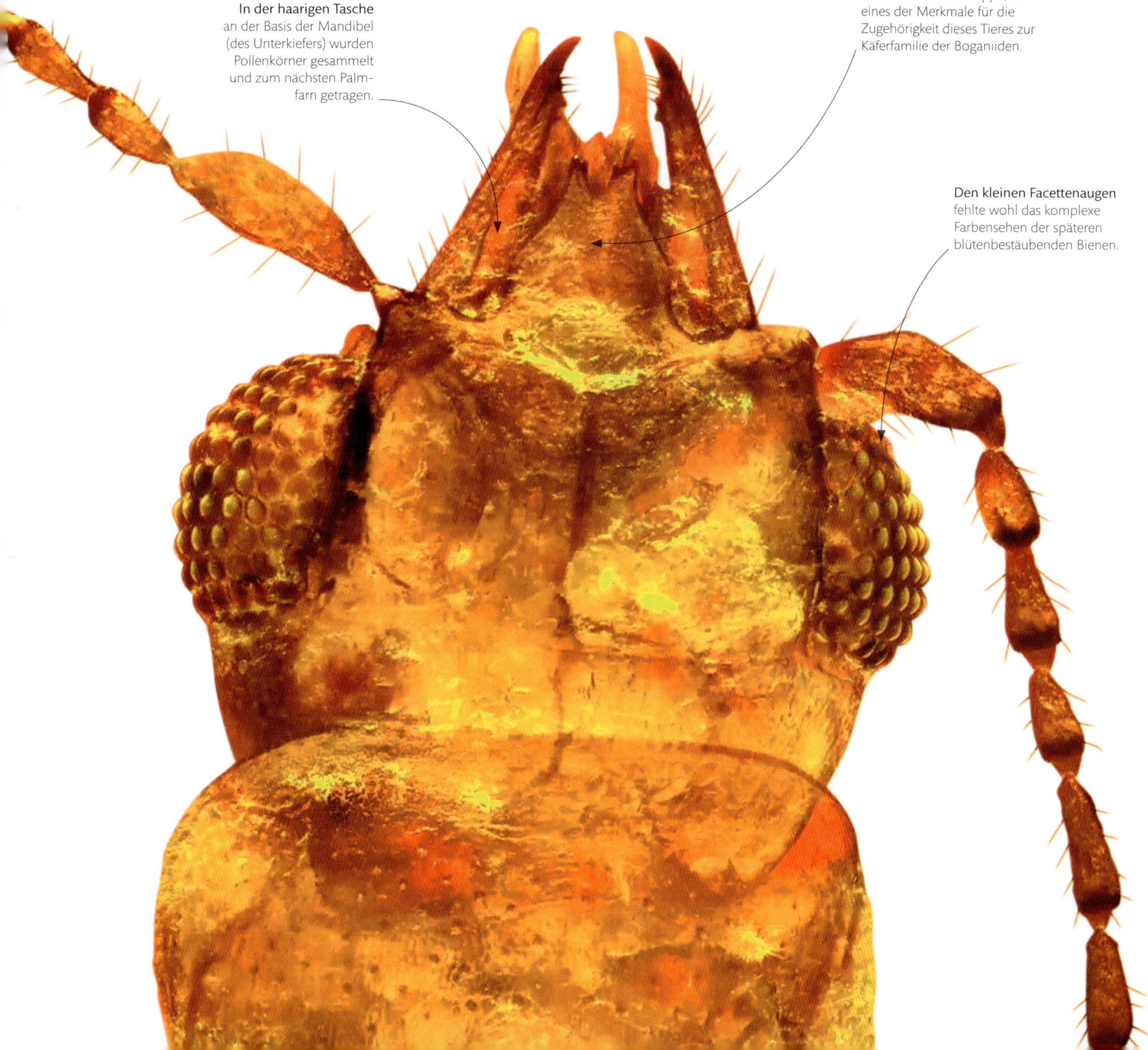

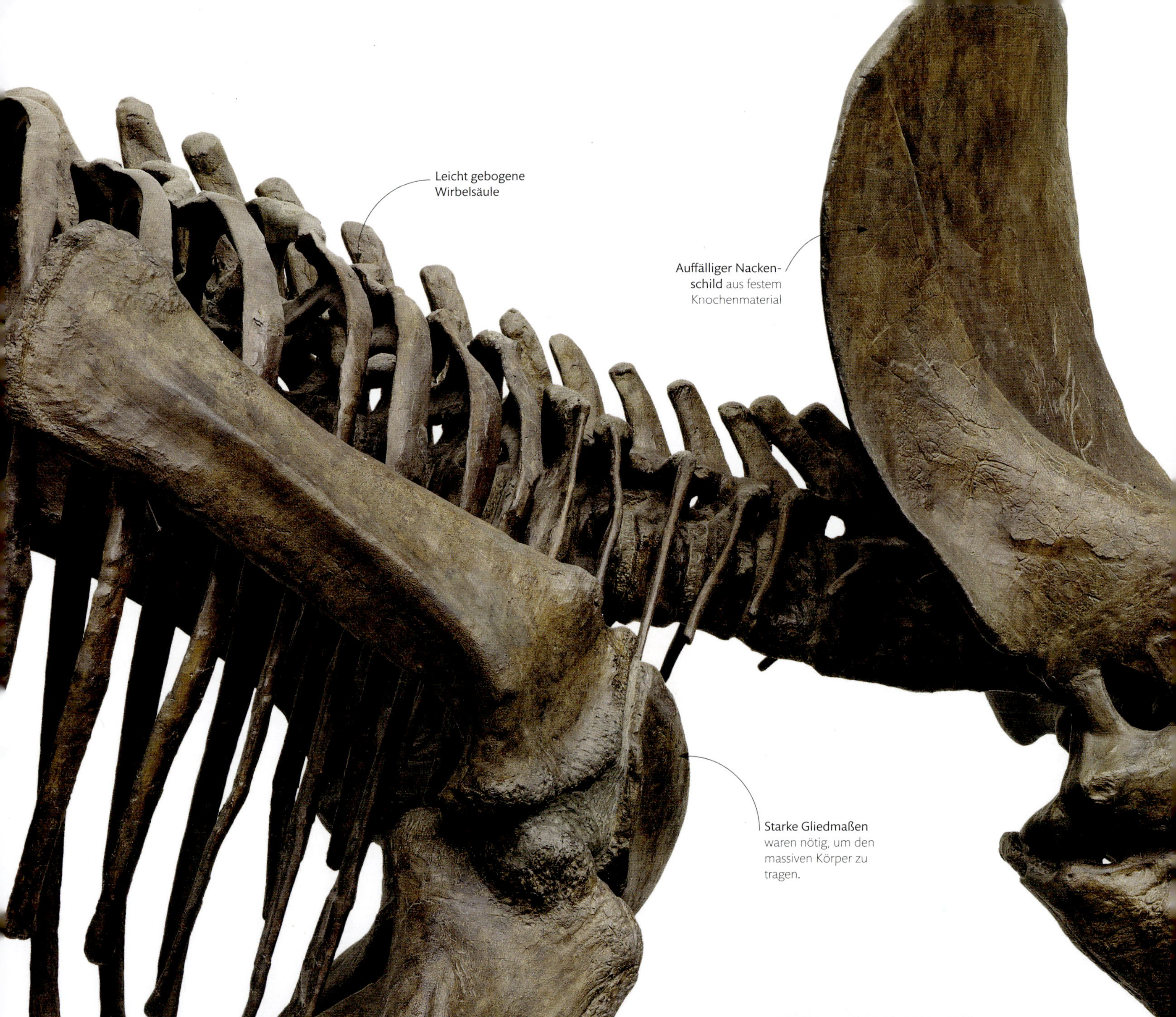

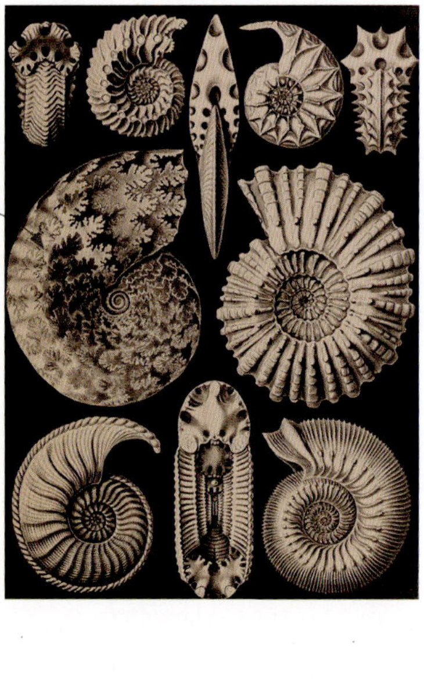

Fossile Spiralgehäuse umschlossen einst einen Weichkörper mit Tentakeln.

Ausgestorbene Weichtiere
Das Aussterben am Ende der Kreide war für die Meereswelt ebenso verheerend wie für die Landlebewesen – viele Gruppen, die neben den Dinosauriern lebten, verschwanden. Zu ihnen gehörten Ammoniten, die spiralförmigen Verwandten der heutigen Tintenfische.

Die letzten Dinosaurier

Am Ende der Kreidezeit war die Erde reich an Dinosauriern wie dem dreihörnigen *Triceratops*. Doch ihre lange erfolgreiche Herrschaft wurde bereits durch massive Vulkanausbrüche in Asien – die Flutbasalte des Dekkan-Trapps – bedroht. Der Asteroideneinschlag war der Gnadenstoß: Ein abrupter Bruch in den Fossilienfunden zeigt, dass er sie innerhalb von Jahrtausenden alle getötet hat. *Triceratops* verfügte über eine Reihe wirksamer Anpassungen zur Verteidigung und Ernährung, die ihm jedoch bei dieser Katastrophe nicht halfen.

ASTEROIDENEINSCHLAG

1978 entdeckten Geophysiker Anomalien im Gestein, die auf einen massiven Einschlag im Golf von Mexiko hindeuteten. Der Einschlag hinterließ einen 200 km großen Krater nahe Chicxulub Pueblo an der Nordspitze der heutigen Halbinsel Yucatán. Ein dünne Schicht aus Iridium, einem Element, das häufig in Asteroiden vorkommt, wurde überall auf der Welt in Gesteinen aus der Oberkreide entdeckt. Die zertrümmerten Reste des Asteroiden waren also weit verstreut worden und hatten wirklich globale Auswirkungen.

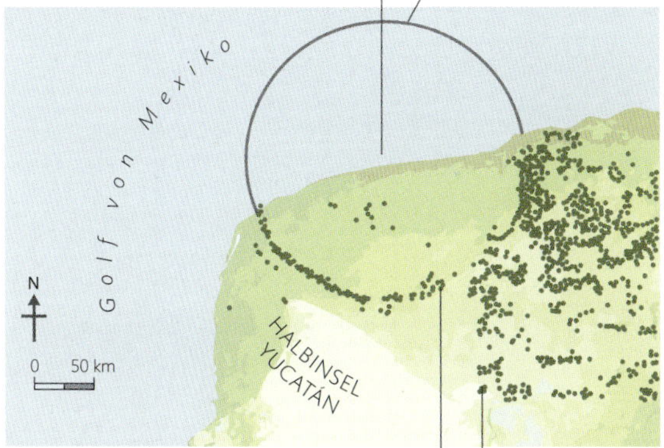

DER CHICXULUB-KRATER

Untergang der Dinosaurier

Nach ihrer Entstehung wurde die Erde von Asteroiden bombardiert. Dies war die Zeit, in der einzelliges Leben entstand, aber sein Geburtsort auf dem Meeresboden hat es wohl vor Schaden bewahrt. Seitdem waren die meisten Asteroideneinschläge zu klein, um die Biosphäre dauerhaft zu beeinflussen, sodass sich das Leben in außerordentlicher Komplexität entwickeln konnte. Doch vor etwa 66 Mio. Jahren traf ein Asteroid die Erde, der den Lauf der Evolution veränderte. Er schleuderte Staub und Ruß in die Atmosphäre und stürzte die Erde in einen dunklen Winter, der Jahrtausende andauerte und drei Viertel der Pflanzen- und Tierarten aussterben ließ – darunter auch die riesigen Dinosaurier.

Insekten
Aus der Grube Messel wurden mehr als 20 000 Insektenfossilien geborgen, die alle wichtigen Gruppen der heute lebenden Insekten repräsentieren. Feine Merkmale wie Flügel, Fühler und Augen sind erhalten geblieben. Bei einigen Exemplaren sind die lichtreflektierenden Nanostrukturen ihres Exoskeletts noch sichtbar, was nicht nur zu schillernden Fossilien führt, sondern es Wissenschaftlern auch ermöglicht, die leuchtenden Farben dieser alten Insekten zu rekonstruieren.

Schillernde Farben sind klar sichtbar.

BODENKÄFER
Ceropria messelense

Feine Struktur der Hinterflügel ist erhalten.

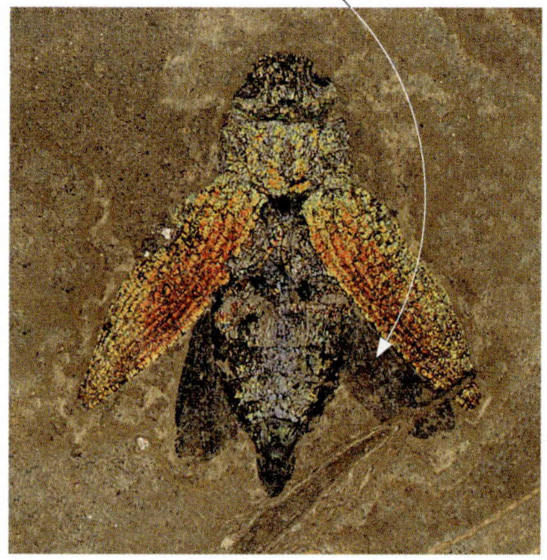

PRACHTKÄFER
Psiloptera weigelti

Kaltblütige Wirbeltiere
Das warme Treibhausklima des Eozäns begünstigte eine reiche Vielfalt an Fischen, Amphibien und Reptilien. Der Messelsee und die umliegenden subtropischen Wälder beherbergten über 30 Reptilienarten, darunter Schildkröten, Eidechsen, Schlangen und Krokodile. Einige der Skelette sind in ihren letzten Momenten »eingefroren« worden. Es gibt versteinerte Schildkröten, die sich gerade paaren, und Schlangen mit ihrer letzten Mahlzeit im Magen.

Die Knochenstrahlen der Rückenflosse ähneln denen eines heutigen Barsches.

FISCH
Amphiperca multiformis

Die Fußknochen sind, anders als bei heutigen Fröschen, nicht verwachsen.

FROSCH
Eopelobates wagneri

Warmblütige Wirbeltiere
In der Grube Messel wurde eine unglaubliche Vielfalt von Säugetieren und Vögeln gefunden. Frühe Vertreter der wichtigsten heute lebenden Tiergruppen zeigen, dass die Ökosysteme des Eozäns anfingen, modernen Gemeinschaften zu ähneln. Urpferde mit Hufen mischten sich mit frühen Tapiren, primitiven Nagetieren und baumlebenden Primaten. Fledermäuse teilten sich den Himmel mit einer wahren Vogelwelt: Mehr als 70 Vogelarten sind aus diesem Gebiet bekannt.

Lange Beine, typisch für Watvögel

IBIS
Rhynchaeites messelense

Flughaut zwischen den oberen Gliedmaßenknochen

FLEDERMAUS
Palaeochiropteryx tupaiodon

Fossile Gesellschaften

Fossillagerstätten sind Sedimentgesteine, in denen Fossilien außergewöhnlich reichlich oder gut erhalten sind. Eine solche Lagerstätte, die Grube Messel in Hessen, ist ein ehemaliger Vulkansee und bietet einen einzigartigen Einblick in ein Ökosystem aus dem Eozän vor 47 Mio. Jahren. Man fand mehr als 53 000 Pflanzen- und Tierfossilien. Der Sauerstoffmangel und die Strömungen am Grund des Sees sorgten für ihre Erhaltung, aber Wissenschaftler fragen sich, warum so viele Arten versteinert wurden. Vielleicht entwichen aus dem See regelmäßig giftige Gase, die die Tiere im umliegenden subtropischen Wald töteten. Alternativ könnten Algenbluten Tiere vergiftet haben, die das Wasser tranken.

Großer Ovipositor (Organ zur Eiablage) ist gut erkennbar.

PARASITISCHE WESPE
Xanthopimpla messelensis

Der gewölbte Panzer ist durch die Einbettung geplättet.

SCHILDKRÖTE
Allaeochelys crassesculptata

Gekielte Schuppen geben zusätzlich Halt in der Vegetation.

WARAN
Paranecrosaurus feisti

Reste starker Muskulatur zum Würgen der Beute

SCHLANGE
Eoconstrictor fischeri

Die Kiefermuskulatur ähnelt der von Meerschweinchen oder Stachelschweinen.

NAGETIER
Masillamys beegeri

Opponierbare Zehen eignen sich gut zum Klettern.

PRIMAT
Darwinius massillae

Die nashornähnlichen Zähne belegen die Verwandtschaft mit Tapiren und Nashörnern.

TAPIRÄHNLICHES HUFTIER
Hyrachyus minimus

Zeitalter der Säugetiere

In der Evolution passen sich Lebewesen an, um verschiedene Rollen oder Nischen in der Biosphäre zu besetzen. Vor über 100 Mio. Jahren – als die Dinosaurier das Land beherrschten – übernahmen Säugetiere die Rollen kleiner, nachtaktiver Jäger. Nach dem Aussterben der Dinosaurier (siehe S. 294–295) besetzten die lebend gebärenden Säugetiere diese Nischen. Da die Konkurrenz fehlte, spalteten sie sich in viele neue Arten von Pflanzen- und Fleischfressern auf. Sie bilden zwei Hauptgruppen: Beuteltiere, die ihre Jungen in einem Beutel aufziehen, und Plazentatiere, die ihre Jungen länger im Mutterleib ernähren. Einige evolutionäre Entwicklungen liefen jedoch parallel – etwa räuberische Beuteltiere in Australien, die den plazentalen Großkatzen in anderen Weltregionen ähneln.

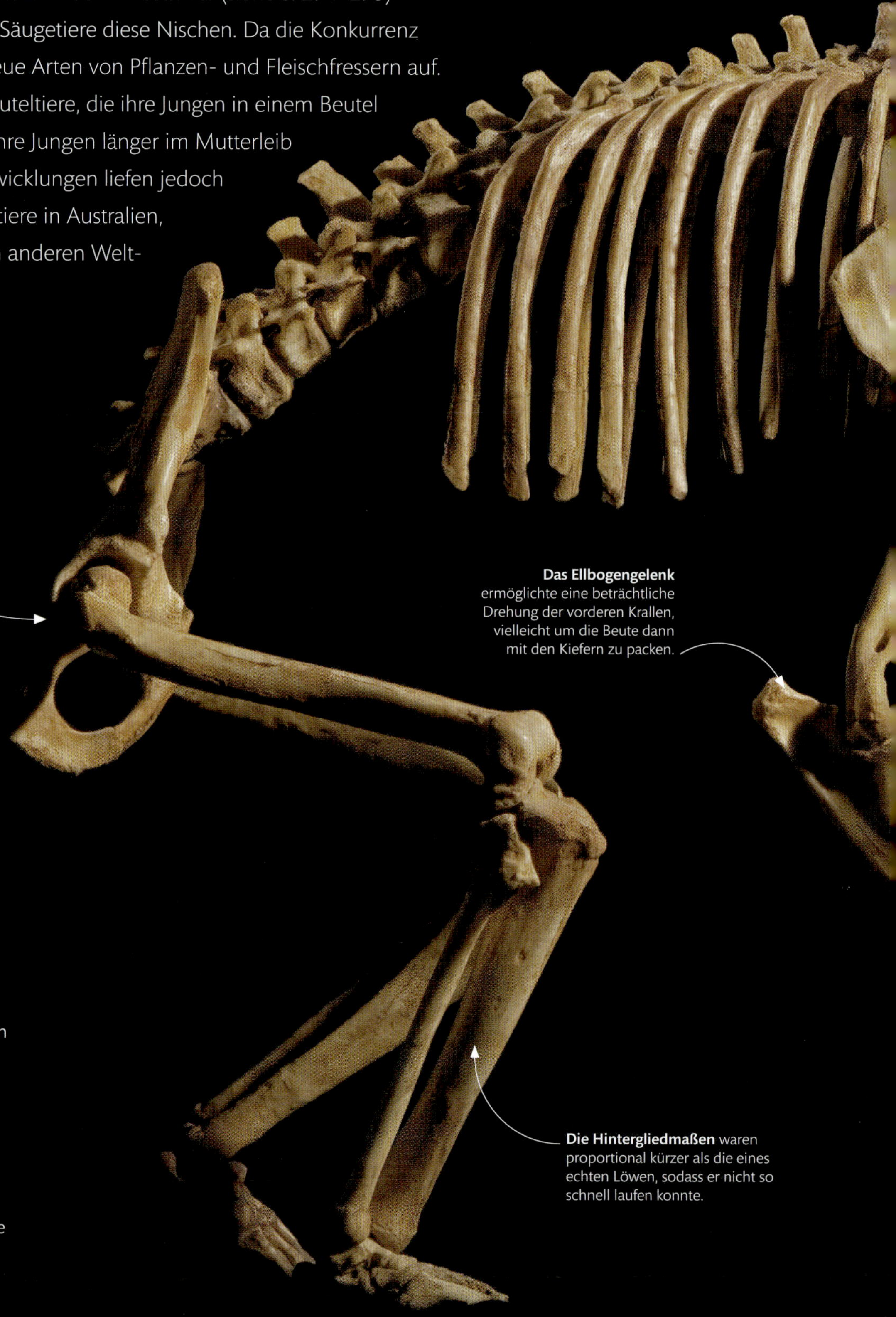

Skelett eines Beutellöwen
Thylacoleo carniflex lebte vor 2 Mio. Jahren und war eines der größten Raubtiere Australiens. Er hatte Schneidezähne und scharfen Krallen wie Großkatzen, war aber als Beuteltier näher mit den heutigen Kängurus und Wombats verwandt. Er besetzte eine ökologische Nische, die der einer echten Katze entspricht, und kletterte möglicherweise auf Bäume, um seine Beute zu verstecken, ähnlich wie die heutigen Leoparden in Afrika und Asien.

Der kurze, katzenartige Schädel mit vergrößerten Kiefern deutet darauf hin, dass das Tier den stärksten Biss aller bekannten Säugetiere gehabt haben könnte.

Reißzähne (knochenbrechende Backenzähne) haben auch heutige Säugetiere – sowohl Beuteltiere als auch Plazentatiere.

Große Kralle ähnlich der Afterklaue einer heutigen Katze

Die verlängerten Vorderbeine könnten zum Klettern oder zum Ausholen und Töten mit den Hiebklauen benutzt worden sein.

KONVERGENTE EVOLUTION

Säugetiere haben sich nach 60 Mio. Jahren separater Evolution in Beuteltiere und Plazentatiere aufgespaltet, doch es gibt viele Beispiele für Konvergenz. Dies geschieht, wenn nicht verwandte Arten ähnliche Nischen an verschiedenen Orten besetzen, was zu gleichen Anpassungen führt. So gibt es Baumbewohner, die Hautmembranen zum Gleiten zwischen Bäumen entwickelt haben, und Insektenfresser, die Ameisen und Termiten mit einer langen Zunge erbeuten. Beutelmulle und Maulwürfe ähneln sich auffallend: ein enormer Appetit auf grabende Beute, spindelförmige Füße und ein schwaches Sehvermögen für das Leben unter der Erde.

Gleitet in australischen Wäldern.

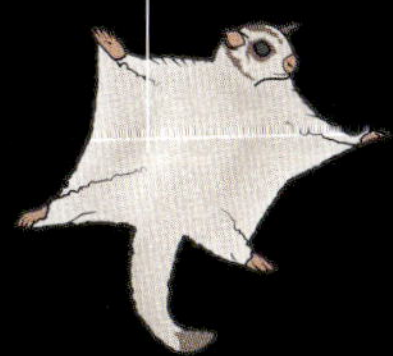

GLEITBEUTLER
Petaurus breviceps

Gleitet in Wäldern Nordamerikas.

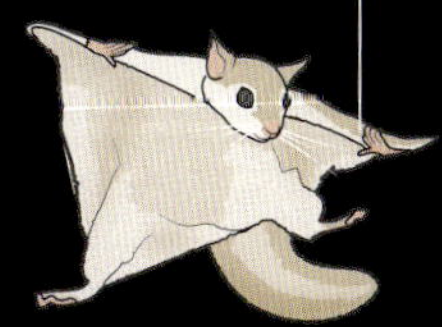

GLEITHÖRNCHEN
Pteromyini

Frisst Termiten in Steppen- und Buschländern Australiens.

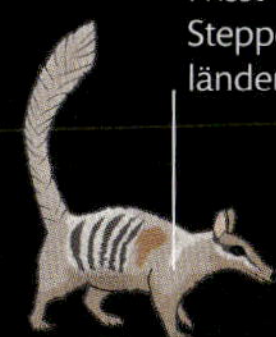

NUMBAT
Myrmecobius fasciatus

Frisst Ameisen und Termiten in Grasländern Südamerikas.

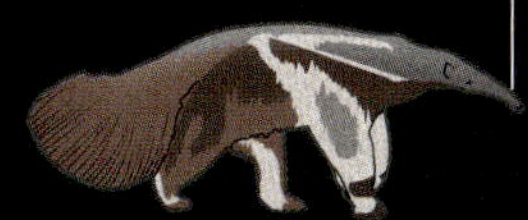

GROSSER AMEISENBÄR
Myrmecophaga tridactyla

Gräbt in Sanddünen in Australien.

GROSSER BEUTELMULL
Notoryctes typhlops

Gräbt in europäischen Wäldern.

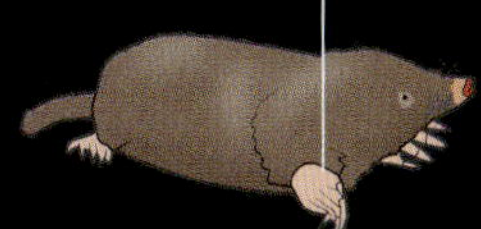

EUROPÄISCHER MAULWURF
Talpa europaea

BEUTELTIERE | **PLAZENTATIERE**

Der lange Schwanz könnte, wie bei den Kängurus, das Gleichgewicht verbessert haben.

Die hakenförmige Klaue diente wohl zum Stechen und Töten der Beute.

Räuber aus dem Hinterhalt
Die langen, kräftigen Vorderbeine, jeweils mit einer riesigen Hakenkralle, und die kürzeren Hinterbeine deuten darauf hin, dass *Thylacoleo* die Beute wohl eher aus dem Hinterhalt als mit Schnelligkeit erlegt hat.

Ein Pferd zieht Gras mit den greifenden Lippen ins Maul.

Wanderung der Grasfresser
Das Streifengnu (*Connochaetes taurinus*) ist auf die afrikanische Savanne als Nahrungsquelle angewiesen, denn Gras macht 90 % seiner Nahrung aus. Hier, in der Masai-Mara in Kenia, folgen sie jedes Jahr zu Tausenden in langen Wanderungen den saisonalen Regenfällen, die die besten Weidegründe schaffen.

Weidetiere der gemäßigten Zone
In den Steppen Zentralasiens suchen die wilden Przewalski-Pferde (*Equus przewalskii*, links) im Sommer nach den besten Weidegründen und legen Fettreserven für den Winter an, wenn das Gras nicht wächst.

VOM BLATTFRESSER ZUM GRASFRESSER

Säugetiere, die niedriges Gras abweiden, stammen von Tieren ab, die Blätter, Triebe und Früchte höherer, holziger Pflanzen fressen, wie *Hyracotherium* und *Mesohippus*. Spezialisiertere Grasfresser wie *Merychippus* und heutige Pferde, Esel und Zebras haben höherkronige, tiefer sitzende Backenzähne mit selbstschärfenden Graten. Die Schneidezähne schneiden das Gras ab und dann zerkleinern die Backenzähne die Grashalme mit seitlich mahlenden Kieferbewegungen.

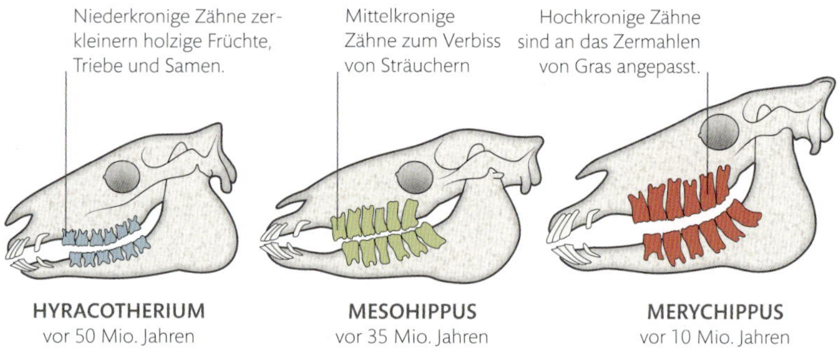

Grasländer

Keine andere Pflanzengruppe hat die Habitate der heutigen Biosphäre so stark geprägt wie die Gräser. Gräser schützen sich mit widerstandsfähigen Kieselsäuresplittern im Gewebe und durch Wachsen von der Basis des Halms aus – so können sie sich schnell regenerieren, wenn sie von Pflanzenfressern abgegrast werden. Diese Anpassungen waren auch für ihren Erfolg nach dem Asteroideneinschlag wichtig, der die Dinosaurier und viele andere Lebewesen aussterben ließ (siehe S. 294–295). Als die Wälder nach dem Einschlag in der veränderten Biosphäre schwanden, wuchsen die Gräser so gut, dass sie einen völlig neuen Lebensraum schufen: die offenen, meist baumlosen Steppen und Savannen einer Welt, die fortan von großen Säugetieren beherrscht wurde (siehe S. 312–313).

Waller-Terrorvogel

Der etwa 1,5 m hohe *Titanis walleri* gehörte zu einer Gruppe flugunfähiger Raubvögel, die sich in Südamerika entwickelten, aber nach der Vereinigung der beiden amerikanischen Kontinente nach Norden wanderten. In Nordamerika wurde er zu einem der furchterregendsten Raubtiere – er jagte erfolgreich einheimische Säugetiere, die vielleicht keine Angst vor Vögeln hatten.

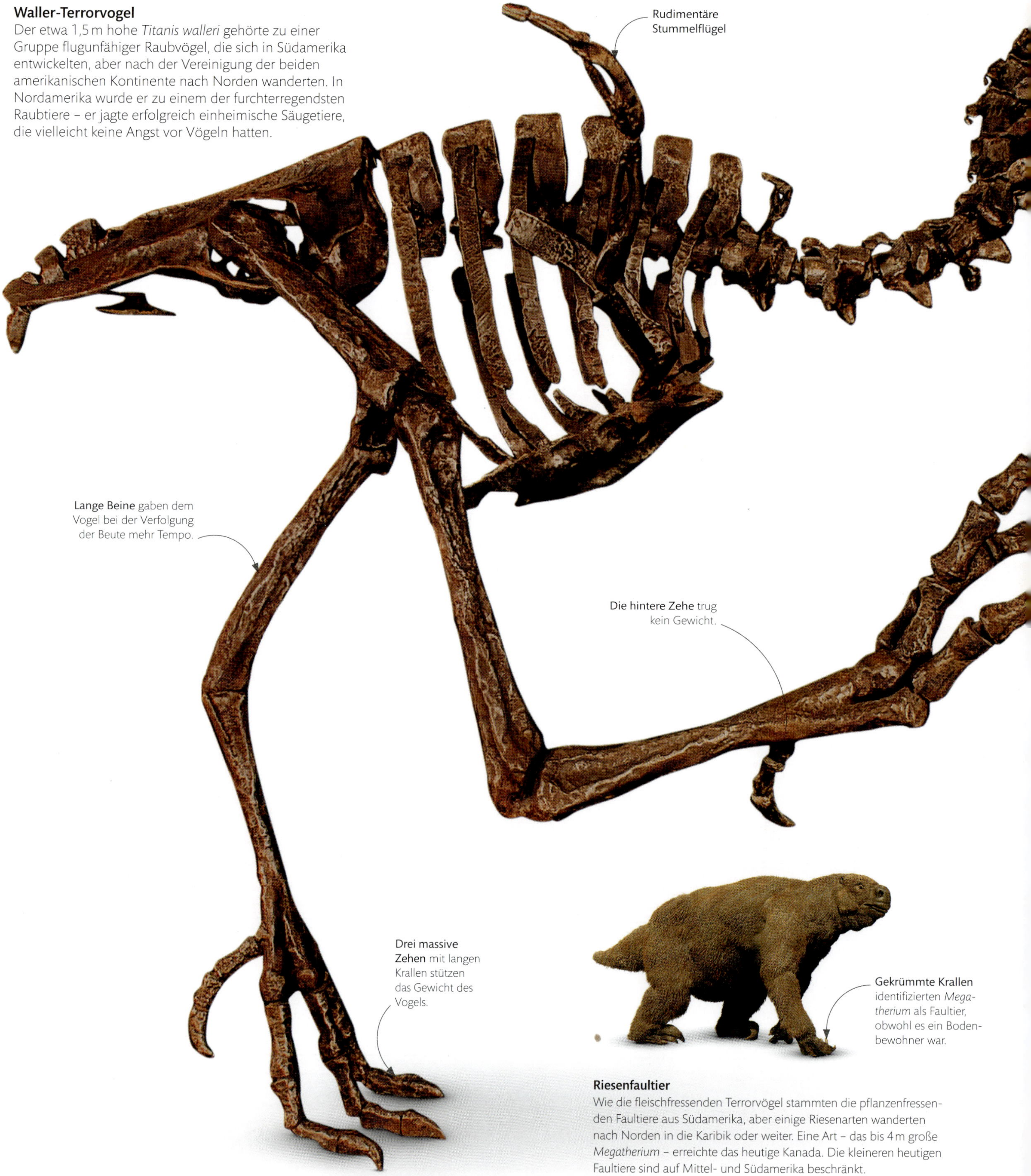

Rudimentäre Stummelflügel

Lange Beine gaben dem Vogel bei der Verfolgung der Beute mehr Tempo.

Die hintere Zehe trug kein Gewicht.

Drei massive Zehen mit langen Krallen stützen das Gewicht des Vogels.

Gekrümmte Krallen identifizierten *Megatherium* als Faultier, obwohl es ein Bodenbewohner war.

Riesenfaultier

Wie die fleischfressenden Terrorvögel stammten die pflanzenfressenden Faultiere aus Südamerika, aber einige Riesenarten wanderten nach Norden in die Karibik oder weiter. Eine Art – das bis 4 m große *Megatherium* – erreichte das heutige Kanada. Die kleineren heutigen Faultiere sind auf Mittel- und Südamerika beschränkt.

Die Schädelknochen waren verstärkt, um das Gewicht des großen Schnabels zu tragen.

Schnabel mit langer Spitze zum Greifen und Schneiden der Beute

Arten wandern

Die sich verändernde Geografie der Erde spielt eine zentrale Rolle bei der Entwicklung der Biosphäre. Im Laufe der Jahrmillionen, als Kontinente drifteten und Inseln entstanden, beeinflusste die dynamische Erde auch die Verbreitung von Tieren – wie Kängurus in Australien, Faultiere in Südamerika und flugunfähige Vögel auf Inseln. Wenn Kontinente zerbrechen und kollidieren, hat das Folgen für die Fauna. Verschiedene Welten trafen dramatisch vor mehreren Millionen Jahren aufeinander, als sich Nord- und Südamerika verbanden und die Tiere der zuvor getrennten Kontinente auf Gegenstücke mit ähnlicher Lebensweise trafen, von denen sie seit der Zeit der Dinosaurier getrennt gewesen waren.

DER GROSSE AMERIKANISCHE AUSTAUSCH

Gruppen von Säugetieren entwickelten sich isoliert in Nord- oder Südamerika, als die Kontinente getrennt waren. So entwickelten sich Kamele in Nordamerika, während Faultiere ihren Ursprung in Südamerika hatten. Beide waren Teil eines Säugetieraustauschs, zunächst über die karibischen Inseln und dann über die Landenge, die die beiden Landmassen verband. Faultiere wanderten nach Norden, und die heutigen Guanakos – Nachfahren der frühen Kamele – zogen nach Südamerika.

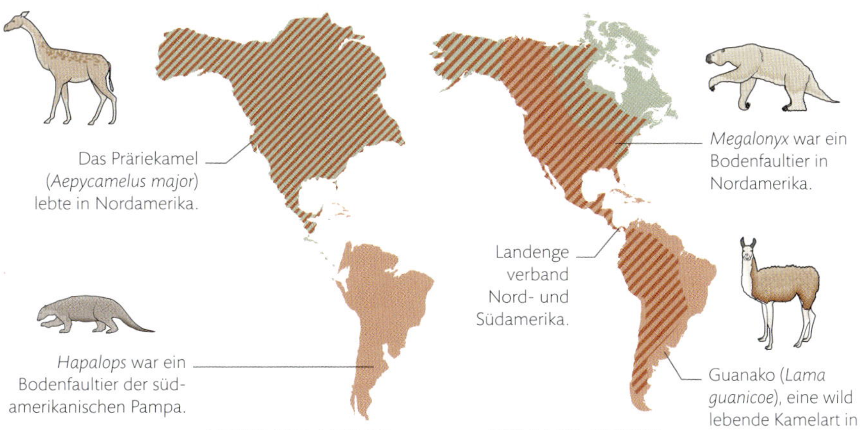

LEGENDE

Kamele

Nebengelenktiere (Faultiere, Ameisenbären und Gürteltiere)

ISOLATION AUF INSELN

Inseln entstehen, wenn Vulkane im Meer ausbrechen oder sich Fragmente von driftenden Kontinenten abspalten. Dort entwickelt sich das Leben in Isolation. Vulkanische Inseln müssen über das Meer besiedelt werden, aber ohne Raubtiere und Konkurrenten können sich Pionierarten radikal neu entwickeln. Die großen, flugunfähigen Dodos auf Mauritius stammen von Tauben ab, die von Asien herflogen, aber wie viele Inselarten waren sie anfällig für Neuankömmlinge. So überlebten die Dodos den Ansturm der Menschen nicht und starben um 1662 aus.

DODO
Raphus cucullatus

DIE MAMMUTSTEPPE

Dieses riesige Grasland von Europa über Nordasien bis nach Kanada war das flächenmäßig größte einzelne Biom und diente Pflanzenfressern in der Eiszeit als Weide. Da viel Wasser im Eis gebunden war, war dieser kontinentale Lebensraum trockener als die heutige Tundra. Heute ist die Steppe größtenteils durch borealen Wald ersetzt worden (siehe S. 308–309), doch in Zentralasien gibt es sie noch hier und da.

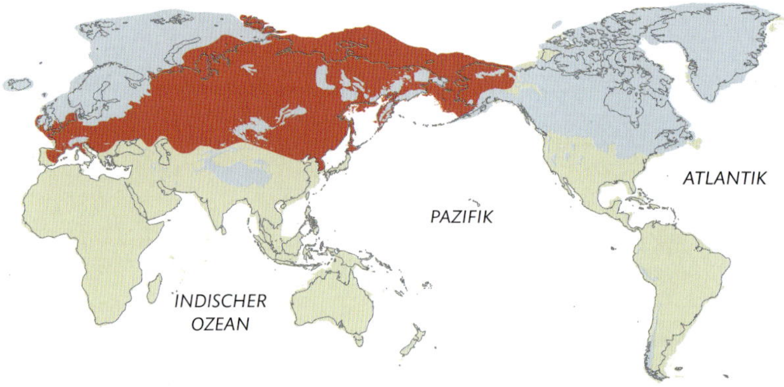

MAMMUTSTEPPE IM PLEISTOZÄNEN EISZEITALTER

LEGENDE
- Mammutsteppe
- Eisdecken
- Land
- Heutige Küstenlinie

Leben im Eis

Kälte ist ein Feind des Lebens: Sie bremst den Stoffwechsel und bei Gefrieren stirbt das Gewebe ab. Am kältesten ist es heute an den Polen, wo die Sonnenstrahlung schwach ist. Doch in der Erdgeschichte lagen durch Erdbahnschwankungen oder Kontinentalverschiebungen oft auch andere Regionen unter Eis und das Leben musste sich anpassen. Das jüngste Eiszeitalter begann vor etwas über 2,5 Mio. Jahren im Pleistozän, und in den kältesten Kaltzeiten (siehe S. 243) lag ein Großteil Nordamerikas und Eurasiens unter einem Eisschild. Das umgebende Land wurde eine Kältesteppe, in der Großsäuger weideten und nur wenige andere Arten leben konnten.

Die gebogenen Stoßzähne trugen sowohl Männchen als auch Weibchen. Sie waren länger und stärker gekrümmt als die der heutigen Elefanten.

Eiszeitliches Nashorn
Ein Beispiel für Konvergenz (siehe S. 299) ist das Wollnashorn (*Coelodonta antiquitatis*), das einen großen Körper und ein zotteliges, langes Haarkleid entwickelte. Es trug dazu bei, die Körperwärme zu speichern – genau wie das des Mammuts.

Der Schulterbuckel enthielt Fett, Muskeln und ein gut entwickeltes Nackenband, das Kopf und Horn stützte.

Eiszeitliches Mammut

Das vom tropischen Elefanten abstammende Wollhaarmammut (*Mammuthus primigenius*) ist eines der berühmtesten Tiere der pleistozänen Eiszeit. Im Permafrost erhaltene Überreste von Mammuts zeigen, dass sie einen an die Kälte angepassten Stoffwechsel hatten und durch eine Unterhautfettschicht und ein dickes Fell isoliert waren. Außerdem waren sie mehr als die heutigen Elefanten auf Gras als Nahrung angewiesen.

Erhaltene Exemplare zeigen, dass die Stoßzähne spiralförmig nach unten und nach außen gewunden waren.

Ein langer, hochgewölbter Schädel erhöhte den Scheitel wie beim heutigen Asiatischen Elefant, dem engsten lebenden Verwandten.

Die Kiefer trugen Backenzähne mit komplexen Schmelzfalten, mit denen das Mammut zähe Steppengräser zermahlen konnte.

Das fossile Skelett zeigt, dass *Mammuthus primigenius* etwa so groß wie der heute in der Savanne lebende Afrikanische Elefant war.

TIEF GEFROREN

Boden (oder Gestein), der mindestens zwei Jahre hintereinander gefroren bleibt, heißt Permafrost. Unter dem größten Teil des Landes nördlich des Polarkreises befindet sich kontinuierlicher Permafrost. Darüber liegt eine aktive Bodenschicht, die im Sommer auftaut und in der flach wurzelnde Pflanzen wachsen können. Weiter südlich bricht der Permafrost auf – diskontinuierlicher Permafrost –, sodass Bäume wachsen können und die Tundra einem Nadelwald weicht (siehe S. 308–309).

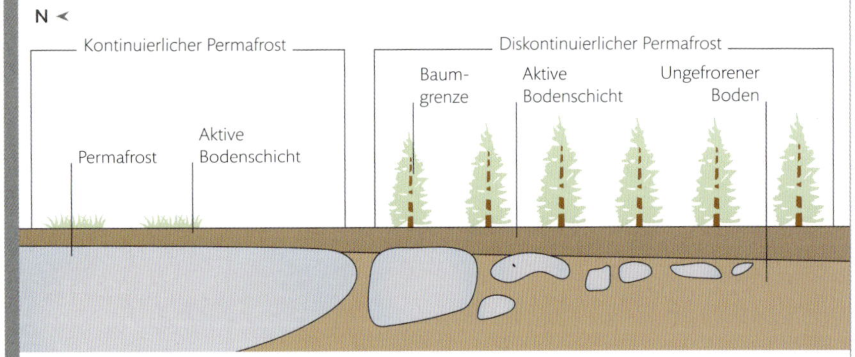

BODENPROFILE IM PERMAFROST IM SOMMER

Permafrost

Das Klima der Erde war zeitweise so warm, dass sogar die Pole eisfrei waren (siehe S. 242–243). Doch heute liegen Arktis und Antarktis unter polarem Eis, das im Jahreslauf zu- und abnimmt. Rund um den Polarkreis bleibt der Boden auch im Sommer unter einer gewissen Tiefe gefroren. Das Eis blockiert das Wurzelwachstum nach unten und schränkt so auch das Pflanzenwachstum nach oben ein. Dies ist die arktische Tundra – ein Ort, der von niedrig wachsenden Pflanzen wie Seggen und Moosen beherrscht wird und an dem nur wenige holzige Bäume und Sträucher überleben können.

Die Blüten bilden haarige Kätzchen, um weniger leicht zu gefrieren.

Kleine behaarte Blätter verlieren weniger Wasser.

Pflanze wächst kaum höher als 15 cm.

Tundrenpolygone
Obwohl in der Tundra wenig Regen fällt, verringert die Kälte die Verdunstung und der Permafrost lässt Wasser nicht abfließen, sodass der Boden feucht bleibt. Wassergefüllte Risse im Boden gefrieren zu Eiskeilen, die im Sommer auftauen, und das Schmelzwasser sammelt sich in riesigen polygonalen Becken, wie hier im Norden Alaskas.

Nördlichster Strauch
Keine Holzpflanze lebt weiter nördlich als die Arktische Weide (*Salix arctica*). Sie ist mit den Weidenbäumen der gemäßigten Zone verwandt, ist aber winzig und schmiegt sich an den Boden. Wollhaare an den Knospen schützen sie vor dem eisigen Wind.

Borealer Wald

Der boreale Wald, auch Taiga genannt, ist der jüngste und größte natürliche Lebensraum der Biosphäre. Vor etwa 12 000 Jahren, zum Ende der letzten Eiszeit (siehe S. 304–305), schrumpften die polaren Eiskappen und gaben Land in Nordamerika und Eurasien frei. Der gefrorene Boden – Permafrost (siehe S. 306–307) – taute auf, und die trockenen Kältesteppen wichen feuchteren Wäldern. Der boreale Wald zieht sich zwischen der Tundra im Norden und den Laubwäldern und Graslandschaften weiter südlich um den Globus. Aber das Klima ist hier, nahe des Polarkreises, wo die Sonne tief steht, immer noch sehr kalt, und die Nadelbäume müssen an diese Bedingungen angepasst sein.

Wälder des Nordens
Kälteangepasste Wälder, wie dieser in Finnland, werden von zapfentragenden Koniferen (Nadelbäumen) dominiert. Dazu gehören immergrüne Fichten und Kiefern sowie sommergrüne Lärchen. Sie sind widerstandsfähig und überstehen lange Zeiten im Jahr Temperaturen unter dem Gefrierpunkt.

Zirkumpolare Tiere
Die borealen Wälder, die sich über Nordamerika und Eurasien erstrecken, bieten ähnliche Lebensräume, so dass viele Tierarten, etwa der Elch (*Alces alces*), in der gesamten Region vorkommen.

Geweihe tragen nur die männlichen Tiere. Sie können 1,2–1,5 m breit sein.

Die größte heutige Hirschart der Welt frisst Weiden und Birken in feuchten Lichtungen.

ANPASSUNGEN VON KONIFEREN

Die Blätter der Koniferen (Nadelhölzer) unterscheiden sich deutlich von denen der Laubbäume. Sie sind nadelförmig oder auf kleine Schuppen reduziert, sodass die Oberfläche und der Wasserverlust durch Verdunstung kleiner sind. Dank dieser Anpassungen können Nadelbäume auch in tropischen, trockenen Teilen der Welt wachsen. Zudem enthält der Saft Harze, die als Frostschutzmittel wirken, und breitere Blätter sind von einer wasserabweisenden Wachsschicht überzogen.

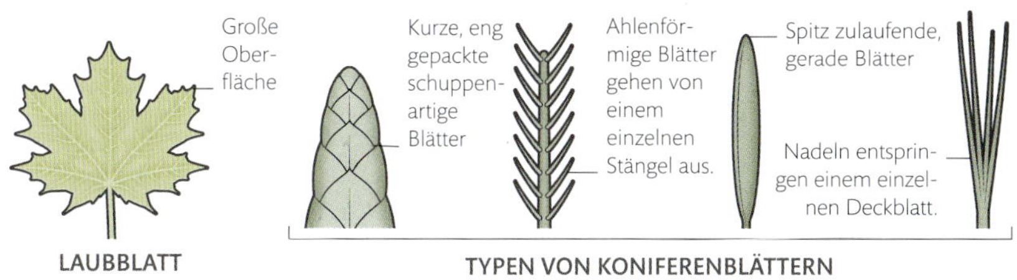

Altamura-Mann
Die mit Tropfsteinen überwachsenen Überreste des 1993 in einer Höhle in Apulien (Italien) entdeckten Altamura-Mannes (links) sind eine Fundgrube von Neandertaler-DNA. Die Analyse der DNA von Neandertaler-Überresten zeigt, dass sie sich mit anatomisch modernen Menschen gekreuzt haben – eine Erkenntnis, die die Paläoanthropologie revolutioniert hat.

> »Die Herausforderung für den Molekularpaläontologen liegt darin, chemische Spuren antiken Lebens zu entdecken.«
>
> DEREK E. G. BRIGGS UND ROGER E. SUMMONS, 2014

Geschichte der Geowissenschaften

Molekulare Daten aus Fossilien

FOSSIL VON *SINOSAUROPTERYX*

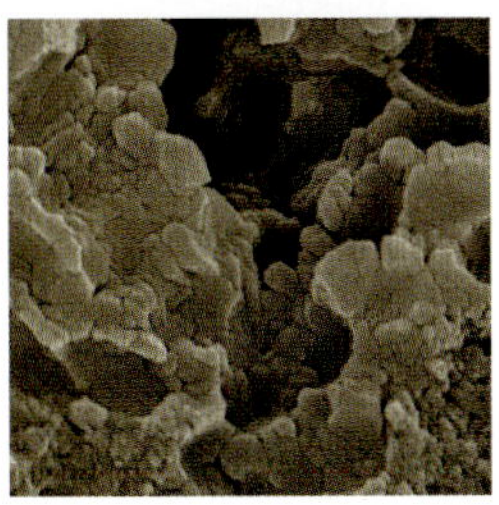

RÖTLICHE MELANOSOMEN

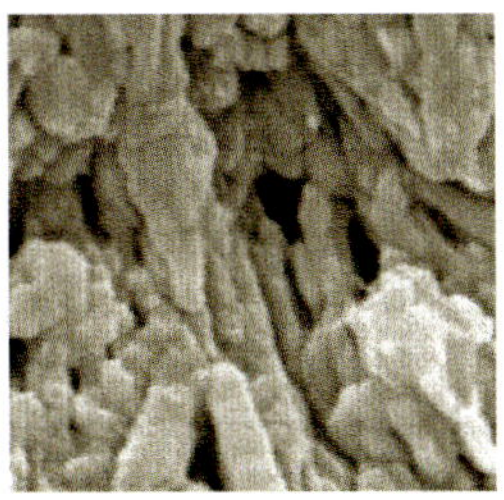

SCHWARZE MELANOSOMEN

Außergewöhnlich gut erhaltene Fossilien – mit Weichteilen, die sonst meist nicht mineralisiert sind – geben seit Langem Aufschluss über das Aussehen und die Merkmale ausgestorbener Lebewesen. Moderne Analysemethoden zeigen nun, dass diese spektakulären Reste prähistorischen Lebens mehr enthalten, als man auf den ersten Blick sieht: zelluläre Details, molekulare Signale und manchmal sogar Fragmente der DNA.

Dass biologische Moleküle (Biomoleküle) wie Proteine, Kohlenhydrate und genetisches Material in Fossilien erhalten sein können, wurde in den 1950ern erkannt. In den 1970ern und 1980ern machte die Analyse von Biomolekülen Fortschritte, und mit Fortschritten der DNA-Sequenzierung wurde die erste DNA eines ausgestorbenen Tieres aus den Überresten des ausgestorbenen zebraartigen Quagga aus dem 19. Jh. extrahiert. Seither konnte man aus Überresten, die gut erhalten, aber nicht versteinert sind, genetische Daten vieler ausgestorbener Tiere identifizieren, z. B. von Menschenverwandten, eiszeitlichen Pferden und sogar von Millionen Jahre alten Wollmammuts.

Prähistorische Melanosomen
Unter dem Elektronenmikroskop (links) sieht man Melanosomen (Pigmentsäcke in den Zellen) der versteinerten Federn. Rote Melanosomen sind meist kugelförmig, schwarze dagegen wurstförmig. Die fossilen Überreste von *Sinosauropteryx* (oben links) zeigen, dass er Federn mit dunklen und hellen Streifen hatte.

Mitte der 2000er führte die Bergung von Originalweichteilen des *Tyrannosaurus rex* zu Debatten, ob DNA in Fossilien erhalten bleiben könnte. Inzwischen wurden Reste von Weichgewebe in vielen Dinosaurierfossilien gefunden. Wissenschaftler diskutieren jedoch immer noch über die Art dieser erhaltenen Gewebe und darüber, ob man Originalgewebe von Gewebe, das durch Mikroorganismen oder anderes genetisches Material kontaminiert ist, unterscheiden kann.

Weitere Studien haben gezeigt, dass sich viele Biomoleküle, insbesondere Proteine, bei der Fossilisation in stabile Formen umwandeln können, die Aufschluss über die Organismen zu Lebzeiten geben. So wurden mithilfe umgewandelter Biomoleküle die Beziehungen zwischen einigen der frühesten Lebensformen und der Färbung der Dinosaurier untersucht und sogar versteinertes Blut im Magen einer Mücke aus dem Eozän (vor 56–34 Mio. Jahren) identifiziert. Die ständigen Verbesserungen dieser Techniken verschieben die Grenzen der Forschung und des Verständnisses alter Biomoleküle und Lebensformen weiter.

Megafauna

In den letzten 60 Mio. Jahren wurden Säugetiere zu den Großtieren der Erde – vom riesigen Bodenfaultier in Amerika (siehe S. 303) bis zu den riesigen Beuteltieren in Australien. Wie bei den Riesenreptilien vor ihnen (siehe S. 290–291) war es wohl vorteilhaft, Konkurrenten und Fressfeinde durch die Körpergröße zu überbieten. In einer Welt, die sich seit der Zeit der Dinosaurier abkühlte, half die Körpergröße den warmblütigen Tieren auch, die Körpertemperatur zu halten. Die heutige Megafauna ist stark dezimiert – die meisten Riesensäugetiere starben in den letzten 50 000 Jahre aus. Das fällt in die Zeit der Ausbreitung des Menschen: Als mächtige Jäger könnten wir also selbst dazu beigetragen haben.

Die Rosenstöcke (Stümpfe am Schädel) bildeten jedes Jahr ein neues Geweih. Wie moderne Hirsche warfen männliche Riesenhirsche am Ende der Brunftzeit ihr Geweih ab.

Verdickter Knochen machte den Schädel sehr stabil.

Starke Halswirbel trugen den Schädel mit dem Geweih.

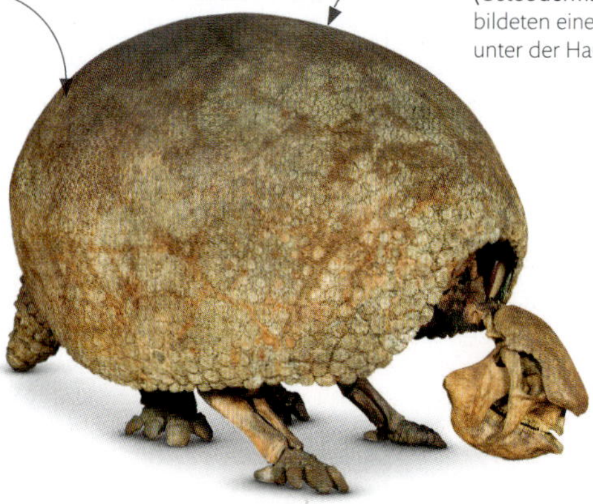

Das Tier konnte bis zu 3 m lang und 2 t schwer werden.

Knochenplatten (Osteodermata) bildeten eine Panzerung unter der Haut.

Glyptodonten
Die Glyptodonten gehörten zur ausgestorbenen Megafauna Südamerikas. Sie waren riesige Gürteltiere: so groß wie ein kleines Auto und Pflanzenfresser. Heutige Gürteltiere sind kleiner als ein Hund und fressen vor allem Insekten.

Männlicher Riesenhirsch
Diese Riesenhirschart (*Megaloceros giganteus*) lebte von vor einer halben Million Jahren bis vor etwa 12 000 Jahren. Er war so groß wie ein Elch – die größte heutige Hirschart (siehe S. 309). Die Männchen beeindruckten die Weibchen mit dem größten Hirschgeweih aller Zeiten. Es war breit abgeflacht und ähnelt dem des heutigen Damhirsches, dem nächsten lebenden Verwandten, aber dieser Riese graste in offenem Gelände, nicht wie der Damhirsch im Wald.

Das Geweihpaar konnte bis zu 40 kg wiegen.

Das größte Geweih hatte eine Spannweite von 3,6 m.

GRÖSSE DER MEGAFAUNA

Zu den schwersten Megafauna-Tieren mit mehreren Tonnen Gewicht gehören die ausgestorbenen Mammuts sowie lebende Riesen wie Giraffen und Bisons, die alle Pflanzenfresser sind: Die Verarbeitung zäher pflanzlicher Nahrung erfordert große Därme. Aber auch die Fleischfresser, die sie jagten, wurden riesig. Die Zahl der Megafauna-Arten erreichte ihren Höhepunkt im Pleistozän – vor etwa 2,5 Mio. Jahren – eine Zeit, die mit der letzten Eiszeit zusammenfiel (siehe S. 304–305).

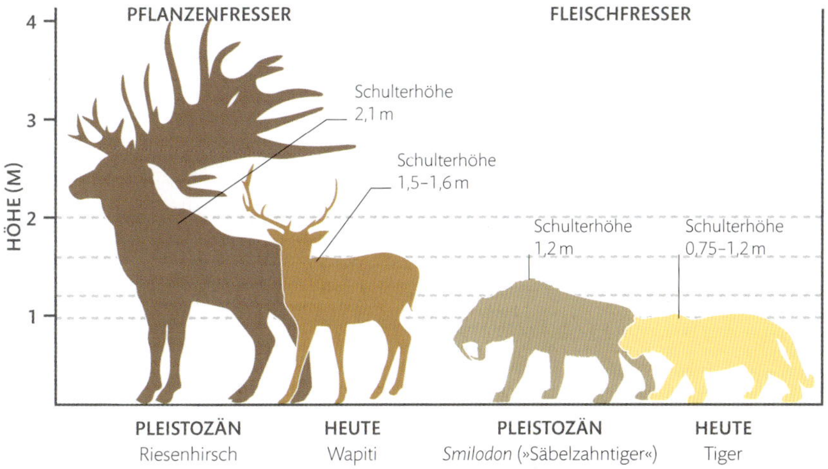

Im Blick Wald von Borth

Der versunkene Wald von Borth, der geisterhaft in der Cardigan Bay an der Westküste von Wales auftaucht, erinnert an vergangene Zeiten. Die Eschen-, Eichen-, Birken- und Kiefernstämme sind auf einer Länge von 7 km zwischen den Orten Borth und Ynyslas in einer etwa 6000 Jahre alten Torfschicht begraben, die sie schützte, als sie vom steigenden Meer überflutet wurden. Heute erscheinen sie sporadisch bei Stürmen, die den Sand wegschwemmen, sodass die verschlungenen Wurzeln bei Ebbe auftauchen. Der prähistorische Wald erscheint immer häufiger und wird immer mehr freigelegt, da die Erwärmung der Ozeane Stürme häufiger und stärker werden lässt.

Einheimische beziehen die Bäume auf die Legende von Cantre'r Gwaelod oder The Lowland Hundred (»Tiefland-Hundertschaft«), einem versunkenen antiken Königreich: Ein Fürst – vergesslich, lüstern oder betrunken – ließ ein Schleusentor offen, sodass das Meer das tief liegende Gebiet überflutete. Wissenschaftler sind vorsichtiger. Da der Wald nur kurz frei liegt, ist er schwer zu erforschen, und die Klippen, die als »Stadtmauern« gelten, sind eher eiszeitliche Moränen. Doch das Gebiet war tatsächlich einst bewohnt, denn zwischen den Baumstümpfen findet man Feuerstellen, Holzstege und Steinwerkzeuge.

Ähnliche überschwemmte Wälder finden sich rund um Großbritannien, das in der letzten Eiszeit (vor etwa 115 000–11 700 Jahren, siehe S. 304–305) mit dem europäischen Festland verbunden war. Erst als die Gletscher zurückwichen, stieg der Meeresspiegel, überflutete die einst fruchtbare Landbrücke und isolierte die Insel.

Baumstümpfe und Wurzeln bei Ebbe

Algenbedeckte Baumreste werden freigelegt, wenn der darüberliegende Sand weggespült wird.

Landschaft des antiken Walds
2014 traf ein schwerer Sturm die Grafschaft Ceredigion und legte die Stümpfe eines uralten Waldes frei, der unter Torf begraben war. Die Forschung zeigt, dass die Bäume vor 4000 bis 6000 Jahren aufgehört haben zu wachsen. Die Reste sind bei sehr niedrigen Gezeiten sichtbar. Sie dürften zu verrotten beginnen, wenn sie länger an der Luft liegen, aber das Meerwasser hat konservierende Wirkung.

Von Menschen geformt

Eine Art, der *Homo sapiens*, hat einen weitaus größeren Einfluss auf die Biosphäre ausgeübt als jede andere. Seine gesamte Fossilgeschichte ist kaum eine halbe Million Jahre lang, aber sein Einfluss auf die Umwelt wird weitaus länger andauern. Die Auswirkungen des Menschen sind so groß, dass Wissenschaftler eine neue geologische Epoche – das Anthropozän – vorgeschlagen haben, um seine Bedeutung zu verdeutlichen. Vor 10 000 Jahren hatte der Mensch den Großteil der Welt besiedelt, Gebiete durch Landwirtschaft verändert und große Tiere bis zur Ausrottung gejagt. Seitdem hat das Zeitalter der Industrie und Technik die Welt verschmutzt und sogar das Klima verändert.

Die Spur der Menschheit
Weniger als ein Viertel der Landfläche der Erde ist noch Wildnis – weitgehend unberührt vom Menschen. Diese Giraffen im Nairobi-Nationalpark in Kenia stehen in einem 100 km² großen, geschützten Gebiet, das jedoch an drei Seiten eingezäunt ist und in dem sich Kenias Hauptstadt in der Ferne abzeichnet.

Weggeworfener Becher aus Plastik als Ersatz für eine natürliche Schale

Plastikkrise
Dieser Plastikbecher mag ein vorübergehendes Zuhause für den Einsiedlerkrebs (*Coenobita* sp.) sein, aber Kunststoffe zersetzen sich nicht und führen letztlich zu einer Verschmutzung des Bodens und der Ozeane, die die Natur bedroht.

DER ALLMÄHLICHE BEGINN DES ANTHROPOZÄNS

Wie alle Arten nutzt der Mensch Ressourcen und erzeugt Abfälle, aber er verändert die Umwelt auch in großem Umfang durch Landwirtschaft, Verkehr, Verstädterung und Brennstoffe. Naturräume wie Wälder weichen Feldern und Städten, invasive Arten werden eingeschleppt, Technik und Industrie erzeugen Schadstoffe. Kein einzelnes Ereignis definiert den Beginn des Anthropozäns – Experten sind sich über die Abgrenzung uneinig.

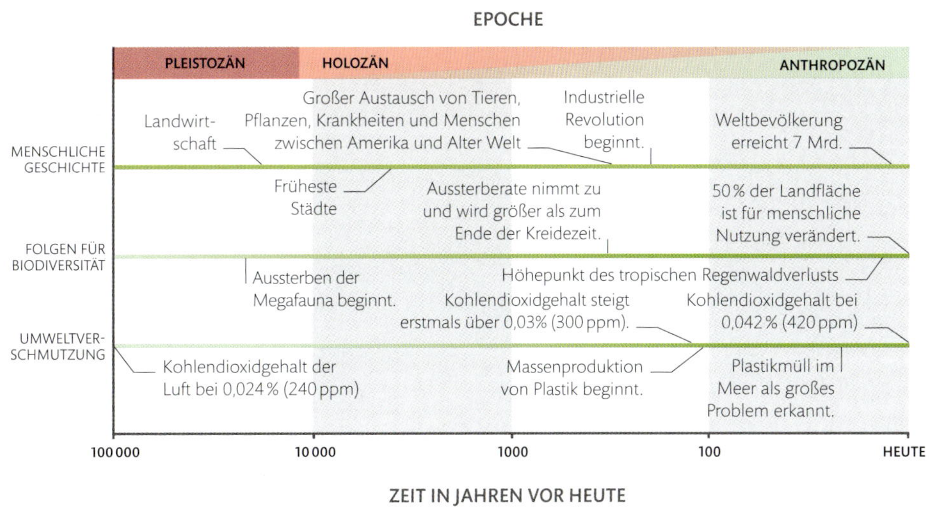

Im Blick Lembah Danum

Selbst im Anthropozän (siehe S. 317) gibt es noch unberührte, vielfältige Lebensräume für Wildtiere. Obwohl der tropische Regenwald auf der Insel Borneo bedroht ist (über 50 % des Urwalds sind seit 1973 verloren gegangen), liegt an der Nordostküste der Insel das Schutzgebiet Danumtal (Lembah Danum) – ein über 400 km² großer, unbewohnter Regenwald. Es ist eines der letzten Gebiete mit ungestörtem, altem Waldbestand in Südostasien und wird von Zweiflügelfruchtbäumen dominiert, die zu den höchsten blühenden Bäumen der Welt zählen. Auf Borneo gibt es 270 Zweiflügelfruchtbaumarten, von denen 155 nur hier vorkommen, und die meisten, wenn nicht alle, sind im Danumtal zu finden. Es beherbergt einzigartige Pflanzenarten wie die insektenfressenden Kannenpflanzen, die größte Blume der Welt – die »Aasblume« *Rafflesia* – und den höchsten tropischen Baum, den

Gelben Meranti (*Shorea faguetiana*). Der Wald beherbergt Populationen vom Aussterben bedrohter Tiere wie den Borneo-Orang-Utan (*Pongo pygmaeus*), den Borneo-Zwergelefanten (*Elephas maximus borneensis*) und den Nebelparder (*Neofelis nebulosa*). Das Tal bietet über 124 Säugetier- und 340 Vogelarten Schutz, die durch die Jagd oder die Zerstückelung der Habitate gefährdet sind.

Die Erforschung der Biodiversität in ausgewiesenen Schutzgebieten wie dem Lembah Danum zeigt, dass die Maßnahmen gegen Jagd und Abholzung erfolgreich sind und als Vorbild dienen können. Infolgedessen ist die Abholzungsrate in letzter Zeit zurückgegangen, und die Schutzgebiete wurden erweitert.

Maronenlangur (*Presbytis rubicunda*)

Erwachsene Affen wiegen auch voll ausgewachsen nur 6 kg.

Im Herzen von Lembah Danum
Morgennebel hängt über dem Regenwald in Sabah (Borneo). Die Zweiflügelfruchtbäume im Bild produzieren einmal im Jahrzehnt typische geflügelte Samen in Massen, sodass der Wald mit Milliarden Samen überschwemmt wird. Viele endemische Pflanzen- und Tierarten überleben hier geschützt vor Abholzung und Jagd.

Glossar

Fett gedruckte Begriffe beziehen sich auf andere Einträge dieses Glossars.

ABYSSAL Bezieht sich auf die Tiefen des Ozeans. Die Abyssalebene ist die fast flache Ebene des tiefen Meeresbodens jenseits des Kontinentalrandes. Die Abyssalzone ist die 4000–6000 m tiefe Wasserzone.

AKKRETION Der Prozess, durch den an einer **Subduktion**szone einer Kontinentalplatte Material hinzugefügt wird.

AKTUALISMUS Die Theorie, dass die Gesetze und Prozesse, die auf der Erde heute ablaufen, in ähnlicher Form auch in der Erdgeschichte abliefen.

ALGEN Organismen, die **Fotosynthese** betreiben, aber keine echten Pflanzen sind, sowohl Einzeller als auch große mehrzellige Formen (Seetang). **Cyanobakterien** zählen heute nicht mehr zu den Algen.

ALLUVIAL Beschreibt Sedimentation durch Flüsse. Ein alluvialer Fächer (oder Schwemmkegel) entsteht, wo ein Fluss das Gebirge verlässt und sich in einer Ebene ausbreitet. Siehe auch **Sediment**.

AMMONIT Ein **Kopffüßer** (Verwandter des Tintenfisches) aus der Gruppe der **Weichtiere**, der vor etwa 66 Mio. Jahren ausstarb, bzw. seine versteinerte Schale.

AMNIOT Ein **Wirbeltier**, dessen Embryo durch Membranen und manchmal eine Schale geschützt ist. Reptilien, Vögel und **Säugetiere** sind Amnioten.

AMORPH Beschreibt Feststoffe ohne **Kristall**struktur der Teilchen.

ANION Negativ geladenes Ion. Siehe auch **Kation**, **Ion**.

ARCHOSAUROMORPHA Eine **Klade** von **diapsiden** Reptilien, zu denen Krokodile, **Dinosaurier** und Vögel gehören.

ARMFÜSSER (BRACHIOPODE) Wichtige Gruppe mariner **Wirbelloser**. Durch die zweiteilige Schale ähneln sie oberflächlich **Muscheln**, sind aber nicht mit ihnen verwandt. Im **Paläozoikum** und Mesozoikum waren sie häufig und vielfältig.

ASTEROID Einer der zahllosen Gesteinskörper in Bahnen um die Sonne, mit Größen von einigen Metern bis etwa 1000 km.

ASTHENOSPHÄRE Die Schicht des Erd**mantels** direkt unter der starren **Lithosphäre**. Sie ist nicht ganz starr und kann in festem Zustand langsam fließen, was essenziell ist für die Bewegung **tektonischer Platten**.

ÄSTUAR Ein breiter, gezeitenabhängiger, trichterförmiger Bereich mit **Brackwasser** an der Mündung großer Flüsse.

ATOLL Eine ringförmige Gruppe von Koralleninseln um eine **Lagune**, in der Regel auf der Spitze eines **Seamounts**.

AUFTRIEB (UPWELLING) Das Aufsteigen von tiefem Ozeanwasser an die Oberfläche. Es kann durch Wind parallel zur Küste verursacht werden oder durch ein Unterwasserhindernis wie ein **Seamount**, der eine Tiefseeströmung unterbricht. Das aufgestiegene Wasser reichert die Meeresoberfläche oft mit Nährstoffen an. Siehe auch **Downwelling**.

AUSTRALOPITHECINEN Mehrere Arten aufrecht gehender **Primaten**, darunter *Australopithecus*, vor 1,2–4,4 Mio. Jahren.

BANKUNG Die Art, wie **Sedimentgesteine** in abgegrenzten, waagrechten Einheiten (Bänken) abgelagert sind. Die auffallende Grenze zwischen Bänken heißt Schichtfläche. Siehe auch **Schichtung**.

BASALT Das häufigste vulkanische Gestein der Erde, das in der Regel als erstarrte **Lava** entsteht. Basalt ist glasig bis feinkörnig (besteht aus sehr kleinen **Kristallen**).

BATHOLITH Eine riesige, unregelmäßige, mindestens 100 km große Masse aus einem **Magmatit**, die durch das Eindringen von Magma aus der Tiefe entstanden ist. Siehe auch **Pluton**.

BEDECKTSAMER Blütenpflanze (im Gegensatz zu **Koniferen**, Farnen, Moosen und anderen Nacktsamern). Zu den Bedecktsamern gehören viele Baumarten.

BEUTELTIER Ein **Säugetier**, z. B. ein Koala oder ein Känguru, bei dem die Nachkommen in einem relativ unentwickelten Zustand geboren werden. Sie wachsen dann oft in einem äußeren Beutel der Mutter weiter. Siehe auch **Plazentatier**.

BIOGEN Entstanden durch Aktivitäten von Lebewesen oder biologische Prozesse.

BIOMINERALISIERUNG Die Bildung von Mineralen durch Lebewesen.

BIOTISCH Bezieht sich auf Lebewesen oder wurde von ihnen produziert.

BRACKWASSER Leicht salziges Wasser.

BRANDUNGSPFEILER Eine hohe Felssäule, die in Küstennähe aus dem Meer ragt, ein widerstandsfähiges Überbleibsel der umliegenden Klippen, die ansonsten durch **Erosion** verschwunden sind.

BRECHUNG Die Richtungsänderung von Wellen, etwa Lichtwellen, wenn sie von einem Medium in ein anderes übergehen. Wasserwellen ändern ihre Richtung, wenn sie seichtes Wasser erreichen.

BREKZIE Ein **Sedimentgestein** aus kantigen Gesteinsfragmenten (**Klasten**), die durch **Minerale** zementiert sind. Siehe auch **Konglomerat**.

CALDERA Eine schüsselförmige vulkanische Vertiefung, die größer als ein Krater ist (meist über 1 km) und durch den Einsturz eines Vulkans in seine entleerte **Magma**kammer entstanden ist.

CHEMOSYNTHESE Der Prozess, durch den Organismen wachsen und sich vermehren können, indem sie die chemische Energie einfacher Stoffe wie Schwefelwasserstoff oder Methan nutzen. Chemosynthese ist, anders als die **Fotosynthese**, nicht auf Energie aus der Sonne angewiesen. Viele Bakterien sind zur Chemosynthese fähig, vor allem solche, die nahe **hydrothermaler Schlote** leben.

CORIOLISEFFEKT Die Ablenkung von Winden und Strömungen aufgrund der Erdrotation, sodass ihr Weg auf der Erdoberfläche nicht gerade, sondern gekrümmt ist. Auf der Nordhalbkugel werden sie nach rechts, auf der Südhalbkugel nach links abgelenkt.

CYANOBAKTERIEN Eine weitverbreitete Gruppe mikroskopisch kleiner, **fotosynthetisierender** Bakterien, früher Blaualgen genannt. Ihre winzigen Zellen haben (wie Bakterien) keine Zellkerne.

CYNODONTEN Eine Gruppe entwickelter **Synapsiden**, die im Oberperm entstand. **Säugetiere** sind die heutigen Nachfahren.

DELTA Der Bereich sanft abfallender Sedimente dort, wo ein Fluss ins Meer, in einen See oder einen anderen Fluss mündet. Seine Form hängt von den Flusssedimenten sowie von den Strömungen und Gezeiten ab. Siehe auch **Ästuar**, **Tiefseefächer**.

DENDRITISCH Bezieht sich auf verzweigte Formen, etwa von Schneeflocken oder baumartig wachsenden **Mineralen**.

DIAPSIDEN Große Gruppe der Amnioten. Der Name bezieht sich auf zwei Öffnungen auf jeder Schädelseite. Sie gelten traditionell als Reptilien und umfassen die **Archosauromorpha** (mit den **Dinosauriern**, Vögeln und Krokodilen) und Lepidosaurier (mit den Eidechsen und Schlangen). Siehe auch **Synapsiden**.

DICYNODONTEN Eine Gruppe pflanzenfressender **Synapsiden** (Vorfahren der **Säugetiere**) mit zwei Stoßzähnen und einem stumpfen Schnabel.

DIFFERENZIATION Der Prozess, bei dem schwere **Elemente** in einem **Magma**körper, wie der frühen Erde oder einer Magmakammer, absinken, während leichtere Elemente aufsteigen, sodass verschiedene Schichten entstehen.

DINOSAURIER Eine Hauptgruppe der **archosauromorphen Amnioten** mit Gliedmaßen unter dem Körper, die den Körper vom Boden abheben. Sie starben am Ende der Kreidezeit aus, mit Ausnahme ihrer Nachfahren, der Vögel.

DISKORDANZ Eine Lücke in der Schichtfolge, die zeigt, dass eine oder mehrere Schichten durch Erosion entfernt wurden. Siehe auch **Sedimentgestein**.

DIVERGENTE GRENZE Die Linie, an der zwei **tektonische Platten** auseinanderdriften.

DIVERSIFIZIERUNG Die Zunahme der Artenzahl in der Evolution, oft durch die Ausfüllung neuer ökologischer Nischen.

DOLINE Eine Vertiefung in einer **Karst**landschaft. Sie führt oft zu einem unterirdischen Entwässerungssystem.

DOWNWELLING Das Absinken von Wasser an der Meeresoberfläche. Das großräumige Downwelling in bestimmten Regionen treibt die **thermohaline Zirkulation** an. Siehe auch **Auftrieb**.

DÜNUNG Eine Folge regelmäßiger, langer Wellen, die durch Wettersysteme in weiter Entfernung entstehen.

DYKE Eine plattenartige, magmatische Intrusion, die quer durch die bestehende Schichtung schneidet.

EDELSTEIN Ein Mineral oder Gestein, das wegen seiner Seltenheit, Schönheit und Dauerhaftigkeit als Schmuck genutzt wird.

EINKEIMBLÄTTRIGE PFLANZEN Eine Gruppe der **Bedecktsamer**, zu der Gräser, Orchideen, Palmen und Lilien gehören. Sie sind dadurch gekennzeichnet, dass sie nur ein Keimblatt pro Samen haben.

EISKAPPE Eine kuppelförmige Eismasse, die ein Gebiet von einem einzelnen Berg bis zu einer ganzen Polarregion bedeckt.

EISSCHILD Eine sehr große, fließende Eismasse, die ein Gebiet dauerhaft bedeckt, wie in der Antarktis oder Grönland.

EISSCHLAMM Eine frühe Phase der Entstehung von **Meereis**. Eis**kristalle** entstehen im Wasser, sodass es zähflüssig wird.

EKTOTHERM Bezieht sich auf »kaltblütige« (wechselwarme) Tiere, die die Körpertemperatur mithilfe äußerer Quellen wie dem Sonnenlicht regulieren.

ELEMENT Ein Reinstoff, der chemisch nicht weiter trennbar ist.

ENDOTHERM Bezieht sich auf »warmblütige« (gleichwarme) Tiere, die die Körpertemperatur mit ihren eigenen Stoffwechselvorgängen regulieren.

EPIZENTRUM Der Punkt auf der Erdoberfläche direkt über einem **Erdbeben**herd. Siehe auch **seismisch**.

ERDBEBEN Eine plötzliche Bewegung der Erdoberfläche durch **seismische** Wellen.

ERHOBENER STRAND Ein Strand, der sich durch eine Veränderung des Meeresspiegels oder einer Landhebung über dem Hochwasserniveau befindet.

EROSION Die Prozesse, die Gestein oder Boden lockern und abtragen oder abschaben. Ihre Hauptakteure sind Wind, fließendes Wasser und Eis sowie die von ihnen mitgeführten Gesteinspartikel.

ERZ Ein Gestein, aus dem man wirtschaftlich Metall gewinnen kann.

FALTE Eine geologische Struktur, bei der ursprünglich flachliegende Gesteinsschichten unter Druck gebogen wurden. Eine in der Mitte nach oben gebogene Falte heißt **Sattel** (Antiklinale), eine nach unten gebogene nennt man **Mulde** (Synklinale). Bei einer überkippten Falte liegt ein Schenkel der Falte über dem anderen Schenkel.

FELDSPAT Ein häufiger Typ von Silikatgestein, oft in **magmatischen Gesteinen**.

FESTEIS Durchgehendes **Meereis**, das an der Küste festgefroren ist, oder schwimmende Ausläufer von Landgletschern.

FETCH (WINDLAUFLÄNGE) Ein Gebiet, in dem Wasserwellen durch die Wirkung des Windes entstehen.

FJORD Ein ehemaliges Gletschertal an der Küste, das nun ein Meeresarm ist.

FLEISCHFLOSSER Eine überwiegend ausgestorbene Gruppe von Fischen mit fleischigen, muskulösen Basen der paarigen Vorder- und Rückenflossen. Sie sind erstmals aus dem Silur bekannt und umfassen die heutigen Lungenfische und Quastenflosser.

FLUGSAURIER (PTEROSAURIER) Eine mit Dinosauriern verwandte Gruppe von **Diapsiden** mit Flügeln aus einer über die vorderen Gliedmaßen gespannten Haut. Sie entstanden in der Trias und starben am Ende der Kreide aus.

FOTOSYNTHESE Die Reaktionen, durch die Pflanzen, **Algen** und **Cyanobakterien** die Energie des Sonnenlichts mithilfe von Chlorophyll nutzen, um Wasser und Kohlendioxid in Nahrung umzuwandeln. Siehe auch **Chemosynthese**.

FROSTSPRENGUNG **Verwitterung** durch das wiederholte Gefrieren und Auftauen von Wasser in Gesteinsspalten.

FULGURIT Natürlich durch Blitzeinschläge in den Boden entstandene Röhren aus glasigen **Mineralen**.

FUMAROLE In Vulkangebieten eine kleine Öffnung im Boden, aus der Dampf und heiße Gase entweichen.

GEDIEGEN Bezieht sich auf ein Vorkommen eines **Elements**, meist eines Metalls, in reiner, elementarer Form.

GEFÜGE Die Anordnung und Lage der Bestandteile eines Gesteins, etwa der einzelnen **Kristalle** von **Mineralen**.

GEODE Ein Hohlraum im Gestein, der mit **Kristallen** ausgekleidet ist.

GEYSIR Eine Fontäne kochenden Wassers, die in Intervallen aus dem Boden ausbricht und durch die Erhitzung des **Grundwassers** durch heißes Gestein entsteht.

GEZEITENWELLE Eine einzelne große Welle, die manchmal entsteht, wenn die Flut in einen **Ästuar** oder einen engen Meeresarm strömt.

GINKGO Ein samentragender Baum mit fächerförmigen Blättern.

GISCHT Die schaumigen Spitzen der Wellen, wenn sie an der Küste brechen. Siehe auch **Dünung**.

GLANZ Die Art, wie ein **Mineral** Licht reflektiert.

GLASGLANZ Glasähnlicher **Glanz**.

GLETSCHER Eine Eismasse, die langsam von einer **Eiskappe** oder einer Bergregion abwärts fließt. Ein Talgletscher fließt zwischen den Wänden eines Tals. Ein Gezeitengletscher ist ein Talgletscher, der ins Meer fließt.

GLETSCHERSCHRAMMEN Kratzer im anstehenden Fels, die entstehen, wenn ein **Gletscher** darüber fließt.

GLIEDERFÜSSER (ARTHROPODEN) Ein Stamm wirbelloser Tiere mit einem in Segmente gegliederten Exoskelett (Außenskelett) und gegliederten Füßen. Dazu gehören u. a. **Spinnentiere**, Krebstiere, Insekten und **Trilobiten**.

GONDWANA Ein alter Superkontinent, der Südamerika, Afrika, die Antarktis, Australien und Indien umfasste.

GRABEN(BRUCH) Große Gesteinsscholle, die im Vergleich zur Umgebung durch horizontale Ausdehnung der Kruste und **Verwerfungen** vertikal nach unten gesunken ist.

GRAPTOLITHEN Eine ausgestorbene Gruppe kolonialer, meist planktonischer **Wirbelloser**, die meist als lange, schmale Kolonien kleiner Individuen wachsen, die von einem Skelett getragen werden.

GRUNDWASSER Wasser, das unter der Erdoberfläche in Poren zwischen den Gesteinskörnern gespeichert ist. Die obere Grenze einer Grundwasserzone heißt Grundwasserspiegel. Wasser, das in den Boden eindringt, sickert meist nach unten, bis es den Grundwasserspiegel erreicht.

GUMPE Der tiefere Bereich am Fuße eines Wasserfalls, der vom fallenden Wasser im weichen Gestein erodiert wurde.

HABITUS Die äußere Form eines **Kristalls**, die durch die Größenverhältnisse der einzelnen Kristallflächen bestimmt ist. Siehe auch **Tracht**.

HADROSAURIER Eine Gruppe entenschnabeliger, pflanzenfressender **Dinosaurier** in der Oberkreide.

HÄNGENDES TAL Ein Tal, das in der Regel von einem Gletscher geformt wurde und hoch oben in ein größeres Tal eintritt.

HÄRTE Ein Maß dafür, wie leicht sich ein **Mineral** ritzen lässt. Siehe auch **Mohs-Skala**.

HOCHDRUCKGEBIET (HOCH) Ein Wettersystem, in dem Winde um ein Gebiet hohen Luftdrucks rotieren. Siehe auch **Tiefdruckgebiet**, **Hurrikan**, tropischer **Wirbelsturm**.

HOTSPOT Eine langlebige Zone vulkanischer Aktivität, die wohl tief im Erd**mantel** entsteht. **Tektonische Platten**, die über Hotspots driften, sind durch Ketten von Vulkanen gekennzeichnet, die mit zunehmender Entfernung vom Hotspot älter werden. Siehe auch **Mantelplume**.

HUMUS Eine dunkel gefärbte Substanz in Böden, die von abgestorbenen Pflanzen, Mikroorganismen und Tieren stammt.

HURRIKAN Ein tropischer **Wirbelsturm** im Atlantik oder Nordostpazifik.

HYDROTHERMALER GANG Ein dünner, flächiger Körper aus **Mineralen**, der sich durch die Zirkulation von heißem, mineralhaltigem Wasser gebildet hat.

HYDROTHERMALER SCHLOT Ein Riss in einem vulkanisch aktiven Gebiet des Meeresbodens, aus dem bei hohen Temperaturen chemikalienreiches Wasser aus dem Gestein austritt. Siehe auch **Schwarzer Raucher**, **Chemosynthese**, **hydrothermaler Gang**.

INTRUSION Ein Körper aus **magmatischem Gestein**, der entstand, als **Magma** in vorhandene Gesteine in der Tiefe eindrang und dort erstarrte. Siehe auch **Batholith**, **Tiefengestein**.

ION Ein Atom oder Molekül, das ein oder mehrere Elektronen verloren oder gewonnen hat und nun elektrisch geladen ist. Die meisten Minerale enthalten **Kationen** (positiv geladene Ionen) und **Anionen** (negativ geladene Ionen).

ISOSTATISCHER AUSGLEICH Die Hebung einer Landmasse, nachdem das Gewicht eines **Eisschildes** verschwunden ist.

ISOTOP Eine von zwei oder mehr Formen desselben chemischen **Elements**, die die gleiche Anzahl von Protonen, aber eine unterschiedliche Anzahl von Neutronen in ihren Atomkernen haben.

KALBEN Das Abbrechen von Stücken eines **Gletschers** ins Meer oder einen See, wo sie zu Eisbergen werden.

KALK Substanz, die vor allem das **Mineral** Kalziumkarbonat enthält.

KAPILLARWELLE Eine Welle an einer Grenzfläche eines Fluids mit der **Oberflächenspannung** (nicht der Schwerkraft) als dominante Rückstellkraft.

KARAT Ein Begriff zur Beschreibung des Goldanteils einer Goldlegierung, wobei 24 Karat reines Gold ist, und eine Gewichtseinheit von 0,2 g (0,007 Unzen) für Diamanten und Edelsteine.

KARST Eine typische Landschaft aus wasserlöslichen Gesteinen, insbesondere **Kalk**stein, die durch unterirdisch fließendes Wasser verwittert sind. Eine Karstküste entsteht dort, wo Kalkstein verwittert ist und später vom Meer überflutet wurde.

KATION Ein positiv geladenes Ion. Siehe auch **Anion**, **Ion**.

KERN Die innerste Schicht der Erde. Sie besteht aus einem flüssigen äußeren Kern und einem festen inneren Kern, die beide aus Nickel-Eisen bestehen. Siehe auch **Mantel**, **Kruste**.

KISSENLAVA Kissenförmige Gesteinshügel, die aus unter Wasser ausgeflossener **Lava** entstanden sind.

KLADE Gruppe von Arten, umfasst alle Nachfahren einer bestimmten Ahnenart.

KLASTE Ein **Mineral-** oder Gesteinsbruchstück, meist eingebettet in ein neueres **Sedimentgestein**.

KLIMAWANDEL Langfristige Veränderungen der Wettermuster und Mitteltemperaturen auf globaler oder regionaler Ebene.

KLOAKENTIERE (MONOTREMATA) Eine Gruppe eierlegender **Säugetiere**, wie das heutige Schnabeltier und der Ameisenigel. Die Eiablage gilt als die ursprüngliche Fortpflanzungsart der Säugetiere. Siehe auch **Beuteltiere**, **Plazentatiere**.

KNOLLEN Rundliche Klumpen von **Mineral** oder Gestein, etwa Flintknollen in Kreide.

KNORPELFISCHE Eine Klasse von Fischen, deren Skelett aus Knorpel (statt Knochen) besteht, etwa Haie und Rochen.

KOMET Ein Körper aus Gestein und Eis im Umlauf um die Sonne, meist auf einer sehr exzentrischen Bahn. Nahe der Sonne verdampft das Eis und bildet eine ausgedehnte Wolke, die Koma, und einen oder mehrere Schweife.

KONDENSATIONSKEIM Ein winziges Teilchen in der Luft, um das sich ein Regentropfen oder ein Schneekristall bilden kann. Siehe auch **Niederschlag**.

KONGLOMERAT Ein **Sedimentgestein** aus abgerundeten, kieselgroßen Gesteinsfragmenten (**Klasten**), die durch **Minerale** zementiert sind. Siehe auch **Brekzie**.

KONIFERE (NADELHÖLZER) Ein zapfentragendes Holzgewächs. Fast alle, etwa Kiefern und Tannen, haben nadelartige Blätter und sind immergrün. Einige, wie die Lärche, verlieren die Nadeln im Winter.

KONTAKTAUREOLE (KONTAKTHOF) Eine Gesteinszone um einen **Magma**körper, die durch **Kontaktmetamorphose** verändert wurde.

KONTAKTMETAMORPHOSE Die Veränderung von Gestein durch den Kontakt mit heißem **Magma**. Siehe auch **Regionalmetamorphose**, **Verwerfungsmetamorphose**.

KONTINENTALE INSEL Ein von Wasser umgebener Landkörper, der auf einem **Kontinentalschelf** liegt.

KONTINENTALE KRUSTE Der Teil der Erd**kruste**, der die Kontinente bildet und der weniger dicht und dicker ist als die **ozeanische Kruste**.

KONTINENTALFUSS Der Bereich zwischen der Tiefseeebene und dem **Kontinentalhang**.

KONTINENTALHANG Der abfallende Meeresboden vom Rand des **Kontinentalschelfs** zum **Kontinentalfuß**.

KONTINENTALSCHELF Der relativ flache und seichte Meeresboden, der einen Kontinent umgibt und der geologisch als Teil dieses Kontinents betrachtet wird. Siehe auch **Kontinentalhang**.

KONTURSTRÖMUNG Eine langsame Meeresströmung parallel zum **Kontinentalhang**.

KONVEKTION Zirkulationsströme (etwa in der Atmosphäre oder im Erd**mantel**), die durch Temperaturunterschiede verursacht werden. Dabei steigt die wärmere, weniger dichte Luft oder Flüssigkeit nach oben, was die Zirkulation antreibt.

KONVERGENTE GRENZE Die Linie zwischen zwei **tektonische Platten**, die sich aufeinander zu bewegen.

KOPFFÜSSER (CEPHALOPODEN) Eine Klasse der **Weichtiere**, die nur im Meer vorkommt und am vorderen Körperende Fangarme trägt. Zu ihnen gehören u. a. Tintenfische und **Ammoniten**.

KRATER Eine schalenförmige Mulde, durch die ein Vulkan Gase, Gesteinsfragmente und **Lava** ausstößt. Die Kraterwände entstehen durch die Ansammlung von ausgeworfenem Material. Ein Krater ist auch eine kreisförmige Senke der Landschaft, die durch einen Meteoriteneinschlag entstand. Siehe auch **Caldera**.

KRATON Ein stabiler Bereich der **kontinentalen Kruste** aus altem Gestein, das seit dem Präkambrium von der Gebirgsbildung weitgehend unberührt geblieben ist. Auch Schild genannt.

KRISTALL Ein Festkörper, bei dem die Atome oder Moleküle in einem geometrischen Muster angeordnet sind, im Gegensatz zu **amorphen** Stoffen wie Glas. Es gibt sieben Grundmuster, die Kristallsysteme. Siehe auch **Geode**, **Habitus**.

KRUSTE Die äußerste Gesteinsschicht der Erde. Die Kontinente und ihre Ränder bestehen aus dickerer, aber weniger dichter **kontinentaler Kruste**, während dünnere, dichtere **ozeanische Kruste** die Tiefseebecken bildet. Siehe auch **Mantel**, **tektonische Platten**.

LAGERGANG (SILL) Eine annähernd horizontale, blattförmige **Intrusion** aus **magmatischem Gestein**, die entsteht, wenn sich **Magma** zwischen die Schichten des vorhandenen Sedimentgesteins schiebt.

LAGUNE Ein geschütztes Meeresgebiet, das vom offenen Meer fast abgeschnitten ist.

LARVE Das Jugendstadium eines Tieres, das sich in seiner Struktur stark von einem erwachsenen Tier unterscheidet.

LAURASIA Ein alter Superkontinent, der Nordamerika, Europa und den größten Teil Asiens (außer Indien) umfasste.

LAVA **Magma** (geschmolzenes Gestein), das an der Erdoberfläche fließt.

LITHOSPHÄRE Die oberste Schicht der Erde, die die **Kruste** und den oberen **Mantel** umfasst.

LÖSS Eine nicht verfestigte Sedimentablagerung, die aus vom Wind verwehtem Schlick besteht. Eines der größten Beispiele ist das Lössplateau in Nordchina. Siehe auch **Sedimentgestein**.

MAGMA Flüssiges, geschmolzenes Gestein im **Mantel** und in der **Kruste**. Beim Erkalten bildet es **magmatisches Gestein**. Es kann in der Tiefe auskristallisieren oder als **Lava** ausbrechen.

MAGMATISCHES GESTEIN (MAGMATIT) Gestein, das durch die Erstarrung von geschmolzenem **Magma** entsteht. Siehe auch **metamorphes Gestein**.

MAGNETOSPHÄRE Der Bereich um die Erde (oder einen Planeten), der durch das Magnetfeld des Planeten dominiert wird.

MAKROKRISTALLIN Bezieht sich auf **Kristalle**, die groß genug sind, um sie mit bloßem Auge zu sehen. Siehe auch **mikrokristallin**.

MANTEL Die Gesteinsschicht der Erde zwischen der **Kruste** und dem **Kern**. Sie macht 84 % des Volumens der Erde aus.

MANTELPLUME Eine Säule aus heißem Gestein, die durch **Mantel** und **Kruste** aufsteigt und einen **Hotspot** an der Erdoberfläche entstehen lässt.

MASSIV Eine klar abgegrenzte Gebirgsregion, deren Gesteine und Landformen in der Regel ähnlich sind.

MATRIX Die Masse aus relativ feinkörnigem Material, die in einigen heterogenen **Sedimentgesteinen** größere Partikel und in **vulkanischen Gesteinen** größere **Kristalle** zusammenhält. Siehe auch **Klaste**, **porphyrisch**.

MEEREIS Eis, das bei Gefrieren von Meerwasser entsteht. Siehe auch **Festeis**, **Eisschlamm**, **Schelfeis**.

MEERESBODENSPREIZUNG Das Auseinanderdriften tektonischer Platten im Meer, wobei neue ozeanische Kruste entsteht. Siehe auch **mittelozeanischer Rücken**.

MESOSPHÄRE Die Schicht der Erdatmosphäre zwischen der **Stratosphäre** und der **Thermosphäre** in einer Höhe von etwa 50–80 km.

METAMORPHES GESTEIN (METAMORPHIT) Ein Gestein, das unterirdisch durch Hitze oder Druck umgewandelt wurde, wodurch sich seine Struktur oder Minerale verändert haben. Marmor ist z. B. metamorphisierter Kalkstein. Siehe auch **magmatisches Gestein**.

METEOR Ein kleines Gesteinsstück aus dem Weltall, das beim Fallen durch die Atmosphäre völlig verdampft und dabei glüht.

METEORIT Ein Gestein aus dem Weltraum, das auf die Erdoberfläche gefallen ist, ohne vollständig zu verglühen.

METEOROID Ein möglicher **Meteor** oder **Meteorit**, bevor er in die Erdatmosphäre eingetreten ist.

MIKROKRISTALLIN Bezieht sich auf Kristalle, die so winzig sind, dass man sie nur mithilfe eines Mikroskops erkennen kann. Siehe auch **makrokristallin**.

MINERAL Jedes feste, natürlich vorkommende anorganische Material, das eine charakteristische **Kristall**struktur und eine definierte chemische Zusammensetzung aufweist. Die meisten Gesteine sind Mischungen aus mehreren Mineralen.

MITTELOZEANISCHER RÜCKEN Eine unterseeische Gebirgskette auf dem Tiefseeboden, an der neue ozeanische **Kruste** gebildet wird.

MOHS-SKALA Ein Maß für die **Härte** (Ritzfestigkeit) von Mineralien, das von 1 bis 10 reicht.

MONSTERWELLE Eine unerwartete, sehr große Meereswelle.

MORÄNE Eine Anhäufung von Gesteinsschutt infolge von Gletscheraktivitäten. Aktive Talgletscher bilden Seitenmoränen an ihren Rändern, Mittelmoränen, wo zwei Gletscher zusammenfließen, und Endmoränen an ihren Enden. Moränen bleiben oft nach dem Abschmelzen eines Gletschers zurück. Siehe auch **Sander**, **Gletscherschrammen**.

MOSASAURIER Eine ausgestorbene Gruppe von Meeresreptilien aus der Kreidezeit, die wohl mit Schlangen und Waranen verwandt sind.

MULDE (SYNKLINALE) Eine nach unten gerichtete **Falte** von ursprünglich flachen Schichten, die durch eine horizontale Einengung entsteht. Siehe auch **Sattel**.

MULTISPEKTRAL Bezieht sich auf mehrere Wellenlängen im elektromagnetischen Spektrum. Mit multispektralen Bildern lassen sich Karten von natürlichen und geologischen Merkmalen erstellen.

MULTITUBERCULATA Eine ausgestorbenen Gruppe von hauptsächlich nagetierähnlichen frühen Säugetieren, die vom Jura bis zum Paläogen vorkamen.

MUSCHEL Ein wasserlebendes **Weichtier** mit zwei gelenkig verbundenen Schalen, die den ganzen Körper umschließen.

NACHBEBEN Ein kleineres **Erdbeben,** das auf ein größeres folgt.

NÄHRSTOFFE Chemikalien, insbesondere Salze von **Elementen** wie Stickstoff, Phosphor und Eisen, die für das Wachstum von Lebewesen unerlässlich sind.

NIEDERSCHLAG Wasser, das aus der Luft auf die Erdoberfläche gelangt, wie Regen, Schnee, Hagel und Tau.

NIPPTIDE Gezeiten, bei denen der Unterschied zwischen Hoch- und Niedrigwasser am geringsten ist. Siehe auch **Springtide**, **Gezeitenwelle**.

OBERBODEN Der oberste Bodenhorizont aus **Mineralen** und organischen Stoffen, in dem Pflanzen wachsen. Siehe auch **Unterboden**.

OBERFLÄCHENSPANNUNG Ein Effekt, der eine Flüssigkeit wie eine elastische »Haut« zusammenzieht. Er wird durch Kohäsionskräfte verursacht, die die Moleküle an der Oberfläche nach innen ziehen.

OBERLAUF Der obere Bereich eines Flusses nahe der Quelle.

ÖKOSYSTEM Die Gesamtheit der lebenden und nicht lebenden Merkmale einer Region und die Wechselwirkungen zwischen ihnen.

ORNITHISCHIER Eine der beiden Hauptuntergruppen der **Dinosaurier** (die andere ist die der Saurischier), wobei der Name wörtlich übersetzt »mit Vogelhüfte« bedeutet. Zu den Ornithischiern gehören Ornithopoden, Stegosaurier, Ankylosaurier und Ceratopsier.

OZEANISCHE KRUSTE Der Teil der **Kruste**, der unter den meisten Ozeanen der Welt liegt. Sie ist dünner und dichter als die **kontinentale Kruste**.

OZON Eine Form von Sauerstoff mit Molekülen aus drei Atomen. Es absorbiert in der oberen Atmosphäre (der Ozonschicht) die ultraviolette Strahlung.

PALÄOZOIKUM Die geologische Ära vor 539–252 Mio. Jahren vom Beginn des Kambriums bis zum Ende des Perms. Danach folgte das Mesozoikum.

PALMFARNE Eine Gruppe nacktsamiger Samenpflanzen, die oberflächlich Palmen ähneln, aber Samen und Pollen in Zapfen produzieren. Siehe auch **Bedecktsamer**.

PANGÄA Ein alter Superkontinent, der fast alle heutigen Kontinente umfasste.

PANZERFISCHE (PLACODERMEN) Eine Gruppe ausgestorbener Kieferfische, die im Devon verbreitet waren und deren Haut einen Knochenpanzer hatte.

PARAREPTILIEN Eine vielfältige Gruppe ausgestorbener **Amnioten**, die man traditionell Reptilien nennt. Dazu gehören Mesosaurier und andere Gruppen.

PERLBOOTE (NAUTILOIDEN) Ein Mitglied der Gruppe der **Kopffüßer**, die mit den **Ammoniten** verwandt sind. Ihre gewundene äußere Schale enthält gasgefüllte Kammern, die dem Körper im Wasser Auftrieb geben.

PHYTOPLANKTON Die winzigen, meist einzelligen Organismen, die im Oberflächenwasser von Meeren und Seen leben und die Grundlage der meisten aquatischen Nahrungsketten bilden. Siehe auch **Algen**, **Plankton**.

PLANETESIMAL Eines von Millionen Gesteinsobjekten verschiedener Größe, die wohl in der Frühgeschichte des Sonnensystems entstanden und sich später zu den Planeten zusammenschlossen.

PLANKTON Alle lebenden Arten (Pflanzen, Tiere oder Mikroorganismen) im offenen Wasser, die mit der Strömung treiben. Die meisten Planktonarten sind klein, aber einige – wie Quallen – sind größer. Siehe auch **Phytoplankton**, **Zooplankton**.

PLANKTONBLÜTE Eine schnelle Zunahme der **Phytoplankton**population in Meeren oder Seen. Dann erscheint das Wasser oft blaugrün, braun oder sogar rot.

PLAZENTATIERE **Säugetiere**, bei denen der Fötus im Mutterleib bis zu einem relativ fortgeschrittenen Stadium heranwächst und von der Plazenta ernährt wird. Dazu gehören alle lebenden Säugetiere außer den **Beuteltieren** und **Kloakentieren**.

PLUTON Eine kleinere Masse aus **magmatischem Gestein**, die sich in der Tiefe durch Verfestigung von **Magma** gebildet hat. Siehe auch **Batholith**.

POLARLICHT Ein Lichtspiel am Nachthimmel arktischer und antarktischer Regionen, das durch die Wechselwirkung zwischen elektrisch geladenen Teilchen der Sonne und dem Erdmagnetfeld entsteht.

PORPHYRISCH Beschreibt das Gefüge **magmatischer Gesteine** mit größeren Bruchstücken in einer feinen **Matrix**.

PRIMATEN Eine Gruppe der **Säugetiere**, zu der Affen und Menschen gehören. Typische Merkmale sind greifende Hände und nach vorne gerichtete Augen.

PRISMATISCH Beschreibt **Kristall**formen mit parallelen rechteckigen Flächen, die ein Prisma bilden

PROTOZOEN Tierähnliche, meist winzige Einzeller, die in fast allen Lebensräumen vorkommen und freilebend oder parasitisch sein können. Die Tausende von Arten sind in viele verschiedene Untergruppen unterteilt, die nicht alle eng miteinander verwandt sind. Siehe auch **Zooplankton**.

PYROKLASTISCH Besteht aus vulkanischen Gesteinsfragmenten oder enthält solche. Pyroklastische Ströme sind schnell strömende, manchmal tödliche Wolken aus heißen Gasen und Trümmern.

RANDMEER Ein teilweise umschlossenes Meer, das an einen Kontinent grenzt.

REGENSCHATTEN Ein niederschlagsarmes Gebiet im Windschatten eines Gebirges, das entsteht, da die Luft beim Aufsteigen am Gebirge Feuchtigkeit abgibt.

REGIONALMETAMORPHOSE Die **Metamorphose** von Gesteinen in einem weiten Gebiet, z. B. in Gebirgszügen.

RHYNCHOSAURIER Eine Gruppe ausgestorbener **archosauromorpher** Pflanzenfresser. Sie gehören zu den häufigsten Reptilien der Trias.

SALINITÄT Die Konzentration gelöster Salze im Wasser oder im Boden.

SALZ Eine **Verbindung**, die bei Reaktion einer Säure mit einer Base entsteht, auch kurz für Steinsalz (Natriumchlorid).

SALZPFANNE Eine flache Mulde, oft in einer Wüste, die Salzablagerungen enthält.

SALZSEE Ein Binnengewässer, dessen Wasser durch Verdunstung sehr salzig ist.

SAMENFARNE Verschiedene Gruppen ausgestorbener Samenpflanzen mit farnähnlichen Blättern, obwohl sie nicht mit Farnen verwandt sind.

SANDER Die Ablagerungen von Sand, Kies und anderem Material, das von Schmelzwasser eines **Gletschers** transportiert wurde. Siehe auch **Moräne**.

SATTEL (ANTIKLINALE) Der obere Teil einer **Falte** (gefaltete Gesteinsschichten). Siehe auch **Mulde** (Synklinale).

SÄUGETIERE Eine Klasse warmblütiger **Wirbeltiere**, die fast alle lebende Jungtiere gebären und diese mit der vom Weibchen produzierten Milch ernähren.

SAUROPODEN Eine Gruppe riesiger pflanzenfressender **Dinosaurier** (wie *Diplodocus* und *Brachiosaurus*) mit langen Hälsen und langen Schwänzen. Sie waren die größten Landtiere, die jemals gelebt haben.

SCHACHTELHALME Eine Gruppe sporentragender Pflanzen, deren oberirdische Stämme gegliedert sind mit Ringen von kleinen Zweigen, die winzige schuppenartige Blätter tragen. Einige ausgestorbene Formen waren so groß wie Bäume.

SCHELFEIS Die schwimmende Fortsetzung eines **Eisschilds** oder Gletschers im Meer.

SCHICHTUNG Die Art, wie Sedimentgesteine in Schichten abgelagert werden. Größere, abgegrenzte Schichteinheiten nennt man Bänke. Siehe auch **Bankung**.

SCHICHTVULKAN (STRATOVULKAN) Ein kegelförmiger Vulkan, der aus Schichten von **Lava** und Gesteinsfragmenten besteht, die bei einer explosiven Eruption ausgestoßen wurden. Siehe auch **Schlackenkegel**, **Schildvulkan**.

SCHIEFERUNG Die Anordnung der **Minerale** in einigen **metamorphen Gesteinen** in parallelen Bändern.

SCHILDVULKAN Ein Vulkan mit flachen Hängen, der von dünnflüssiger Lava gebildet wird. Siehe auch **Schlackenkegel**, **Schichtvulkan**.

SCHLACKENKEGEL (ASCHENKEGEL) Ein recht niedriger Vulkankegel aus Asche und Schlacke aus einem Ausbruch.

SCHLUCHT Ein enges, tiefes Tal, meist mit senkrechten Felswänden.

SCHNECKEN (GASTROPODEN) Die größte Klasse der Weichtiere (Mollusken). Sie haben einen fleischigen Fuß und meist ein Gehäuse. Einige Gruppen leben an Land, andere im Wasser.

SCHRÄGSCHICHTUNG **Schichtung** in Sedimentgestein in einem Winkel zur **Bankung**.

SCHWARZER RAUCHER Eine Form von **hydrothermalen Schloten**, in denen Sulfidminerale das Wasser dunkel färben. Ein weißer Raucher stößt andere Minerale wie Kieselsäure und Schwerspat aus.

SCHWEMMEBENE Eine flache Ebene nahe eines Flusses, die bei Hochwasser überschwemmt sein kann.

SEAMOUNT Ein untermeerischer Berg, der meist durch Vulkanismus entstanden ist. Siehe auch **Atoll**.

SEDIMENT Von bewegtem Wasser, Wind oder Eis mitgeführte Fragmente wie Kies, Sand, Schlick oder Schlamm oder die von ihnen gebildeten Ablagerungen. Siehe auch **Sedimentgestein**.

SEDIMENTATION Die Ablagerung von Material (**Sediment**) wie Sand oder Kies, meist durch Wind, Wasser oder Eis.

SEDIMENTGESTEIN Gestein, das durch **Sedimentation** kleiner Partikel – durch Wind, Wasser, vulkanische Prozesse oder Massenbewegungen – entsteht und später verdichtet und zementiert wird.

SEESKORPIONE (EURYPTERIDEN) Ausgestorbene, wasserlebende räuberische **Gliederfüßer**, die vom Ordovizium bis zum Perm lebten.

SEISMISCH Bezieht sich auf **Erdbeben**. Seismische Wellen sind Schockwellen, die bei Erdbeben entstehen.

SEISMOGRAF Ein Gerät zur Aufzeichnung **seismischer** Wellen. Ein Seismogramm ist eine mit einem Seismografen erstellte Aufzeichnung. Siehe auch **Erdbeben**.

SEISMOMETER Der Teil eines **Seismografen**, der auf Bodenbewegungen (meist durch **Erdbeben**) reagiert.

SILIKATE Eine **Mineral**klasse, die vor allem aus Silizium- und Sauerstoffatomen mit verschiedenen anderen Metallatomen bestehen. Silikatgesteine bilden den Großteil von **Kruste** und **Mantel** der Erde.

SONNENWIND Der Strom geladener Teilchen, der aus der Sonne austritt.

SPALTBARKEIT Die Tendenz einiger **Minerale**, bevorzugt an parallelen Ebenen zu brechen, die durch die atomare Kristallstruktur bestimmt werden.

SPINNENTIER Eine Gruppe der **Gliederfüßer**, zu der u. a. Spinnen, Milben und Skorpione gehören.

SPRINGTIDE Gezeiten zur Zeit, wenn sich die Wirkungen von Mond und Sonne gegenseitig verstärken, so dass der höchste Stand der Flut und der niedrigste Stand der Ebbe entsteht. Siehe auch **Nipptide**.

SPRUNGSCHICHT (THERMOKLINE) Jede Schicht in einer bestimmten Tiefe in einem Ozean, in der sich die Durchschnittstemperatur mit der Tiefe schnell ändert.

STACHELHÄUTER (ECHINODERMEN) Eine Stamm mariner **Wirbelloser**, zu dem Seesterne, Seeigel, Seegurken, Seelilien und ähnliche Tiere gehören. Sie haben schlauchartige Ambulakralfüßchen zur Fortbewegung und zum Nahrungsfang.

STALAGMIT Eine Ablagerung von Kalziumkarbonat (»Tropfstein«), die am Boden einer Höhle wächst.

STALAKTIT Eine Ablagerung von Kalziumkarbonat (»Tropfstein«), die von der Decke einer Höhle herabhängt.

STEINPFLASTER Eine pflasterartige Oberflächenschicht in vielen Wüsten.

STRATIGRAFIE Die geologische Erforschung der Abfolge und der relativen Lage von Gesteinsschichten in der **Kruste**.

STRATOSPHÄRE Eine Schicht der Erdatmosphäre, die sich von der Obergrenze der **Troposphäre** (8–16 km) bis etwa 50 km Höhe erstreckt. Siehe auch **Mesosphäre**.

STRUDELTOPF Ein Loch im Flussbett, das ausgeschliffen wird, wenn das Wassers Kieselsteine und **Sedimente** herumwirbelt.

SUBDUKTION Das Abtauchen einer ozeanischen **tektonischen Platte** unter eine andere Platte. Man klassifiziert Subduktionszonen je nach Art der beiden konvergierenden Platten als ozeanisch-ozeanisch oder ozeanisch-kontinental. Siehe auch **Kruste**, **konvergente Grenze**.

SYNAPSIDEN Eine große Gruppe Land**wirbeltiere**, die sich früh in der Evolution der **Amnioten** abzweigte und schließlich zu den **Säugetieren** führte. Synapsiden waren im Perm die größten Landtiere. Siehe auch **Diapsiden**.

TAFELIG Der **Habitus** eines **Kristalls** mit großen, flachen, parallelen Flächen.

TAIFUN Ein tropischer **Wirbelsturm** im Nordwestpazifik.

TEKTONISCHE PLATTEN Die großen starren Abschnitte, in die die **Lithosphäre** aufgeteilt ist. Die Relativbewegungen der einzelnen Platten führen zu **Erdbeben**, Vulkanismus, Kontinentalverschiebung und Gebirgsbildung. Siehe auch **konvergente Grenze**, **divergente Grenze**, **Transformstörung**.

TERRESTRISCH Bezieht sich auf die Erde bzw. auf Land im Gegensatz zum Meer.

TERRIGEN Beschreibt Meeres**sedimente**, die aus der **Erosion** an Land stammen.

THERMOHALINE ZIRKULATION Eine weltweite Zirkulation von Tiefwasserströmungen, die durch Unterschiede in Temperatur und **Salinität** zwischen verschiedenen Wassermassen angetrieben wird. Siehe auch **Corioliseffekt**.

THERMOSPHÄRE Die Schicht der Erdatmosphäre über der **Mesosphäre**, in einer Höhe von etwa 80–640 km.

THEROPODEN Eine große Gruppe zweibeiniger **Dinosaurier** mit Spitzenprädatoren wie *Tyrannosaurus rex*, aber auch vielen kleineren Arten wie *Velociraptor* und den Vorfahren der heutigen Vögel.

TIEFDRUCKGEBIET (TIEF) Ein Wettersystem, in dem die Luft um ein Gebiet mit niedrigem Luftdruck zirkuliert. Siehe auch **Hochdruckgebiet**, **Hurrikan**, **tropischer Wirbelsturm**.

TIEFENGESTEIN (PLUTONIT) **Magmatisches Gestein**, das in der Tiefe so langsam abkühlte und erstarrte, dass größere Kristalle wachsen konnten. Ein Körper aus Tiefengestein heißt **Intrusion**.

TIEFSEEFÄCHER **Sediment** an der Basis des **Kontinentalfußes**, das auf dem **Meeresboden** abgelagert wurde.

TOPOGRAFISCH Bezieht sich auf die Formen und Merkmale der Landoberfläche.

TRACHT Die Gesamtheit der an einem **Kristall** entwickelten Flächen. Siehe auch **Habitus**.

TRANSFORMSTÖRUNG Eine Grenze zwischen **tektonischen Platten**, an der die Platten seitlich aneinander vorbeigleiten.

TRILOBITEN Eine enorm diverse Gruppe mariner **Gliederfüßer**, die am Ende des Perms ausstarben.

TROPOPAUSE Die Grenze zwischen der **Troposphäre** und der **Stratosphäre** in etwa 16 km Höhe am Äquator und 8 km über den Polen. Darüber steigt die Lufttemperatur mit der Höhe.

TROPOSPHÄRE Die unterste, dichteste Schicht der Atmosphäre, in der die meisten Wetterphänomene auftreten. Ihre obere Grenze, die **Tropopause**, variiert vom Äquator bis zu den Polen.

TRÜBESTRÖMUNG Ein dichter Strom von sedimenthaltigem Wasser in Seen und vom Kontinentalrand herab zur Tiefsee.

TSUNAMI Eine schnelle, langwellige, oft zerstörerische Meereswelle, die durch **Erdbeben** ausgelöst wird. Sie steigt rapide in die Höhe, wenn sie flaches Wasser erreicht. Siehe auch **Gezeitenwelle**.

UMKRISTALLISIEREN Die Umwandlung kleinerer Kristalle in größere unter sehr hohem Druck bei der Metamorphose.

UNTERBODEN Der Bodenhorizont direkt unter dem **Oberboden**.

VERBINDUNG Ein Stoff aus Atomen von zwei oder mehr chemischen **Elementen**.

VERWERFUNG Ein Bruch im Gestein, bei dem sich Schollen auf beiden Seiten relativ zueinander versetzt haben. Wenn die Verwerfungsfläche in einem Winkel zur Vertikalen verläuft und die Hangendscholle (oberhalb der Verwerfungsfläche) relativ zur Liegendscholle nach unten gerutscht ist, spricht man von einer Abschiebung. Bei einer Aufschiebung ist die Hangendscholle nach oben gerutscht, und bei einer Blattverschiebung ist der Versatz horizontal.

VERWERFUNGSMETAMORPHOSE Eine Form der Metamorphose, bei der ein Gestein durch Druck in einer bestimmten Richtung bei einer großräumigen Krustenbewegung umgewandelt wird. Siehe auch **Kontaktmetamorphose**, **Regionalmetamorphose**.

VERWITTERUNG Der Zerfall von Gestein an Ort und Stelle durch Kontakt mit Eis, Wasser, Wind, Hitze, Chemikalien oder anderen Stoffen. Siehe auch **Erosion**.

VISKOSITÄT Die innere Reibung einer Flüssigkeit, die der Strömung entgegenwirkt. Je viskoser die Flüssigkeit, desto zähflüssiger ist sie.

VULKANIT Ein Gestein, das sich aus **Lava** gebildet hat, die auf die Erdoberfläche geflossen oder als **pyroklastisches** Material ausgeworfen worden ist.

WEICHTIERE (MOLLUSKEN) Eine Gruppe der **Wirbellosen** mit weichem Körper, zu denen **Schnecken**, **Muscheln** und **Kopffüßer** (wie Tintenfische) gehören. Siehe auch **Ammonit**.

WIRBELLOSE Unsystematischer Sammelbegriff für alle Gruppen von Tieren, die keine **Wirbeltiere** sind, etwa Insekten, **Schnecken** und Würmer.

WIRBELSTURM Ein großräumig zirkulierendes Wettersystem in tropischen und subtropischen Regionen mit heftigem Wind über 118 km/h und starkem Regen. Seine Energie stammt aus der latenten Wärme von Wasser, das aus den warmen Ozeanen verdunstet ist und später kondensiert. Heißt auch **Hurrikan**, **Taifun** oder **Zyklon**. Siehe auch **Tiefdruckgebiet**.

WIRBELTIERE Eine Gruppe Tiere mit Wirbelsäule. Dazu gehören Fische, Amphibien und **Amnioten**, die wiederum Reptilien, Vögel und **Säugetiere** umfassen. Siehe auch **Wirbellose**.

ZOOPLANKTON Tierische Organismen im **Plankton**. Siehe auch **Phytoplankton**.

ZYKLON Ein tropischer **Wirbelsturm** im Südpazifik oder Indischen Ozean.

Register

Fett gedruckte Seitenzahlen beziehen sich auf Haupteinträge.

A

B

C

G

H

I

J

K

R

S

T

U

V

W

XYZ

Dank

Der DK Verlag dankt:
Lee Skoulding von My Lost Gems, Southwold (UK) (mylostgems.com) für die Hilfe bei Fotoarbeiten; Ina Stradins für Beiträge zum Design; Gary Ombler für Fotografien; Steve Crozier für die Bildretusche; Peter Bull für die Grafik des Wasserkreislaufs auf S. 224; ETH Zürich für neue Fotos von Gebirgsmodellen; Maya Myers für die Faktenüberprüfung; Aarushi Dhawan, Kanika Kalra, Arshti Narang und Pooja Pipil für Designassistenz; Vijay Kandwal, Nityanand Kumar und Mohd Rizwan die Unterstützung bei hochauflösenden Bildern; Mrinmoy Mazumdar für DTP-Assistenz; Ahmad Bilal Khan und Vagisha Pushp für die Unterstützung der Bildrecherche; Rakesh Kumar für DTP-Design des Umschlags; Tom Booth für das Glossar; Richard Gilbert für das Lektorat; Helen Peters für die Erstellung des Registers.

Der Verlag dankt folgenden Personen und Organisationen für die freundliche Genehmigung zum Abdruck von Fotos:

(Abkürzungen: o = oben, u = unten, m = Mitte, l = links, r = rechts, g = ganz)

1 Dreamstime.com: Daniel127001. **2 Science Photo Library:** Eye Of Science. **4-5 Getty Images:** Arctic-Images. **8-9 Popp-Hackner Photography OG:** Verena Popp-Hackner & Georg Popp. **10-11 123RF.com:** Roberto Scandola. **12-13 NASA:** ESA / N. Smith (University of California, Berkeley / The Hubble Heritage Team. **13 NASA:** CXC / SAO / JPL-Caltech / STScI (mru). **14 ESO:** ALMA (ESO / NAOJ / NRAO) (gol). **14-15 ©Alan Friedman / avertedimagination.com**. **16 Getty Images:** Walter Geiersperger / Corbis Documentary (gol). **Science Photo Library:** Dennis Kunkel Microscopy (ml). **16-17 Getty Images:** Walter Geiersperger / Corbis Documentary (u). **18 Shutterstock.com:** Auscape / UIG (mru). **18-19 Alamy Stock Photo:** Jean-Paul Ferrero / AUSCAPE. **20 NASA**. **21 Shutterstock.com:** Michael Wyke / AP (mo). **22 Alamy Stock Photo:** Michael Runkel / robertharding (gor). **22-23 ESA:** DLR / FU Berlin. **25 Alamy Stock Photo:** Composite Image / Design Pics Inc (ur). **26-27 Robert Harding Picture Library**. **27 Alamy Stock Photo:** B.A.E. Inc. (gor). **28-29 ESA:** Rosetta / NAVCAM. **28 J. W. Valley, University of Wisconsin-Madison:** (ml). **30 Courtesy of Smithsonian. ©2020 Smithsonian:** Chip Clark, NMNH (gol). **31 John Cornforth**. **32-33 Jeffrey Sipress**. **34-35 Getty Images:** mikroman6 / Moment. **37 Alamy Stock Photo:** Phil Degginger. **38 Alamy Stock Photo:** J M Barres / agefotostock (mro); Natural History Museum, London (mr). **Depositphotos Inc:** Minakryn (ugl). **Dreamstime.com:** Annausova75 (ml). **Science Photo Library:** Phil Degginger (mgr); Charles D. Winters (mlo); Natural History Museum, London (ul); Dirk Wiersma (ur); Millard H. Sharp (ugr). **Shutterstock.com:** Albert Russ (mogr). **39 Dorling Kindersley:** Holts Gems (ml). **Dreamstime.com:** Bjrn Wylezich (ul). **Shutterstock.com:** Albert Russ (r). **40-41 Shutterstock.com:** Bjoern Wylezich. **40 Alamy Stock Photo:** J M Barres / agefotostock (mu); J M Barres / agefotostock (mru). **Dreamstime.com:** Miriam Doerr (ul); Infinityphotostudio (mlu). **Shutterstock.com:** Sebastian Janicki (ur). **43 Petra Diamonds**. **44 Alamy Stock Photo:** Andreas Koschate / Westend61 GmbH (mo). **Dorling Kindersley:** RGB Research Limited (mlu). **Dreamstime.com:** Bjrn Wylezich (mlo); Bjrn Wylezich (mu). **44-45 Alamy Stock Photo:** Bjrn Wylezich. **46-47 Crystal Classics LTD / crystalclassics.co.uk**. **47 Dreamstime.com:** Bjrn Wylezich (m). **48 Dreamstime.com:** Daniel127001 (mogl); Bjrn Wylezich (mlo); Epitavi (mgl). **Science Photo Library:** Millard H. Sharp (mgr). **Shutterstock.com:** Sebastian Janicki (ml); Sebastian Janicki (mr). **49 Dorling Kindersley:** Natural History Museum, London (mro). **Getty Images:** Walter Geiersperger / Corbis Documentary (mlo). **Science Photo Library:** Joyce Photographics / Science Source (mo). **Shutterstock.com:** Sebastian Janicki (u). **50-51 Shutterstock.com:** Sebastian Janicki. **51 Alamy Stock Photo:** Susan E. Degginger (mro); Susan E. Degginger (mogr). **Science Photo Library:** Phil Degginger (mogl). **Shutterstock.com:** Henri Koskinen (mlo). **52-53 Dreamstime.com:** Bjrn Wylezich. **54 Dreamstime.com:** Bjrn Wylezich (ml). **56 Alamy Stock Photo:** Roland Bouvier (ul). **56-57 Dreamstime.com:** KPixMining. **58 Alamy Stock Photo:** Enlightened Media (mlu); Valery Voennyy (mlo). **Science Photo Library:** Paul Biddle (mru); Mark A. Schneider (mu); Charles D. Winters (ul). **Shutterstock.com:** Cagla Acikgoz (um); DmitrySt (mo); luca85 (mro); Minakryn Ruslan (ur). **59 Alamy Stock Photo:** Ian Dagnall (mlo); Natural History Museum, London (ur). **Dreamstime.com:** Tatiana Neelova (mro). **Shutterstock.com:** Jirik V (mo). **60-61 Dreamstime.com:** Cristian M. Vela. **61 Depositphotos Inc:** Dr.PAS (mlo). **Dreamstime.com:** Avictorero (mro). **Shutterstock.com:** valzan (mo). **64-65 Getty Images:** Dale Johnson / 500Px Plus. **65 Dreamstime.com:** Michal Baranski (um). **66-67 Dreamstime.com:** Lukas Bischoff. **67 Dreamstime.com:** Zelenka68 (gol). **68-69 Unsplash:** Robby McCullough. **69 Unsplash:** Yang Song (mu). **70 Shutterstock.com:** MarcelClemens (gol). **70-71 Dreamstime.com:** Zelenka68. **72-73 Bryan Lowry**. **72 Alamy Stock Photo:** tom pfeiffer (mlu). **74-75 Richard Bernabe Photography**. **76-77 Getty Images:** Piriya Photography. **77 Shutterstock.com:** Yanping wang (ur). **78-79 Dreamstime.com:**. **79 Alamy Stock Photo:** J M Barres / agefotostock (um). **80-81 The Light Collective:** Ignacio Palacios. **81 Alamy Stock Photo:** Natural History Museum, London (gom). **82 Dreamstime.com:** Losmandarinas (ul). **82-83 Alamy Stock Photo:** Natural History Museum, London. **84 British Geological Survey:** Permit Number CP22 / 005 British Geological Survey © UKRI. **85 Alamy Stock Photo:** Natural History Museum, London (ml). **Trustees of the Natural History Museum, London:** (go). **87 Alamy Stock Photo:** Siim Sepp (gor). **88-89 Getty Images:** Pete Rowbottom / Moment. **89 Alamy Stock Photo:** J M Barres / agefotostock (gom). **90 Alamy Stock Photo:** Siim Sepp (mro). **90-91 Getty Images:** Dean Fikar / Moment. **92-93 Getty Images:** MelindaChan / Moment. **93 Science Photo Library:** Sinclair Stammers (ur). **94-95 Getty Images / iStock:** Meinzahn. **95 Getty Images / iStock:** Pears2295 (mru). **96-97 Alamy Stock Photo:** michal812. **97 Alamy Stock Photo:** kristianbell / RooM the Agency (ur). **98 Getty Images:** Sherry H. Bowen Photography / Moment (gol). **98-99 Alamy Stock Photo:** Dennis Hardley. **100-101 Getty Images:** Sergey Pesterev / Moment. **101 Alamy Stock Photo:** Guy Edwardes Photography (ur). **102-103 Paddy Scott**. **104-105 Alamy Stock Photo:** Quagga Media. **106-107 Alamy Stock Photo:** J M Barres / agefotostock. **107 Alamy Stock Photo:** Kitchin and Hurst / All Canada Photos (ml). **108 Alamy Stock Photo:** NASA / agefotostock. **109 NASA. 110-111 Getty Images:** Posnov / Moment. **111 Alamy Stock Photo:** van der Meer Marica / Arterra Picture Library (gor). **112 Alamy Stock Photo:** Susan E. Degginger (ul). **112-113 Getty Images:** DEA / Pubbli Aer Foto / De Agostini Editorial. **114 Alamy Stock Photo:** Hitendra Sinkar. **116 Shutterstock.com:** Joanna Rigby-Jones (gor). **116-117 Getty Images:** by wildestanimal / Moment. **118-119 Science Photo Library:** Bernhard Edmaier. **119 Alamy Stock Photo:** Matthijs Wetterauw (ur). **120-121 Roberto Zanette**. **122-123 Department of Earth Sciences, ETH Zürich**. **123 Science Photo Library:** ETH-Bibliothek Zürich (gor). **124-125 EyeEm Mobile GmbH:** Salvatore Paesano. **125 Getty Images:** iGoal.Land.Of.Dreams / Moment (mru). **126-127 NASA:** Earth Observatory images by Robert Simmon and Jesse Allen, using Landsat data from the USGS Earth Explorer. **126 Dreamstime.com:** Chris Curtis (ul). **128-129 Shutterstock.com:** Jiji Press / Epa-Efe. **131 Science Photo Library:** NASA (ml). **132-133 Anchorage Daily News:** Marc Lester. **132 ESA:** Copernicus data (2014) / ESA / PPO.labs / Norut / COMET-SEOM Insarap study (ul). **134-135 Getty Images / iStock:** RiverNorthPhotography / E+. **135 Dreamstime.com:** Sarit Richerson (mlo). **136-137 Getty Images:** Wild Horizon / Universal Images Group Editorial. **137 Alamy Stock Photo:** Brad Mitchell (mlu). **138-139 James Rushforth**. **139 Getty Images:** Ignacio Palacios / Stone (mlo). **140-141 Getty Images:** Daiva Baa / EyeEm. **141 Getty Images:** Sebastin Crespo Photography / Moment (mro). **142-143 NASA:** NASA Earth Observatory images by Lauren Dauphin, using Landsat data from the U.S. Geological Survey. **144-145 Getty Images:** Tobias Titz / fStop. **146 SuperStock:** Colin Monteath / age fotostock (gol). **146-147 Getty Images:** Arctic-Images / Stone. **148-149 Getty Images:** Monica Bertolazzi / Moment. **149 Alamy Stock Photo:** Art Publishers / Africa Media Online (gor). **150-151 Getty Images:** Agnes Vigmann / 500px. **151 Science Photo Library:** NASA (gor). **152-153 Alamy Stock Photo:** Dennis Frates. **153 Alamy Stock Photo:** blickwinkel / McPHOTO / TRU (gor). **154-155 Alamy Stock Photo:** Christopher Drabble. **154 Getty Images:** Walter Bibikow / DigitalVision (gor). **156-157 Alamy Stock Photo:** B.A.E. Inc.. **157 Science Photo Library:** Dr Morley Read (mr). **158 Getty Images:** Maxim Blinov / 500px Prime (gol). **158-159 Getty Images:** Daniel Bosma / Moment. **160-161 Shutterstock.com:** travelwild. **161 Alamy Stock Photo:** Daniel Korzeniewski (gor). **162 Getty Images:** Martin Harvey / The Image Bank (ml). **162-163 NASA:** Jesse Allen and Robert Simmon / United States Geological Survey / Landsat 7 / ETM+. **164-165 ESA:** Copernicus Sentinel (2021). **165 Getty Images:** Posnov / Moment (gor). **166-167 Shutterstock.com:** bengharbia. **168 Getty Images:** Amrish Aroonda Manikoth / EyeEm (ml). **168-169 Getty Images:** Westend61. **170-171 Getty Images:** Bernhard Klar / EyeEm. **172-173 Getty Images:** Ignacio Palacios / Stone. **172 Dreamstime.com:** Bennymarty (mru). **174-175 Georg Kantioler**. **175 Alamy Stock Photo:** Danita Delimont Creative (gor). **176-177 Dreamstime.com:** Channarong Pherngjanda. **178-179 Tom Hegen GmbH**. **179 Getty Images / iStock:** mantaphoto (gor). **180-181 Science Photo Library:** Karsten Schneider. **182 Alamy Stock Photo:** Doug Perrine / Nature Picture Library (um); Eric Grave / Science History Images (mu); Scenics & Science (mugr). **naturepl.com:** Shane Gross (ur); Solvin Zankl (ugr). **Science Photo Library:** Wim Van Egmond (mru). **183 Science Photo Library:** NASA. **184 Science Photo Library:** Ryan Et Al / Geomapapp (mro). **184-185 NASA:** Image courtesy Serge Andrefouet, University of South Florida. **186 Alamy Stock Photo:** Paul Brady (mlo). **186-187 Getty Images:** Streeter Lecka. **188-189 Josef Valenta Photography**. **188 Flying Focus aerial photography:** (ul). **190-191 Getty Images:** Cavan Images. **190 Getty Images:** Fuse / Corbis (gol). **192-193 Getty Images:** Holger Leue / The Image Bank. **193 Getty Images:** Paul Souders / DigitalVision (gor). **194-195 Dreamstime.com:** Rabor74. **195 Science Photo Library:** Planetobserver (ur). **196-197 Rob Suisted / Nature's Pic Images**. **196 Getty Images:** Photo 12 / Universal Images Group Editorial (um). **Julian Hodgson:** (gol). **198-199 Jon Anderson Wildlife Photography**. **198 naturepl.com:** Franco Banfi (ul). **200 Library of Congress, Washington, D.C.:** Berann, Heinrich C. / Heezen, Bruce C. / Tharp, Marie. **201 Alamy Stock Photo:** Granger - Historical Picture Archvie (ml). **Library of Congress, Washington, D.C.:** Berann, Heinrich C. / Heezen, Bruce C. / Tharp, Marie (gor). **202 Alamy Stock Photo:** NOAA (gol). **202-203 Shutterstock.com:** Lovkush Meena. **204 Science Photo Library:** Steve Gschmeissner. **205 Science Photo Library:** Eye Of Science (mlo); Eye Of Science (mo); Eye Of Science (mro); Eye Of Science (mlu); Eye Of Science (mu); Eye Of Science (mru). **206-207 MARUM - Zentrum für Marine Umweltwissenschaften der Universität Bremen:** CC BY 4.0. **206 Science Photo Library:** OAR / National Undersea Research Program (gol). **208-209 Dreamstime.com:** Fabio Lamanna. **208 Getty Images:** DigitalGlobe / ScapeWare3d / Maxar (gor). **210 Science Photo Library:** Tony & Daphne Hallas (mro). **210-211 Shutterstock.com:** studio23. **212-213 Getty Images:** Elena Pueyo / Moment. **213 Shutterstock.com:** Vladi333 (ur). **214-215 G Sharad Haksar:** Eye-light Pictures. **215 Alamy Stock Photo:** JordiStock (mru). **216 Alamy Stock Photo:** Science History Images. **217 NASA:** Albert J. Fleig, Jr. (ml); Robert Simmon (go). **218 Science Photo Library:** NOAA (go). **220 Alamy Stock Photo:** Susan E. Degginger (gol). **220-221 NOAA:** Mike Schuler. **222 Alamy Stock Photo:** Mike Grandmaison / All Canada Photos (um); Katho Menden (mo). **Ivon Bartholomew:** (mro).

Dreamstime.com: Intrepix (mr). **223 123RF.com:** Nataliia Kravchuk (ul). **Dreamstime.com:** Iofoto (gol). **Getty Images:** Anadolu Agency / Ozkan Bilgin (ml); Donovan Reese / Photodisc (ur). **Michael Johnston:** (m). **225 Science Photo Library:** Bernhard Edmaier (u). **226-227 Alamy Stock Photo:** beyond / Yevgen Timashov / Micheko Productions, Inh. Michele Vitucci. **228-229 Getty Images / iStock:** maximkabb. **228 Conor Regan:** (mu). **230 Science Photo Library:** Kenneth Libbrecht. **230-231 Science Photo Library:** Kenneth Libbrecht. **231 Science Photo Library:** Kenneth Libbrecht (mr, mgr, mru, mugr, ur, ugr). **232-233 Jeremy Holmes**. **233 NOAA:** National Weather Service - Wichita, Kansas (gor). **234-235 James Smart**. **234 Getty Images:** Tasos Katopodis / Stringer (mru). **236-237 Reuters:** Lucas Jackson. **237 Matthew Pasek, University of Southern Florida:** (gor). **238 NOIRLab:** International Gemini Observatory / NOIRLab / NSF / AURA / A. Smith CC BY 4.0 (gol). **238-239 Stephen Hummel**. **240 CSIRO:** Atmospheric Research. **241 U.S. National Ice Core Laboratory:** icecores.org (gor). **The University of Melbourne Archives:** (ml). **242-243 Getty Images:** Mario Tama. **243 NOAA:** map based on satellite data (go). **244-245 Getty Images / iStock:** Nastasic. **246 Science Photo Library:** Dr Ken Macdonald (mlu). **248-249 naturepl.com:** Kim Taylor. **249 The Sedgwick Museum of Earth Sciences, University of Cambridge:** (mr). **251 Brendan Burns:** (gol). **252-253 Science Photo Library:** Dirk Wiersma. **253 Dreamstime.com:** Max5128 (mro). **254-255 Dreamstime.com:** Zeytun Images. **254 Science Photo Library:** Dr. Gilbert S. Grant (ur). **256 Alamy Stock Photo:** blickwinkel / R. Koenig (gom). **Dreamstime.com:** Alexander Ogurtsov (gol). **257 Arild Hagen. 258-259 Alamy Stock Photo:** McPhoto / Ingo Schulz. **259 James St. John (Ohio State University at Newark):** (ul). **261 Science Photo Library:** Science Stock Photography. **262-263 Dr Sandy Hetherington:** The Hunterian, University of Glasgow. **263 Alamy Stock Photo:** Natural History Museum, London (gor). **264-265 NASA:** DigitalGlobe / Maxar / IKONOS. **266-267 Alamy Stock Photo:** Michael-GrantPlants. **266 Peter Giesen:** (gol). **XU Hong-He, Ph.D:** (gom). **270-271 Dreamstime.com:** Mark Higgins. **270 Science Photo Library:** Dorling Kindersley / UIG (ur). **272 Getty Images:** Robert LeBlanc / Moment (ml). **272-273 Alamy Stock Photo:** Album. **274 Shutterstock.com:** Nicholas Toh (ml). **275 Alamy Stock Photo:** Album. **276-277 Gelio Vostok**. **276 Dorling Kindersley:** James Kuether (mlo). **278 Dorling Kindersley:** Natural History Museum, London (gol), (mro). **279 Alamy Stock Photo:** Sabena Jane Blackbird (gor). **Science Photo Library:** Dorling Kindersley / UIG (gogr). **280-281 Depositphotos Inc:** Kokhanchikov. **281 Getty Images:** China News Service (gol). **282-283 Vincent Fernandez:** Fernando Abdala, Kristian J Carlson, Della Cook, Adam Yates, Paul Tafforeau, Bruce S Rubidge. **282 Dr. Kawabe Soichiro:** (ul). **283 Science Photo Library:** Philippe Psaila (gor). **284-285 Arild Hagen**. **286 Image Courtesy of the Royal Tyrrell Museum, Drumheller, AB:** (mu). **286-287 Greg Funston**. **288-289 Alamy Stock Photo:** Auk Archive. **288 Alamy Stock Photo:** The Natural History Museum, London (ul). **290-291 Alamy Stock Photo:** Lemaire Stphane / Hemis.fr (ul). **Dorling Kindersley:** Senckenberg Gesellschaft für Naturforschung Museum (gor). **292 Science Photo Library:** Sinclair Stammers (gol). **292-293 Professor Chenyang Cai**. **294-295 Dorling Kindersley:** Senckenberg Gesellschaft fü Naturforschung Museum. **294 Alamy Stock Photo:** PD Archive (ur). **296 Alamy Stock Photo:** Klaus Honal / agefotostock (ur); blickwinkel / R. Koenig (m); blickwinkel / Koenig (mr); blickwinkel / Koenig (um). **Dr Sonja Wedmann:** Senckenberg Institute (gom, gor). **297 Alamy Stock Photo:** blickwinkel / Koenig (m); tbkmedia.de (mr); blickwinkel / Koenig (ul); Ingi May / Stockimo (um); blickwinkel / Koenig (ur). **Dr Sonja Wedmann:** Senckenberg Institute (gol). **Tiia Monto:** (ml). **298-299 Alamy Stock Photo:** National Geographic Image Collection. **299 Mauricio Anton:** (um). **300 naturepl.com:** Cyril Ruoso (gol). **300-301 Alamy Stock Photo:** Eric Baccega / agefotostock. **302-303 Florida Museum of Natural History**. **303 Science Photo Library:** Science Source (ur). **304-305 Shutterstock.com:** Konrad K / Sipa. **304 Roman Uchytel:** (ul). **306-307 Alamy Stock Photo:** Steven Kazlowski / RGB Ventures / SuperStock. **306 Alamy Stock Photo:** Sanamyan (ul). **308-309 Alamy Stock Photo:** Kersti Lindstrm. **309 Getty Images / iStock:** MEGiordano_Photography (ul). **310 Altamura National Archaeological Museum:** Ministero della cultura (MIC) / Direzione regionale Musei Puglia / Museo Nazionale Archeologico di Altamura. **311 Arild Hagen. School of Earth Sciences, University of Bristol. 312 Alamy Stock Photo:** Natural History Museum, London (ul). **312-313 Dorling Kindersley:** Natural History Museum, London. **314 Alamy Stock Photo:** Philip Smith (mu). **314-315 Alamy Stock Photo:** keith morris news. **316-317 Getty Images:** Vicki Jauron, Babylon and Beyond Photography / Moment. **317 Alamy Stock Photo:** Malcolm Schuyl (mr). **318-319 Alamy Stock Photo:** Nick Garbutt / Steve Bloom Images. **319 Alamy Stock Photo:** Paul Williams / Nature Picture Library (mru).

Cover:
Vorn und Buchrücken: Olivier Grunewald
Hinten: Dreamstime.com: KPixMining
Vor- und Nachsatz: Dreamstime.com: Channarong Pherngjanda

Alle anderen Abbildungen © Dorling Kindersley

Zitatquellen

S. 27: Léon Foucault, Einladungskarte, 3. Februar 1851

S. 85: William Smith, *A Stratigraphical System of Organized Fossils*, 1817

S. 109: Sokrates zugeschrieben, 470–399 v. Chr.

S. 131: Richard Dixon Oldham, *The Constitution of the Interior of the Earth, as revealed by Earthquakes*, Quarterly Journal of the Geological Society 62, 1906

S. 201: Hali Felt, *Soundings: The Story of the Remarkable Woman Who Mapped the Ocean*, 2012

S. 241: Louis Aggasiz, *Discours d'ouverture*, Verhandlungen der Allgemeinen Schweizerischen Gesellschaft für die Gesamten Naturwissenschaften, 1837

S. 283: John Cunningham et al., *A virtual world of paleontology*, Trends in Ecology & Evolution 29(6), 2014

S. 311: Derek E. G. Briggs und Roger E. Summons, *Ancient biomolecules: Their origins, fossilization, and role in revealing the history of life*, BioEssays 36(5), 2014

Noch mehr Spaß und Lesefreude

ISBN 978-3-8310-3913-5

ISBN 978-3-8310-4030-8

ISBN 978-3-8310-4277-7

ISBN 978-3-8310-4720-8

DK

www.dk-verlag.de